国家示范性高职高专机电类专业课改教材

C语言编程实践

主　编　程利民　朱晓玲
副主编　姜新桥　陈亭志

华中科技大学出版社
http://www.hustp.com
中国·武汉

内 容 简 介

本书结合了编者多年科研实践、教学所获取的经验,以拥有自主知识产权的单片机实践板为依托,以C语言为主线,介绍单片机编程实践知识,从C语言的基础知识、keil软件的使用,到C51程序的编写与调试方法及其他相关知识。书中所有实例和全部实践都经过了仿真软件或实践板的验证。

本书可作为高等职业教育的"单片机技术与应用"及"C语言程序设计"两门课程的学习教材和教学参考书,也可以作为本科院校工程训练、电子制作的实践教材和相关专业课程参考教材。同时可供从事单片机应用与产品开发工作的工程技术人员学习参考。本书编者可提供与本书配套的单片机实践板。

图书在版编目(CIP)数据

C语言编程实践/程利民,朱晓玲主编.—武汉:华中科技大学出版社,2014.12(2019.12重印)
国家示范性高职高专机电类专业课改教材
ISBN 978-7-5609-9882-4

Ⅰ.①C… Ⅱ.①程… ②朱… Ⅲ.①C语言-程序设计-高等职业教育-教材
Ⅳ.①TP312

中国版本图书馆CIP数据核字(2014)第289810号

C语言编程实践	程利民 朱晓玲	主编

策划编辑:张　毅
责任编辑:张　毅
封面设计:范翠璇
责任校对:张　琳
责任监印:张正林

出版发行:华中科技大学出版社(中国·武汉)　　电话:(027)81321913
　　　　　武汉市东湖新技术开发区华工科技园　　邮编:430223
录　　排:武汉正风天下文化发展有限公司
印　　刷:北京虎彩文化传播有限公司
开　　本:787mm×1092mm　1/16
印　　张:16.25
字　　数:441千字
版　　次:2019年12月第1版第3次印刷
定　　价:42.00元

本书若有印装质量问题,请向出版社营销中心调换
全国免费服务热线:400-6679-118　竭诚为您服务
版权所有　侵权必究

前言 QIANYAN

计算机技术在信息社会中的作用越来越重要，单片机技术作为其一个分支，广泛应用于工业控制、智能仪器仪表、机电一体化产品、家用电器等各个领域。在教学中，单片机技术不仅是一门实用技术，更是一个提高学生的思维能力、动手能力、创新能力的工具。

单片机技术是与实践联系最紧密的一门课程，很容易激发学生的学习兴趣，然而学生普遍感到这门课非常难学。编者结合多年的单片机教学、开发经验，以产品为导向，选定一具有典型教学价值和实用价值的单片机产品，其全部必备成本仅百元左右，指导学生自己动手，从元器件开始，设计原理图、线路板图，编程固化，快速见到效果，将学生变成学习的主人，提高学习的积极性；根据完成该产品所需知识，组织教学内容和教学过程，需要什么就学习什么，在实践中学习。当学习完成后，就能够在现有产品基础上进行二次开发，很快进入实际应用。

本书共11章，1~8章介绍C语言基础知识，第9章为单片机实践板（中级）的原理及其安装、焊接实践，第10章、第11章在单片机实践板（中级）基础上完成两个小系统的编程及调试。所编写程序都经过测试、优化，满足作为一个实际产品的基本条件。可充分利用其中的资源，直接应用到实际产品中。

本书各章编写情况如下：第1~3章由姜新桥编写，第4~8章由朱晓玲编写，第9~11章由程利民编写，附录A~D由程利民、陈亭志编写。

由于本书作者水平有限，编写时间仓促，书中难免有大量错误和欠妥之处，欢迎读者批评指正。

编　者
2019年8月

目录 MULU

第1章 C语言概述 1
  1.1 C语言简介 2
  1.2 简单C语言程序 4
  1.3 keil C51编译器仿真程序要求 6
  1.4 实践一 7

第2章 基本数据类型及其运算 11
  2.1 数据类型 12
  2.2 数据的存放形式 13
  2.3 数据的存放位置 15
  2.4 常量 15
  2.5 变量 19
  2.6 数据运算 23
  2.7 实践二 35

第3章 顺序结构和选择结构 39
  3.1 基础语句 40
  3.2 赋值语句 40
  3.3 字符输入/输出函数 41
  3.4 格式输出函数 43
  3.5 格式输入函数 48
  3.6 选择结构 49
  3.7 实践三 56

第4章 循环结构 61
  4.1 goto语句 62
  4.2 while语句 63
  4.3 do…while语句 65
  4.4 for语句 66
  4.5 多重循环 69
  4.6 continue语句 70
  4.7 实践四 71

第5章 数组 75
  5.1 一维数组 76
  5.2 多维数组 80
  5.3 字符数组和字符串 82

5.4　数组名作为函数参数 ································· 84
　　5.5　实践五 ······································· 86
第6章　函数和编译预处理 ································· 89
　　6.1　函数的定义和返回值 ································ 90
　　6.2　函数的调用和声明 ································· 92
　　6.3　变量的作用范围和作用时间 ····························· 94
　　6.4　函数的嵌套和递归 ································· 97
　　6.5　编译预处理 ···································· 98
　　6.6　模块化程序设计的概念 ······························· 104
　　6.7　实践六 ······································ 106
第7章　指针 ··· 109
　　7.1　指针变量的定义和赋值 ······························· 110
　　7.2　指针变量的运算 ································· 113
　　7.3　指向数组元素和指向字符串的指针 ························· 114
　　7.4　数组、函数的指针 ································ 116
　　7.5　实践七 ······································ 128
第8章　结构、联合和枚举 ································· 131
　　8.1　结构 ······································· 132
　　8.2　联合 ······································· 134
　　8.3　枚举 ······································· 136
第9章　键盘、数码管和点阵屏 ······························· 139
　　9.1　键盘、数码管、点阵屏的工作原理和接口方法 ···················· 140
　　9.2　键盘、数码管和点阵屏集中控制芯片 BC7281B ···················· 144
　　9.3　实践八 ······································ 149
第10章　数码管和点阵屏显示动画 ···························· 153
　　10.1　驱动程序基本类型 ································ 154
　　10.2　点阵数据库 ··································· 154
　　10.3　基本驱动函数 ·································· 157
　　10.4　实践九 ····································· 163
第11章　制作简单浮点计算器 ······························· 167
　　实践十 ··· 168
附录A　Cx51 库函数 ···································· 172
　　A.1　数学函数 ····································· 172
　　A.2　输入/输出函数 ·································· 176
　　A.3　字符转换和分类函数 ······························· 183
　　A.4　字符串操作函数 ································· 188
　　A.5　缓冲区操作函数 ································· 192
　　A.6　字符串转换函数 atof/atof517、atoi、atol ······················ 194
　　A.7　字符串按格式转换函数 strtod/strtod517、strtol、strtoul ············· 195
　　A.8　内部固有函数 ·································· 195
　　A.9　存储区分配函数 ································· 197

  A.10 可变长度参数列表函数 ……………………………………………………………… 199
  A.11 其他函数 ………………………………………………………………………………… 200
附录 B Cx51 编译错误、警告 …………………………………………………………………… 202
  B.1 致命错误 …………………………………………………………………………………… 202
  B.2 语法和语义错误 …………………………………………………………………………… 204
  B.3 警告 ………………………………………………………………………………………… 210
附录 C 单片机软件编程基本知识 ……………………………………………………………… 212
  C.1 单片机编程语言简介 ……………………………………………………………………… 212
  C.2 keil C51 简介 ……………………………………………………………………………… 213
  C.3 C 语言程序的建立 ………………………………………………………………………… 217
  C.4 C 语言程序的下载 ………………………………………………………………………… 223
  C.5 C 语言程序的调试 ………………………………………………………………………… 224
  C.6 编写 C 语言程序的基本原则和常见错误 ……………………………………………… 228
附录 D 计算机等级考试二级真题 ……………………………………………………………… 231
附录 E 单片机实践板原理图 ……………………………………………………………………… 249
附录 F 推荐的毕业设计课题 ……………………………………………………………………… 250
参考文献 ………………………………………………………………………………………………… 251

第1章
C 语言概述

通过本章学习,可以了解 C 语言的基本知识,并能够识读一些 C 语言程序;学会上机编辑、编译和调试程序,最后把 C 语言程序下载到单片机实践板里,观察其运行的过程。

1.1　C语言简介

C语言于20世纪70年代诞生于美国的贝尔实验室。在此之前，人们编写程序主要使用汇编语言，用汇编语言编写的程序依赖于计算机硬件，其可读性和可移植性都比较差；高级语言的可读性和可移植性虽然较汇编语言的好，但一般高级语言又不具备低级语言能够直观地对硬件实现控制和操作、程序执行速度快的特点。在这种情况下，人们迫切需要一种既具有一般高级语言特性，又具有低级语言特性的语言，于是C语言就应运而生了。

C语言兼有汇编语言和高级语言的优点，既适合于开发系统软件，也适合于编写应用程序，被广泛应用于事务处理、科学计算、工业控制、数据库技术等领域。它具有以下特点。

1. C语言是结构化的语言

C语言程序有顺序结构、选择结构、循环结构三种基本结构，由这三种基本结构组成的程序可以解决许多复杂的问题。C语言通过具有结构化的控制语句，如 if…else 语句、while 语句、switch 语句以及 for 语句等，可以方便地控制程序的流程。因此，C语言是理想的结构化语言，符合现代编程风格的要求。

2. C语言是模块化的语言

一般来说，一个较大的程序往往分为若干个模块，每一个模块用来实现特定的功能。在C语言中，用函数作为程序的模块单位，便于实现程序的模块化。在程序设计时，将一些常用的功能模块编写成函数，放在函数库中供其他函数调用，C语言具有非常丰富的库函数。模块化的特点可以大大减少重复编程。

3. 语言简洁、紧凑，使用方便、灵活

C语言一共只有32个关键字和9种控制语句，其程序书写形式自由，主要用小写字母表示。在一般语言中的许多结构单元在C语言中都通过库函数调用来完成，库函数可根据需要，方便地扩充，压缩了一切不必要的程序组成部分。

4. 程序可移植性好

C语言程序便于移植，目前C语言在许多计算机上的实现大都是由C语言编译移植得到的，不同机器上的编译程序大约有80%的代码是公共的。程序不做任何修改就可用于各种型号的计算机和各种操作系统。

5. 数据结构丰富，具有现代化语言的各种数据结构

C语言的基本数据类型有整型（如 int、unsigned int 等）、实型（如 float、double 等）以及字符型（char）等。在此基础上还可创建各种构造数据类型，如数组、指针、结构体和共用体等。C语言还能实现复杂的数据结构，如链表、树等。这样丰富的数据结构无疑极大地增强了C语言的功能。

6. C语言运算符丰富、代码效率高

C语言共有34种运算符，运算符可以实现在其他高级语言中难以实现的运算。在代码质量上，C语言可与汇编语言媲美，其代码效率仅比用汇编语言编写的程序的代码效率低10%～20%。

1978年以后，C语言的不断发展导致了各种版本的出现。1988年，美国国家标准化协会（ANSI）根据C语言问世以来各种版本对C语言进行的发展和扩充，制定了ANSI C标准，1990

年,国际标准化组织(ISO)公布了以 ANSI C 为基础的 C 语言的国际标准 ISO C,从而保证了各种 C 语言对 ANSI C 的兼容。表 1-1 所示为 ANSI C 的关键词。

表 1-1　ANSI C 的关键词

关　键　字	用　　途	说　　明
auto	存储种类说明	用于说明局部变量,默认值为此
break	程序语句	退出最内层循环
case	程序语句	switch 语句中的选择项
char	数据类型说明	单字节整型数或字符型数据
const	存储类型说明	在程序执行过程中不可更改的常量值
continue	程序语句	转向下一次循环
default	程序语句	switch 语句中的失败选择项
do	程序语句	构成 do…while 循环结构
double	数据类型说明	双精度浮点数
else	程序语句	构成 if…else 选择结构
enum	数据类型说明	枚举
extern	存储种类说明	在其他程序模块中说明了的全局变量
float	数据类型说明	单精度浮点数
for	程序语句	构成 for 循环结构
goto	程序语句	构成 goto 转移结构
if	程序语句	构成 if…else 选择结构
int	数据类型说明	基本整型数
long	数据类型说明	长整型数
register	存储种类说明	使用 CPU 内部寄存的变量
return	程序语句	函数返回
short	数据类型说明	短整型数
signed	数据类型说明	有符号数,二进制数据的最高位为符号位
sizeof	运算符	计算表达式或数据类型的字节数
static	存储种类说明	静态变量
struct	数据类型说明	结构类型数据
swicth	程序语句	构成 switch 选择结构
typedef	数据类型说明	重新进行数据类型定义
union	数据类型说明	联合类型数据
unsigned	数据类型说明	无符号数数据
void	数据类型说明	无类型数据
volatile	数据类型说明	该变量在程序执行中可被隐含地改变
while	程序语句	构成 while 和 do…while 循环结构

不同类型的计算机芯片千差万别,但它们使用的 C 语言基本相同,究其原因,是每种计算机芯片都根据 ANSI C 标准,制定了自己的 C 语言编译器,由 C 语言编译器将 C 语言转化为相应的汇编指令,完成相同的任务。

C51 是用于 MCS51 系列单片机,以 ANSI C 为基础,修改扩充的一套程序语言。德国 keil 公司已经推出 V7.0 以上版本的 Cx51 编译器,为 MCS51 系列单片机软件开发提供了全新的 C 语言环境,同时保留了汇编代码的高效、快速等特点。表 1-2 所示为 C51 新增专用的关键词。

表 1-2 C51 新增专用的关键词

关 键 字	用 途	说 明
bit	位标量声明	声明一个位标量或位类型的函数
sbit	位标量声明	声明一个可位寻址变量
sfr	特殊功能寄存器声明	声明一个特殊功能寄存器
sfr16	特殊功能寄存器声明	声明一个 16 位的特殊功能寄存器
data	存储器类型说明	直接寻址的内部数据存储器
bdata	存储器类型说明	可位寻址的内部数据存储器
idata	存储器类型说明	间接寻址的内部数据存储器
pdata	存储器类型说明	分页寻址的外部数据存储器
xdata	存储器类型说明	外部数据存储器
code	存储器类型说明	程序存储器
interrupt	中断函数说明	定义一个中断函数
reentrant	再入函数说明	定义一个再入函数
using	寄存器组定义	定义芯片的工作寄存器

1.2 简单 C 语言程序

为了说明 C 语言源程序结构的特点,先看下面例 1.1 所示的程序。这个程序用 C 语言编写,其功能是:控制单片机内部的一个数据不断加 1 递增,用 8 个发光二极管显示变化过程;当按下开关时,蜂鸣器鸣叫。用 keil C51 执行 C 语言程序时,由于单片机没有标准的显示输出设备,只能通过单片机的串行口进行仿真显示,需调用串行口初始化子函数 init_rs232。从这个例子中可以了解到组成一个 C 语言源程序的基本部分和书写格式。

【例 1.1】 数据加 1 递增并控制发光二极管程序。

```
#pragma symbols code          /*定义编译环境:产生符号列表、产生汇编程序列表*/
#include< stdio.h>             //包含输入、输出库函数
sfr   P0=0x80;                 //定义特殊功能寄存器 P0 的地址
```

```
    sfr    P1=0x90;                  //定义特殊功能寄存器 P1 的地址
    sfr    P40=xe8;                  //定义特殊功能寄存器 P4 的地址
    sfr    T2CON=0xc8;               //定义特殊功能寄存器 T2CON 的地址
    sfr    SCON=0x98;                //定义特殊功能寄存器 SCON 的地址
    sfr    RCAP2H=0xcb;              //定义特殊功能寄存器 RCAP2H 的地址
    sbit kg=P4^3;                    //定义开关的位地址
    sbit fmq=P1^5;                   //定义蜂鸣器的位址

    void delay(int time)             /*延时子函数,单位为 ms */
    { unsigned char tt;              //定义辅助无符号字符变量 tt
      while(time! 0){                //循环执行,次数由变量 time 的值确定
        -- time;
        for(tt=0;tt<226;++ tt){}     //内部循环执行 226 次
      }
    }

    void init_rs232(void)            //串行口初始化子函数
    { T2CON=0x34;                    //定时器 2 作为波特率发生器,自动重装
      SCON=0xda;                     //方式 3,9 位数据,单机通信,允许接收,TB81
      RCAP2H=0xff;
    }

    main()                           //主函数
    { unsigned char kk0;             //定义辅助无符号字符变量 kk
      init_rs232();                  //调用串行口初始化子函数,用于仿真显示
      printf("Hello! I am C51\n");   //仿真显示字符串"Hello! I am C51"
      printf("I will be your friend! \n");//仿真显示"I will be your friend!"
      for(;;){                       //无限循环
        kk=kk+1;                     //变量 kk 加 1
        P0=kk;                       //变量 kk 的值通过 8 个发光二极管显示,"0"——亮
        printf("%bu\n",kk);          //仿真显示变量 kk 的值
        if(kg==0){ fmq=0; }          //如果按下开关,蜂鸣器响
        else{ fmq=1; }               //否则蜂鸣器不响
        delay(1000);                 //调用延时子函数,延时 1000 ms
      }
    }
```

与上面 C 语言程序对应的汇编语言程序如下:
```
    ORG   0000H                ;1——伪指令,表示程序存放的首地址
    begin:MOV  P0,R1           ;2——将 R1 的数据送到 P0 口引脚,输出 0 V 时发光二极管点亮
          CALL DELAY           ;3——调用 0.5 s 延时子程序
          INC  R1              ;4——将 R1 的数据加 1
          JB   0EBH,ddd        ;5——如果未按下开关(P4.40EBH),跳到 ddd
          CLR  P1.5            ;6——按下开关,引脚 P1.5 输出 0 V,蜂鸣器响
          JMP  begin           ;7——跳到 begin
    ddd:SETB P1.5              ;8——未按下开关,引脚 P1.5 输出 5 V,蜂鸣器不响
          JMP  begin           ;9——跳到 begin
```

```
;--------------------          ;10——延时子程序
DELAY:MOV R5,#04H               ;11——R5=延时时间
   H0:MOV R6,#0ffH              ;12——R6=循环次数
   H1:MOV R7,#0ffH              ;13——R7=循环次数
   H2:DJNZ R7,H2                ;14——R7减1,如果不等于0,跳到H2
      DJNZ R6,H1                ;15——R6减1,如果不等于0,跳到H1
      DJNZ R5,H0                ;16——R5减1,如果不等于0,跳到H0
      RET                       ;17——子程序结束标志
;---------------------;18——伪指令,表示程序结束
      END
```

通过上述例子,可以知道 C 语言程序具有以下基本结构特点。

(1) 一个 C 语言程序一般由预处理部分、子函数部分和主函数部分三个部分组成。

(2) 预处理部分类似于汇编语言的伪指令,是在 C 语言程序执行前对编译器所下的指示,主要用于控制编译过程和定义变量。

(3) 函数的主体必须以大括号｛｝包含其中。

(4) 子函数部分类似于汇编语言的子程序,完成一些使用较频繁且比较通用的功能。子函数一般由自己编写,同时 C 语言提供大约 100 多个常用子函数(常称为库函数)。

(5) 一个 C 语言程序不论由多少个部分组成,都有一个且只能有一个 main 函数,即主函数。

(6) 一个 C 语言程序,总是从 main 函数开始执行的,而不论其在程序中的位置。主函数执行完毕,亦即程序执行完毕。

(7) 如果调用库函数,需在预处理中进行说明。如 printf 为库函数,其函数声明在文件 stdio.h 中,在预处理中需加入♯include<stdio.h>命令进行说明。

(8) 每一个说明,每一个语句都必须以分号结尾。但预处理命令,函数头和大括号之后不能加分号。

(9) 标识符、关键字之间必须至少加一个空格以示间隔。若已有明显的间隔符,也可不再加空格来间隔。

(10) C 语言程序注释有两种写法。一种以"∥"开头,编译器会把"∥"之后的文字全部当做注释,直到此行的尾端为止。另一种方式是用"/* … */"的形式,可以为 C 语言程序的任一部分做注释,在"/*"开始后,一直到" */"为止,它中间的任何内容都被认为是注释,两者之间不限制行数。

(11) C 语言程序行的书写格式自由。既允许一行内写几条语句,也允许一条语句分写在几行上。

(12) C 语言程序区分字母大小写,所以不要将字母大小写混用,如 main 不可写成 MAIN。

1.3 keil C51 编译器仿真程序要求

由于 keil C51 是用于 MCS51 单片机的编程软件,产生的机器码只能在 MCS51 单片机上运行,为了便于调试编程,可利用串行口进行仿真,因此需对串行口进行初始化,其程序一般需具有下列格式:

```
♯pragma symbols code         ∥定义编译环境
♯include< reg52.h>           ∥存储器说明库
```

```
#include< stdio.h>              //标准输入、输出库

void init_rs232(void)           //串行口初始化子函数
{ T2CON0x34;                    //定时器2作为波特率发生器,自动重装
  SCON=0xda;                    //方式3,9位数据,单机通信,允许接收,TB8=1
  RCAP2H=0xff; }

main()                          //主函数
{ 定义各种变量(如 char kk; char mm;)
  ……………………
  init_rs232();                 //调用串行口初始化子函数

  编写你自己的程序
  ……………………
}
```

1.4 实 践 一

1. 实践任务

(1) 初步了解 C 语言,学会上机编辑、编译及调试 C 语言程序。
(2) 会把 C 语言程序下载到单片机实践板里,作简单的调试。

2. 实践设备

(1) 装有 keil C51 uvision3 集成开发环境,STC-ISP. 的计算机。
(2) 单片机实践板(初级)。

3. 实践步骤

(1) 打开计算机,连接单片机实践板。
(2) 进入 keil C51 开发环境,建立工程项目文件。
(3) 建立例 1.1 的 C 语言源程序文件。
(4) 编译源程序文件。
(5) 下载程序到单片机实践板中。
(6) 运行程序,观察 8 个发光二极管变化情况和变化时间。
上述步骤可参考"附录 C"。
注意:在保存源程序时,由于是 C 语言程序,扩展名应改为.c,不能使用汇编程序的.asm。
(7) 将"kk=kk+1"改为"kk=kk−1",重新编译、下载,观察程序执行有什么变化?
(8) 将"kk=kk−1"改为"kk=kk−4",重新编译、下载,观察程序执行有什么变化?
(9) 如果想将发光二极管的变化速度加快 1 倍或减慢一半,应该怎样改变程序?
(10) 进入"调试程序状态",单击主菜单"View"的下拉菜单"Serial Window ♯1",打开仿真显示窗口"Serial ♯1",单击主菜单"Peripherals"的下拉菜单"I/O-Ports",打开"Parallels Port 0"窗口,如图 1-1 所示,按 F10 键,单步运行,记录每一步程序执行的过程和效果。
注意:如进入调试状态无法运行,则可单击屏幕左上角的"RST"复位按钮和红色的"X"停止按钮。

(11) 单击主菜单"File"的下拉菜单"Open…",打开扩展名为.lst的列表文件,如图1-2所示,找到delay、init_rs232子函数和main主函数所对应的汇编程序,说出下列C程序对应的汇编指令。

A. ――time;
B. SCON＝0xda;
C. if(kg＝＝0){ fmq=0; }
D. delay(1000);

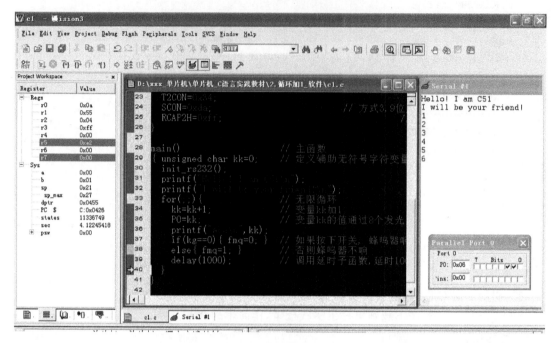

图1-1 程序调试界面

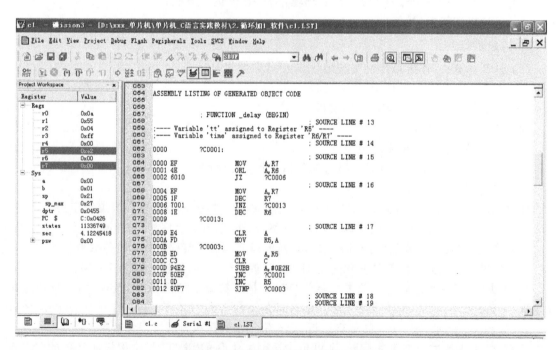

图1-2 C语言程序对应汇编指令界面

成绩评定

小题分值	3(10 分)	4(10 分)	5(10 分)	7(15 分)	8(15 分)	9(20 分)	10(10 分)	11(10 分)	总分
小题得分									

习 题 1

1-1 C语言具有哪些特点？

1-2 一个完整的C语言程序由几部分组成？

1-3 C语言程序在上机编辑、编译、调试和下载时需要注意什么？

第 2 章
基本数据类型及其运算

数据是计算机处理的对象,也是计算机运行的最终结果,计算机要处理的一切内容最终都将以数据的形式出现。

不同的数据有不同的范围,数据的范围越大,所占用的存储单元就越多,计算花费的时间就越长,即使用的成本越大。为了在数据的范围和使用数据的成本之间取得平衡,就设立了各种数据类型。

本章介绍单片机 C 语言的基本数据类型及运算,通过学习可以进一步了解 C 语言的基本知识,并能够识读一些 C 语言程序及掌握有关数据的运算;学会上机编辑、编译和调试 C 语言程序,观察其运行的过程。

2.1 数据类型

C语言的数据类型有基本数据类型和扩展数据类型两种。在掌握了基本数据类型后,再介绍扩展数据类型。C语言的数据类型如图2-1所示。

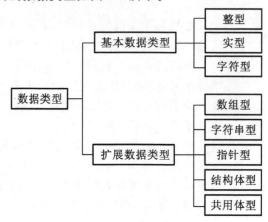

图2-1　C语言的数据类型

常用基本数据类型如表2-1所示,在选择数据类型时,一定要了解其数值范围,如果范围不够,就会产生数据溢出,导致计算错误。整型数据可精确保存数据,但范围较小,实型数据范围很宽,保存数据时可能存在微小误差。

MCS51系列单片机都是8位CPU,用8位数据类型进行运算,如char和unsigned char比用int或long类型更有效,要尽可能使用最小的数据类型。例如,两个char类型数据的乘法用指令MUL A B直接完成,而int或long类型变量,进行相同的运算需调用编译器库函数,要花费更多时间。

MCS51系列单片机不明确支持有符号数运算,对有符号的数据进行计算需花费很多时间。如有可能,应尽量用无符号类型,最好不使用实型数据,这可以减少代码,加快速度。

表2-1　常用基本数据类型

分类	数据类型	说明符	占用空间	数值范围	说明
字符型	有符号字符型	[signed] char	1B	$-128 \sim 127$	
	无符号字符型	unsigned char	1B	$0 \sim 255$	
整型	有符号整型	[signed] int	2B	$-32768 \sim 32767$	
	无符号整型	unsigned int	2B	$0 \sim 65535$	
	有符号长整型	[signed] long	4B	$-2147483648 \sim 2147483647$	
	无符号长整型	unsigned long	4B	$0 \sim 4294967295$	
实型	单精度型	float	4B	$\pm 10^{-37} \sim 10^{38}$ 6～7位有效数字	
	双精度型	double	8B	$\pm 10^{-307} \sim 10^{308}$ 15～16位有效数字	C51不支持
	长双精度型	long double	10B	$\pm 10^{-4931} \sim 10^{4932}$ 18～19位有效数字	C51不支持

说明:方括号内的说明符可忽略,实型数据常称为浮点数。

有符号整型是指存储一个整数的存储单元中的最高二进制位是符号位,其他二进制位都用于存放数据。无符号整型是指存储一个整数的存储单元中的全部二进制位都用于存放数据本身,而不存储符号位。

用 16 个二进制位表示一个有符号的整数,它的数值范围是 -32768~32767;表示一个无符号整数的数值范围是 0~65535。若用 32 个二进制位表示一个整数,有符号整数和无符号整数的数值范围分别是 -2147483648~2147483647 和 0~4294967295。

通常变量的数据类型都使用标准的关键字来定义,有时为了方便,可以使用关键字 typedef 定义自己的数据类型,方便程序的移植和简化较长的数据类型定义。

例如:
  typedef int integer;   //指定 integer 代表 int
  typedef float real;   //指定 real 代表 float
经过上述定义后,以下两行等价:
  ① int a,b;   float j,k;
  ② integer a,b; real j,k;

typedef 不能直接用来定义变量,它只是对已有的数据类型作一个名字上的置换,方便使用,并不是产生一个新的数据类型。

2.2 数据的存放形式

计算机处理的数据一般需用存储器保存,存储器以 8b 为单位,称为 1B。

2.2.1 整型数据的存放形式

bit 类型的数据用单个位存储,1B 可存放 8 个 bit 类型的数据,MCS51 系列单片机通常在 bRAM 中保存 bit 类型的数据,因为该区间可方便进行位操作。

char、unsigned char 类型的数据保存在 1B 中(8b),以二进制形式存放,如果是负数,则以该数的绝对值取反再加 1 的形式存放,这种方式称为该数据的补码。如数据 123、-99 的存放形式如表 2-2 所示,123=01111011B,-99 的绝对值为 99,99=01100011B,取反后为 10011100,最后加 1 为 10011101。

表 2-2 char、unsigned char 型数据存放形式

D7	D6	D5	D4	D3	D2	D1	D0
0	1	1	1	1	0	1	1

(a) unsigned char 类型数据 123

D7	D6	D5	D4	D3	D2	D1	D0
1	0	0	1	1	1	0	1

(b) char 类型数据 -99

int、unsigned int 类型的数据用 2B 保存,高字节先保存,低字节后保存,如果为负数,转化为补码进行保存。例如,一个 0x1234 的整型数在存储区如表 2-3 所示保存。

表 2-3 int、unsigned int 型数据存放形式

地址	+0								+1							
数据	0	0	0	1	0	0	1	0	0	0	1	1	0	1	0	0

long、unsigned long 类型的数据用 4B 保存,高字节先保存,低字节后保存,如果为负数,转化为补码进行保存。例如,long 型数据 0x12345678 在存储区如表 2-4 所示保存。

表 2-4　long、unsigned long 型数据存放形式

地址	+0	+1	+2	+3
数据	0x12	0x34	0x56	0x78

2.2.2　实型数据的存放形式

float 类型数据常称为浮点数,用 4B 保存,一般用 IEEE-754 标准的格式,它由尾数和 2 的幂两个部分组成,即±尾数×$2^{幂}$。

2 的幂代表指数,指数的实际值是保存值(0~255)减去 127,范围在 127~128 之间。尾数由 24b 二进制数表示(大约 7 个十进制数),最高位是 1,因此不保存;另外用 1b 二进制数表示 float 类型数据的正、负号,其保存的字节格式如表 2-5 所示。

表 2-5　float 型数据存放形式

地址	+0	+1	+2	+3
内容	SEEE EEEE	EMMM MMMM	MMMM MMMM	MMMM MMMM

S——符号位,1 是负,0 是正;E——幂,偏移 127;M——24 位尾数(保存在 23 位中)。

例如,浮点数－1027.513 作为一个十六进制数 0xC480706A 保存在存储区中,如表 2-3 所示。浮点数和十六进制等效保存值之间的转换相当简单,如表 2-6 所示。

表 2-6　浮点数－1027.513 的存放形式

格式	SEEEEEEE	EMMMMMMM	MMMMMMMM	MMMMMMMM
二进制	11000100	10000000	01110000	01101010
十六进制	C4	80	70	6A

(1) 符号位是 1,表示一个负数。

(2) 幂是二进制 10001001 或十进制 137,137 减去 127 是 10,就是实际的幂。

(3) 尾数是后面的二进制数 00000000111000001101010。在尾数的左边有一个省略的二进制点和 1,保存时被省略,恢复后的尾数值为:1.00000000111000001101010。

接着根据指数调整尾数,负的指数向左移动小数点,正的指数向右移动,因为指数是 10,小数点右移 10 位,尾数调整为 10000000011.1000001101010。它是一个二进制浮点数,其整数部分为

$$1\times 2^{10}+1\times 2^{1}+1\times 2^{0}=1207$$

其小数部分为

$$1\times 2^{-1}+1\times 2^{-7}+1\times 2^{-8}+1\times 2^{-10}+1\times 2^{-12}=0.512939453125$$

其误差为 0.000060546875。

除了正常的浮点值,还用一些特殊的十六进制数表示浮点运算的过程中出现的错误,其方法如表 2-7 所示。

表 2-7 特殊十六进制数及其含义

代 号	十六进制值	含 义
NaN	0xFFFFFFF	不是一个数
+INF	0x7F80000	正无穷大,正溢出
-INF	0xFF80000	负无穷大,负溢出

2.3 数据的存放位置

MCS51 单片机的存储容量较小,为了提高性能,设立了多个各自独立的数据存储区,它们都可以保存数据,只是保存数据的长度和读/写速度有所不同,应根据存放数据的长度和读/写速度合理选择,具体如表 2-8 所示。在表 2-8 中,程序存储区和外部数据区的最大允许长度为 64KB,具体数量根据所使用的单片机有所不同。另外,分页数据区只不过是外部数据区最低端的 256B,可选择稍快些的读/写方式。控制存储区需用户自己扩展,一般较少使用。

表 2-8 数据的存放位置

名 称	关键字	特性	占用空间	访问方式	速度	说 明
程序存储区	code	只读	64KB	MOVC @A+DPTR	一般	存放程序、常量
特殊功能区	sfr/sfr16	读/写	128B	直接寻址	最快	外部控制
直接寻址区	data	读/写	128B	直接寻址	最快	频繁使用的数据
间接寻址内	idata	读/写	256B	间接寻址	快	一般使用的数据
可位寻址区	bdata	读/写	128b	位、直接寻址	快	bit 类型数据
外部数据区	xdata	读/写	64KB	MOVX @DPTR	慢	长度较大的数据
分页数据区	pdata	读/写	256B	MOVX @Ri	较慢	一般使用的数据
控制存储区	far	读/写	16MB	由用户定义	最慢	长度很大的数据

2.4 常 量

常量是程序执行之前已知,运行过程中其值不能改变或不允许改变的数据。C 语言有整数常量、浮点数常量、字符常量、字符串常量四种类型的常量,分别简称为整数、浮点数、字符、字符串。常量一般和程序在一起,保存在程序存储区。

2.4.1 整数

整数有十进制、八进制和十六进制三种形式。

1. 十进制整数

如 0、123、-45。

2. 八进制整数

以数字符 0 开头并由数字符 0~7 组成的数字符序列,为八进制整数。如 0123 表示八进制整数,其值等于十进制整数 $1\times 8\times 8+2\times 8+3=83$。

3. 十六进制整数

以 0x(或 0X)开头的整数,表示十六进制的数字符有 16 个,它们分别是 0~9 和 A、B、C、D、E、F,其中六个字母也可以小写。例如,0x123 表示十六进制整数,其值等于十进制整数 $1\times 16\times 16+2\times 16+3=291$,0xABC 的值等于 $10\times 16\times 16+11\times 16+12=2748$。

如果整数后面不带尾缀,一般表示为 int 或 char 型整数,在整数之后接上字母 L(或 l),即为 long 型整数,例如,0 L、132 L 等。

在整数之后接上字母 U(或 u),则指明该整数是 unsigned 型的。例如,1U、122U 等。要指明不带符号的 long 型整数,则需在整型常数之后同时加上字母 U 和 L,表明该整型常数是 unsigned long 型的,例如,22UL、35LU 等。

2.4.2 浮点数

浮点数的一般书写格式是:正负号 整数部分.小数部分 指数部分。

其中,正实数可省略正负号;整数部分和小数部分都是十进制字符序列;指数部分是 e(或 E),接上正负号和十进制字符序列,如为正号可省略,如浮点数 -123.456e+3 或 -123.456E+03 或 -123456.7。

按上述格式书写浮点数时,另有两条限制。

(1) 整数部分和小数部分可以任选,但不可同时都没有。

(2) 小数点和指数部分不可以同时都没有。

例如,下列实型常数是 C 语言合法的实型常数:7.、.457、1E5、1.5e-6。而下列写法不是 C 语言的实型常数:E4、E5、4.0E。

另外,用 f 尾缀标识 float 型浮点数;用 L(或 l)标识 long double 浮点数;无后缀符的实型常数被认为是 double 型浮点数。如 1.5、1.5f、1.5L 分别表示 double 型、float 型、long double 型浮点数。

2.4.3 字符

字符型数据用于表示一个 8B 的二进制位数据,由于二进制位数据没有明显的含义,不便于理解,因而用字符表示二进制位数据,它们之间的对应关系形成了各种数据编码,目前最常用的编码是 ASCII 码。字符型数据保存的内容是字符的 ASCII 码,并非字符本身。

字符的书写方法如下。

(1) 普通字符:用成对的单引号括起一个字符。如'a'、'b'、'B'、'$'。

(2) 特殊字符:主要用来表示一些没有对应字符的一些二进制位数据,其范围是 0x00~0x1f,它们的标记方法如表 2-9 所示。

表 2-9 所示的最后两行是直接用字符的 ASCII 代码表示字符,可以表示全部的字符,例如,'\102' 即表示'B','\12'表示'\n'。

表 2-9 特殊字符

标记形式	ASCII 码	功　　能
'\0'	0x00	空字符,表示没有字符,不同于空白字符 SP(0x20)
'\a'	0x07	产生响铃声
'\b'	0x08	退格
'\t'	0x09	制表符,横向跳格到下一个输出区首
'\n'	0x0a	换行符(打印位置移到下一行首)
'\v'	0x0b	竖向跳格符
'\f'	0x0c	走纸换页
'\r'	0x0d	回车(打印位置移到当前行首)
'\"'	0x22	双引号字符"
'\''	0x27	单引号字符'
'\?'	0x3f	问号字符?
'\\'	0x5c	反斜杠字符\
'\ddd'	0x00—0xff	ddd 为 1 至 3 个 8 进制数字,以该值为 ASCII 码的字符
'\xhh'	0x00—0xff	hh 为 1 至 2 个 16 进制数字,以该值为 ASCII 码的字符

由于字符型数据以 ASCII 码的二进制形式存储,它与整数的存储形式相类似。对计算机而言,'a'=97=0x61,它们都是以二进制 01100001 的形式进行保存的,字符型数据是一种比较好理解的二进制数据书写形式。

在 C 程序中,字符型数据和整型数据之间可以通用,字符型数据与整型数据可混合运算,例如,23+78=23+'N'='\x17'+0x4e。

一个字符型数据可以用字符格式输出,显示字符本身;也可以用整数形式输出,显示字符的 ASCII 码值,如例 2.1 所示。

【例 2.1】 字符型数据的输出。

```
#include< stdio.h>                //包含输入、输出库函数
main()
{   char ch1,ch2;
    ch1='a';   ch2='b';
    printf("ch1=%c,ch2=%c\n",ch1,ch2);     //以字符形式打印输出
    printf("ch1=%bd,ch2=%bd\n",ch1,ch2);   //以整数形式输出
}
```

程序运行结果如图 2-2 所示。

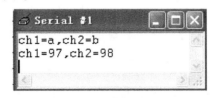

图 2-2 程序运行结果

2.4.4 字符串

字符串是用一对双引号括起来的若干字符序列,如"How do you do."。字符串中字符的个数称为字符串长度。如"How do you do.\n"的长度为 15,"Good morning.\t"的长度为 14,字符串中一个字符都没有称为空串,如" ",其长度为 0。

如果反斜杠和双引号作为字符串中的有效字符,则必须使用转义字符。例如:

C:\msdos\v6.22 → "C:\\msdos\\v6.22"
I say:"Goodbye!" → "I say:\"Goodbye! \""

C 语言规定在存储字符串常量时,由编译器在字符串的末尾自动加一个'\0'作为字符串的结束标志。如果有一个字符串为"CHINA",则它在内存中的实际存储如表 2-10 所示,最后一个字符'\0'是系统自动加上的,主要便于程序判断字符串是否结束,"CHINA"占用 6B 而非 5B 的内存空间。

表 2-10 字符串的存储格式

C	H	I	N	A	\0
01000011	01001000	01001001	01001110	01000001	00000000

注意:'A'与"A"是两个不同的概念,"A"是存储长度为 2 的一个字符串,包含了'A'和'\0','A'是一个字符,实际上是值为 65 的整数。

如果字符串很长,一行写不完,可以跨行书写,例如:

```
printf("hello,how are you!");
```

可以写成:

```
printf("hello,h"
       "ow are you!");
```

下面例子说明用转义字符在输出字符串中的作用。

```
#include< stdio.h>            //包含输入、输出库函数
main()
{   printf("ABC\tabc\txyz\n");
    printf("abc\bxyz\n");
}
```

程序运行结果如下:

ABC   abc   xyz
abxyz

2.4.5 符号常量

为使程序易于阅读和修改,常给程序中经常使用的常量定义一个有一定含义的名字,这个名字称为符号常量,它是该常量的标识符。定义符号常量有以下三种方法,本节介绍前两种方法。

(1) 用预处理指令#define 定义一个符号常量。
(2) 用关键字 const 定义一个符号常量。
(3) 用关键字 enum 定义一组符号常量。

用预处理指令#define 定义一个符号常量,常称为宏定义,其一般形式是:

#define 标识符　常量表达式

例如：
```
#define  PI      3.14159
#define  MAXN    100
#define  two_pi  PI* 2
```
注意：#define 是 C 语言的预处理命令，和汇编语言的伪指令 EQU 类似，可以嵌套定义，命令行最后不要另用分号结束。

用 const 定义一个符号常量的格式为：

const [数据类型] [存放位置] 标识符＝常量表达式；

例如：
```
const int code kk=1000;
const float xdata PI=3.14159;
const unsigned char data blank=' ';
```

在这里，整数 kk 保存在 code 程序存储区，占 2B；浮点数 PI 保存在 xdata 外部数据区，占 4B；字符 blank 保存在 data 直接寻址区，占 1B。

用 const 定义一个符号常量时，方括号内的数据类型、存放位置如果没有，就使用默认的数据类型和存放位置，具体见 2.5 节"变量"的内容。

注意：用#define 和 const 定义一个符号常量有本质的不同，#define 是预处理命令，在编译之前用常量表达式替换所有的与该常量对应的标识符，常量保存在程序存储区中，没有固定的位置。const 是 C 语言的说明语句，需执行相应的指令，编译时为标识符分配相应的存储单元并赋予固定不变的值，每出现一次标识符需从其对应的存储单元中读取数据。

由于用 const 定义符号常量需占用存储单元，使用数据需花费额外时间，因此应尽量用#define定义符号常量。另外，程序中不允许对常量标识符多次赋值。

在定义标识符时应符合下列规定。

（1）标识符只能由字母、数字和下画线组成，且以字母或下画线开头，如 A1、SD_3、_EW。下列是不合法的标识符：M. D. John、#33、3D4E、μ123。

（2）有效长度为 1～32 个字符。随系统而异，但至少前 8 个字符有效。如果超长，则超长部分被舍弃。例如，student11 和 student12 的前 8 个字符相同，有的系统认为这两个变量是一个变量。

（3）C 语言的关键字不能用做变量名。如 if、for、int、data 等。

（4）通常应选择能表示数据含义的英文单词（或缩写）作变量名，或汉语拼音字头作变量名，如 name、age、gz 等。

2.5 变 量

2.5.1 变量的定义和初始化

在程序运行过程中，其值可以改变的数据对象称为变量。变量要在内存中占据一定的存储单元，存放变量的值。变量有以下五个要素。

（1）变量标识符：每个变量都必须有一个标识符，常称为变量名。

（2）变量值：在程序运行过程中，变量值存储在内存中，通过变量名来引用变量的值。

（3）变量的数据类型：确定变量在存储时需要几个字节，采用哪种方式进行读/写和处理。

（4）变量的存放位置：确定变量存储在哪种存储器中，从而决定了变量的读/写速度。

(5) 变量的存储种类：确定变量的作用时间和作用范围，存储种类有四种：自动(auto)、外部(extern)、静态(static)和寄存器(register)，默认类型为自动。这些存储种类的具体含义和使用方法，将在后面进一步进行学习。

在 C 语言中，要求对所有用到的变量，必须先定义，后使用。只有这样，编译器才知道需分配多大的存储空间，变量的定义格式如下：

[存储种类][数据类型][存放位置] 变量名；

例如：

```
char data var1;              //保存在 data 直接寻址区,占用 1B
char code kk;                //保存在 code 程序存储区,占用 1B
unsigned long xdata array;   //保存在 xdata 外部数据区,占用 4B
float idata x,y,z;           //保存在 idata 间接寻址区,3 个变量共占用 12B
unsigned int pdata dimension; //保存在 pdata 分页数据区,占用 2B
unsigned char xdata vector;  //保存在 xdata 外部数据区,占用 1B
char bdata flags;            //保存在 bdata 可位寻址区,占用 1B
```

注意：经常访问的数据应存放在 data 直接寻址区，它具有最快的读/写速度。

在定义变量的同时可对全部或部分变量进行赋初值的操作，称为变量初始化。

例如：

```
float  data k1=2.5,k2=5.23,k3=45.43;
int xdata tt1,tt2=5,tt3;
```

下面举例说明变量的作用。

【例 2.2】 变量的应用程序。

```
main()
{   int   xdata x,y;                       //定义变量 x,y
    x=5; y=3;                              //变量 x,y 赋初值
    printf("%d-----%d\n",x,y);             //打印变量 x,y 的值
    x=1;y=2;                               //变量 x,y 再次赋值
    printf("%d-----%d\n",x,y);             //打印变量 x,y 的值
}
```

程序运行结果如图 2-3 所示。

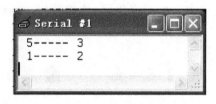

图 2-3　程序运行结果

2.5.2　隐含的变量数据类型和存放位置

在变量声明中，如果缺省变量的数据类型，编译器自动将其数据类型默认为 int 型。当缺省存放位置时，编译器根据当前的存储模式，自动默认不同的存储类型。

注意：变量的数据类型和存放位置不能同时缺省。

存储模式有 SMALL、COMPACT、LARGE 三种，可用编译控制命令进行设定。除了在很特殊的应用中，一般默认 SMALL 存储模式，可产生最快和最有效的代码。

1. SMALL 模式

在本模式中,当变量存放位置缺省时,变量存放在 data 直接寻址区,这与用 data 说明变量的存放位置一样,变量访问非常有效,但长度只有 128B。

2. COMPACT 模式

本模式所有缺省存放位置的变量都放在外部数据区的第一页中,像用 pdata 声明的一样,可提供最多 256B 的变量,不如 SMALL 模式有效,比 LARGE 模式快。

3. LARGE 模式

本模式所有缺省存放位置的变量都放在外部数据存储区,可到 64KB,这和用 xdata 声明的一样,比 SMALL 或 COMPACT 模式产生更多的代码,且访问速度慢。

2.5.3 特殊功能寄存器(sfr)

MCS51 系列单片机提供一个特别的存储区,作为特殊功能寄存器(sfr),可控制定时器、计数器、串口、并口和外围设备,sfr 的地址从 0x80 到 0xFF,能以字节和字(双字节)方式访问。另外,sfr 中地址是 8 的整数倍的特殊功能寄存器还可以实现位寻址。

sfr 和别的 C 变量一样声明,不需存放位置说明,在等号'='后指定的地址必须是一个常数值,不允许是带操作数的表达式。sfr 数据类型不能在函数内部定义,只能作为全局变量使用。

例如:

```
sfr  P0=0x80;           //定义特殊功能寄存器 P0 的地址
sfr  T2CON=0xc8;        //定义特殊功能寄存器 T2CON 的地址
sfr  SCON=0x98;         //定义特殊功能寄存器 SCON 的地址
sfr  RCAP2H=0xcb;       //定义特殊功能寄存器 RCAP2H 的地址
```

许多新的 MCS51 派生系列单片机可用两个连续地址的 sfr 来指定一个 16B 的特殊功能寄存器,CX51 编译器提供 sfr16 数据类型访问两个 sfr 作为一个 16 位的 sfr。访问一个 16B sfr 只能低字节跟着高字节,低字节用做 sfr16 声明的地址。在下面例子中,T2 和 RCAP2 被声明为 16B 的 sfr:

```
sfr16 T2=0xCC;          /* T2L--0cch,T2H--0CDh */
sfr16 RCAP2=0xCA;       /* RCAP2L--0Cah,RCAP2H--0CBh */
```

2.5.4 bit、sbit 数据类型变量

为了方便控制、提高效率,CX51 编译器提供一个 bit 数据类型,bit 变量和别的 C 语言变量的声明相似。所有的 bit 变量放在 bdata 可位寻址区,因为这区域只有 16B,所以在该范围内只能声明最多 128 个位变量。

例如:

```
bit done_flag=0;              /*bit 变量 */
bit flag1=0,flag2=1;          /*bit 变量 */
```

用 sbit 关键词声明新的变量可访问用 bdata 声明的变量的位。

例如:

```
int bdata ibase;              //可位寻址的 int
sfr  P1=0x90;                 //定义特殊功能寄存器 P1 的地址
sfr  P4=0xe8;                 //定义特殊功能寄存器 P4 的地址
sbit mybit0=ibase^0;          //mybit0 为 ibase 的最低位
```

```
    sbit mybit15=ibase^15;      //mybit15 为 ibase 的最高位
    sbit kg=P4^3;               //定义开关的位地址为 P4 的第 3 位
    sbit fmq=P1^5;              //定义蜂鸣器的位地址为 P1 的第 5 位
```

上面 sbit 声明的位变量并不独立存在,只是提供了上面声明的变量 ibase、P1、P4 的一种位寻址方式。例子中·符号后的表达式指定位的位置,这表达式必须是常数,范围由声明中的基变量决定。例如,执行语句"mybit15＝1;",实际上使变量 ibase 的最高位为 1。

注意:sbit 数据类型不能在函数内部定义,只能作为全局变量使用。

2.5.5 硬件定义文件

为了编程方便,常将单片机特殊功能寄存器集中定义,形成硬件定义文件,CX51 编译器提供硬件定义文件 reg52.h 和 reg51.h。下面列举的是在文件 reg52.h 基础上修改的 STC89 系列单片机的硬件定义文件。

```
    sfr P0=0x80;        //14 个可位寻址          sfr TH2=0xCD;
    sfr TCON=0x88;                               sfr WDT_CONTR=0xe1;
    sfr P1=0x90;                                 sfr ISP_DATA=0xe2;
    sfr SCON=0x98;                               sfr ISP_ADDRH=0xe3;
    sfr P2=0xA0;                                 sfr ISP_ADDRL=0xe4;
    sfr IE=0xA8;                                 sfr ISP_CMD=0xe5;
    sfr P3=0xB0;                                 sfr ISP_TRIG=0xe6;
    sfr IP=0xB8;                                 sfr ISP_CONTR=0xe7;
    sfr XICON=0xC0;                              sbit CY=PSW^7;      //PSW 位定义
    sfr T2CON=0xC8;                              sbit AC=PSW^6;
    sfr PSW=0xD0;                                sbit F0=PSW^5;
    sfr ACC=0xE0;                                sbit RS1=PSW^4;
    sfr P4=0xE8;                                 sbit RS0=PSW^3;
    sfr B=0xF0;                                  sbit OV=PSW^2;
    sfr SP=0x81;        //27 个直接寻址          sbit P=PSW^0;
    sfr DPL=0x82;                                sbit TF1=TCON^7;    //TCON 位定义
    sfr DPH=0x83;                                sbit TR1=TCON^6;
    sfr PCON=0x87;                               sbit TF0=TCON^5;
    sfr TMOD=0x89;                               sbit TR0=TCON^4;
    sfr TL0=0x8A;                                sbit IE1=TCON^3;
    sfr TL1=0x8B;                                sbit IT1=TCON^2;
    sfr TH0=0x8C;                                sbit IE0=TCON^1;
    sfr TH1=0x8D;                                sbit IT0=TCON^0;
    sfr AUXR=0x8E;                               sbit EA=IE^7;       //IE 位定义
    sfr SBUF=0x99;                               sbit EC=IE^6;
    sfr AUXR1=0xA2;                              sbit ET2=IE^5;
    sfr SADDR=0xA9;                              sbit ES=IE^4;
    sfr IPH=0xB7;                                sbit ET1=IE^3;
    sfr SADEN=0xB9;                              sbit EX1=IE^2;
    sfr T2MOD=0xC9;                              sbit ET0=IE^1;
    sfr RCAP2L=0xCA;                             sbit EX0=IE^0;
    sfr RCAP2H=0xCB;                             sbit PT2=IP^5;      //IP 位定义
    sfr TL2=0xCC;                                sbit PS=IP^4;
```

```
sbit PT1=IP^3;                          sbit RI=SCON^0;
sbit PX1=IP^2;                          sbit TF2=T2CON^7;    //T2CON 位定义
sbit PT0=IP^1;                          sbit EXF2=T2CON^6;
sbit PX0=IP^0;                          sbit RCLK=T2CON^5;
sbit RD=P3^7;        //P3 位定义         sbit TCLK=T2CON^4;
sbit WR=P3^6;                           sbit EXEN2=T2CON^3;
sbit T1=P3^5;                           sbit TR2=T2CON^2;
sbit T0=P3^4;                           sbit C_T2=T2CON^1;
sbit INT1=P3^3;                         sbit CP_RL2=T2CON^0;
sbit INT0=P3^2;                         sbit PX3=XICON^7;    //XICON 位定义
sbit TXD=P3^1;                          sbit EX3=XICON^6;    //INT2--P4.3 脚
sbit RXD=P3^0;                          sbit IE3=XICON^5;    //INT3--P4.2 脚
sbit SM0=SCON^7;     //SCON 位定义       sbit ITE=XICON^4;
sbit FE=SCON^7;                         sbit PX2=XICON^3;
sbit SM1=SCON^6;                        sbit EX2=XICON^2;
sbit SM2=SCON^5;                        sbit IE2=XICON^1;
sbit REN=SCON^4;                        sbit IT2=XICON^0;
sbit TB8=SCON^3;                        sbit T2EX=P1^1;      //引脚定义
sbit RB8=SCON^2;                        sbit T2=P1^0;
sbit TI=SCON^1;
```

2.5.6 变量的绝对定位

对于一般定义的变量,不需要知道和控制其最终的物理地址,全部由编译器自动定位,但在控制硬件时,常常需规定其绝对存储地址,可采用以下三种方法,本节只介绍第一种方法。

(1) 关键字_at_方式。
(2) 直接存储地址的宏定义方式。
(3) 指针方式。

用关键词_at_将变量定位到绝对存储地址的格式为:

    数据类型 存储类型 变量名 _at_ 绝对地址;

_at_后面的绝对地址必须在可用的实际存储空间内,如果用_at_关键词声明一个变量,来访问一个 xdata 外围设备,则应使用 volatile 关键词来确保编译器不进行优化,以便能访问到要访问的存储区。另外,bit 类型的变量不能定位到一个绝对地址中。下面的例子示范如何用_at_定位几个不同的变量类型:

```
char data buf1 _at_ 0x70;
char xdata text _at_ 0xE000;
int xdata kk _at_ 0x8000;
```

◀ 2.6 数 据 运 算 ▶

C 语言有很丰富的运算符,如表 2-11 所示。

表 2-11　C 语言的运算符

名　　称	符　　号
算术运算符	+、-、*、/、%
关系运算符	>、<、<=、>=、==、!=
逻辑运算符	!、&&、||
位运算符	~、&、|、∧、<<、>>
条件运算符	?、:
增1、减1运算符	++、--
赋值运算符	=、*=、+=、-=、/=、%=、>>=、<<=、&=、∧=、|=
类型转换运算符	(char)、(int)、(long)、(unsigned char)、…、(float)
长度运算符	Sizeof()
逗号运算符	,
负号运算符	-
下标运算符	[ ]
括号运算符	( )
指针、取址运算符	*、&
结构体成员运算符	->、.

2.6.1　算术运算和算术表达式

C 语言的算术运算符有以下 5 种。

+：双目运算时两数相加,如 5+6,单目运算时取正值,如+15。

-：双目运算时两数相减,如 5-6,单目运算时取负值,如-19。

*：双目运算符,两数相乘,如 5*6。

/：双目运算符,两数相除,如 15/6。

%：双目运算符,取模或求余数,两个数必须都是整数,如 15%6 值为 3。

所谓单目运算符是指对一个运算对象进行操作的符号,如"-19";双目运算符是对两个运算对象进行操作的符号,这两个运算对象分别放在操作符的左边和右边,如"5+6"。

C 语言中的运算符与数学中的运算符类似,都有优先级和结合方向。C 语言的算术运算符的优先级如下(同一行的运算符,优先级相同)。

( )：圆括号。　　　　　　　　　　高

+、-：单目运算符,取正、取负

*、/、%：双目运算符,乘、除、取模

+、-：双目运算符,加、减　　　　　低

上面所有双目算术运算符的结合方向都是"从左到右",而单目运算符取正"+"和取负"-"的结合方向是"从右到左"。

C 语言的算术表达式是由算术运算符把运算对象连接起来,构成合法的式子。运算对象包括常量、变量和函数,算术表达式的值为整数或实数,如 3*x+1.0/y-10*sqrt(x)。在对算术表达式进行运算时,应注意以下几点。

(1) 算术表达式中可以使用多层圆括号,左、右括号必须配对。运算时先计算出内层括号表达式的值,再由内向外计算表达式的值。

(2) 取模运算符%两侧的运算对象必须是整数,运算结果是两数相除后所得的余数。在多数机器上,取模后值的符号与运算符左侧运算对象的符号相同。例如,5%3 值为 2,-5%3 值为-2,5%(-3) 值为 2;实数不能参与取模运算,如 5%1.5 是非法的算术表达式。

(3) 整数除时,两个整数相除后,值等于商的整数部分(小数部分没有四舍五入)。例如,1/2=0,3/2=1,10/3=3。

(4) 实数除时,两个相除的数中至少有一个是实数,相除后的值等于实数。如 1.0/2=1/2.0=1.0/2.0=0.5。

例如,(-16/3*2+1)%6=-3,先计算圆括号内的值,单目运算符"-"优先级高于其他双目运算符,先计算整数除-16/3 值为-5,然后-5*2+1 值为-9,最后-9%6 值为-3。

【例 2.3】 实数运算程序。

```
#include<stdio.h>           //包含输入/输出库函数
main()
{   float x,y,z;             //定义浮点变量 x,y,z
    x=42.67; y=12.3;         //变量 x,y 赋初值
    z=x/y;    printf("z1=%f\n",z);   //计算变量 z
    z=y/x;    printf("z2=%f\n",z);   //再次计算变量 z
}
```

程序运行结果如图 2-4 所示。

图 2-4 程序运行结果

2.6.2 各类数值型数据的混合运算和类型转换

在 C 语言中允许整型、实型、字符型数据进行混合运算,例如,1.23+'A'+456%'B'。不同类型的数值型数据进行混合运算时,编译器自动把低精度数据类型向高精度数据类型转换,成为同一类型后才进行运算,转换的规则如图 2-5 所示。

图中向左的横向箭头表示必须进行的转换,如两个 float 型的数据相加,先把这两个 float 数据转换成 double 型数据,然后再进行运算,以提高精度。向上的纵向箭头表示不同类型数据混合运算时,先要进行的数据类型转换,例如,123.456+543-'A',运算时先把整型数据 543 转换成 double 型数据后,与 123.456 相加,值为 666.456,然后把字符'A'转换成 65.0 再进行相减运算,最后结果为 601.456。

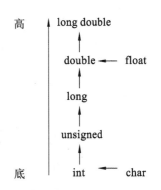

图 2-5 不同类型的数值型数据进行混合运算时类型的转换规则

【例2.4】 各种类型数据的混合运算。
```
#include<stdio.h>                    //包含输入/输出库函数
main()
{  int a,b,c1;
   float x,y,z;
   a=85;   b=18;   x=42.6;   y=28.3;
   c1=a/b*9+ a%b;
   z=x/y＋(x+ y)/2- 1;
   printf("c1=%d\n",c1);
   printf("z1=%f\n",z);
   a=35;   x=42.63;
   printf("%f\n",a+x);
   printf("%f\n",x/a);
}
```
程序运行结果如图2-6所示。

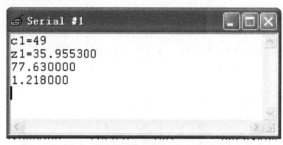

图2-6 程序运行结果

如果编译器自动进行的类型转换不能满足要求,则可以通过在变量前加"(类型符号)"进行强制类型转换。

【例2.5】 强制类型转换。
```
#include<stdio.h>
main()
{  int a; float x,y;
   a=1854; x=42.6;   y=19.3;
   printf("1---%f\t",(float)5/2);       //先转换为实数,再进行实数除
   printf("2---%f\n",(float)(5/2));     //先进行整数除,再转换为实数
   printf("3---%d\t",a+(int)x);         //先转换x为整数,再进行整数加
   printf("4---%d\n",(int)(x+y));       //先实数加,再进行整数运算
   printf("5---%bd\n",(char)a);         //取整型数低字节的数据
}
```
程序运行结果如图2-7所示。

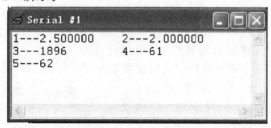

图2-7 程序运行结果

2.6.3 增1、减1运算

增1运算符"++"使运算对象的值增1,而减1运算符"--"则使运算对象的值减1。它们都是单目运算符,其运算对象必须是变量,不能是常量和表达式。例如,语句i++;相当于语句i=i+1;又如,语句i--;相当于语句i=i-1。

增1与减1运算符可以作为前缀运算符,这时先使运算对象值增1或减1之后,再使用运算对象。例如,i=1;j=++i;则变量i的值先增1变成2,然后把i的值赋给变量j,j=2。同样,i=1;j=--i;执行后i的值为0,j=0。

增1与减1运算符也可以作后缀运算符,这时先使用运算对象,再使运算对象值增1或减1。例如,i=1;j=i++;则先把i的值赋给变量j,j=1,然后变量i的值再增1变成2。同样,i=1;j=i--;执行后i的值为0,j=1。

增1与减1运算符如果仅仅只进行自加、自减运算,没有使用运算对象的值,作前缀运算符与作后缀运算符运算结果一样。如语句i--;与语句--i;效果一样,都等同于语句i=i-1;

"++"和"--"运算符的结合方向是"从右到左"。例如,i=1;j=-i++;由于取负运算符"-"和增1运算符"++"的优先级相同,结合方向是"从右到左",即相当于-(i++),又由于是后缀运算符,则先取出i的值使用,把-i的值赋给j,变量j=-1,然后使i的值增1变成2。

应尽量避免在一个表达式中多次用"++"和"--"运算符,这样写出的表达式可读性差,不同的编译系统也可能给出不同的运算结果。例如,i=1;j=++i+i++;k=i++ * ++i;这种情况可使用临时变量过渡一下,分解成如下五条语句:

```
i=1;
t=++i;        //执行后,i=2,t=2
j=t+i++;      //执行后,j=4,i=3
t=i++;        //执行后,t=3,i=4;算术表达式右结合性,i++ * ++i 中先算 i++
k=t * (++i);  //执行后,k=15,i=5
```

变量t作为临时变量,把"++"运算符只写在一个表达式中,这样程序可读性好,不同的编译系统给出的运算结果都相同。

上述例子实际编程时很少使用,只会在计算机等级考试中出现,编程时如果弄不清楚先后次序,可使用圆括号()进行限定。

2.6.4 位运算

数据在内存中都以二进制形式存放,在对硬件编程时经常需要对数据的二进制位进行操作。C语言提供了六种位运算符,与汇编语言的位操作符相似,其优先级、结合方向、要求运算对象的个数及作用如表2-12所示,位运算是C言的优点之一。

表 2-12 C语言的位运算符

操作符	优先级	作用	要求运算对象的个数	结合方向
~	高 ↓ 低	按位取反	1(单目)	从右到左
<<,>>		左移,右移	2(双目)	从左到右
&		按位与	2(双目)	从左到右
^		按位异或	2(双目)	从左到右
|		按位或	2(双目)	从左到右

位运算的运算对象只适用于字符型和整数型数据,其他数据类型均不适用。

1. 按位取反运算符"~"

按位取反运算符是单目运算符,运算对象在运算符的右边,其运算功能是把运算对象的内容按位取反。例如,int i=199;则~i 值为-200,这是因为,整型十进制数 199 的二进制数是 0000 0000 1100 0111,把它按位取反是 1111 1111 0011 1000,这个数是整型十进制数-200 在内存的补码表示形式。

2. 左移运算符"<<"

左移运算符的左边是运算对象,右边是整型表达式,表示左移的位数。左移时,低位(右端)补 0,高位(左端)移出部分舍弃。

例如:

```
char a=5,b;
b=a<<3;
```

用二进制数来表示 a 的值为 0000 0101,执行语句"b=a<<3"之后,b 的值为 0010 1000,运算后 a 的值并没有改变仍为 5。

左移时,若高位(左端)移出的部分均是二进制位数 0,则每左移 1 位,相当于乘以 2,如上例 b 的值 40=5×2×2×2。可以利用左移这一特点,代替乘法,左移运算比乘法运算快得多。若高位移出的部分包含有二进制位数 1,则不能用左移代替乘法运算。

3. 右移运算符">>"

右移运算符的左边是运算对象,右边是整型表达式,表示右移的位数。右移时,低位(右端)移出的二进制位数舍弃。对于正整数和无符号整数,高位(左端)补 0;对于负数,高位补 1(补码表示法最高位 1 表示负数)。

例如:

```
char a=41,b;
b=a>>3;
```

用二进制数来表示 a 的值为 0010 1001,执行语句 b=a>>3;之后,b 的值为 0000 0101(十进制数 5=41/2/2/2,注意是整数除),运算后 a 的值并没有改变仍为 41。

右移时,每右移 1 位,相当于除以 2(整数除),可以利用右移这一特点,代替除法,右移运算比除法运算快得多。但是对于负整数,右移时高位补 1,则不能用右移代替除法运算。

4. 按位"与"运算符"&"

按位"与"运算符"&"先把两个运算对象按位对齐,再进行按位与运算,如果两个对应的位都为 1,则该位的运算结果为 1,否则为 0。例如,int a=41&165;则 a=33,运算过程用二进制数表示如下:

```
  0000 0000 0010 1001    (十进制数 41)
& 0000 0000 1010 0101    (十进制数 165)
  ─────────────────
  0000 0000 0010 0001    (十进制数 33)
```

按位"与"运算有两个特点:和二进制数 0 相与则该位被清零;和二进制数 1 相与则该位保留原值不变。利用这两个特点,可以指定一个数的某 1 位(或某几位)置 0,也可以检验一个数的某 1 位(或某几位)是否是 1。例如,a=a&3;只保留 a 的右端最低两位二进制位数。又如,a&4 检验变量 a 的右端第 3 位是否为 1。

按位"与"运算符"&"与下节将要介绍的逻辑"与"运算符"&&"不同,对于逻辑"与"运算符"&&",只要两边运算数为非 0,运算结果为 1。例如,41&&165=1。

5. 按位"异或"运算符"∧"

按位"异或"运算符"∧"把两个运算对象按位对齐,如果对应位上的数相同,则该位的运算结果为 0;如果对应位上的数不相同,运算结果为 1。例如,int a=41∧165 ;则 a=140,运算过程用二进制数表示如下:

```
  0000 0000 0010 1001     (十进制数 41)
∧ 0000 0000 1010 0101     (十进制数 165)
  0000 0000 1000 1100     (十进制数 140,运算时上、下相同取 0,不同取 1)
```

按位"异或"运算可以把一个数的二进制位数的某 1 位(或某几位)翻转(0 变 1,1 变 0)。例如,a=a∧3;将变量 a 的最右端的 2 位翻转。

6. 按位"或"运算符"|"

按位"或"运算符"|"先把两个运算对象按位对齐,再进行按位"或"运算,如果两个对应的位都为 0,则该位的运算结果为 0,否则为 1。例如,int a=41|165 ;则 a=173,运算过程用二进制数表示如下:

```
  0000 0000 0010 1001     (十进制数 41)
| 0000 0000 1010 0101     (十进制数 165)
  0000 0000 1010 1101     (十进制数 173)
```

利用按位"或"运算的特点,可以指定一个数的某 1 位(或某几位)置 1,其他位保留原值不变。

例如:

    a=a|3;   //把 a 的右端最低两位二进制位数置 1,其他位保留原值不变
    a=a|0xff;   //把 a 的低字节全置 1,高字节保持原样
    a=a|0xff00;   //把 a 的高字节全置 1,低字节保持原样

7. 不同数据类型之间的位运算

如果参加位运算的两个运算对象类型不同,例如,长整型(long)、整型(int)或字符型(char)数据之间的位运算。此时先将两个运算对象右端对齐,若为正数或无符号数高位补 0,负数高位补 1。例如,9L|−200=−199L,运算过程用二进制数表示如下:

```
  0000 0000 0000 0000 0000 0000 0000 1001     (十进制长整型数 9L)
| 1111 1111 1111 1111 1111 1111 0011 1000     (十进制数−200,高位补 1)
  1111 1111 1111 1111 1111 1111 0011 1001     (十进制长整型数−199L)
```

8. 一个表达式中出现多个位运算符

如果在一个表达式中出现多个运算符,则应注意各运算符之间的优先关系。例如,语句 a=10&5<<3;执行后,a 的值为 8。"<<"的优先级高于"&",先进行位移运算。

2.6.5 关系运算和逻辑运算

计算机往往需要对一个已知条件的"真"、"假"进行判断,C 语言中没有专门用来表示"真"、"假"的常量,在 C 语言中规定非零值为"真",其值用 1 表示;零为"假",其值用 0 表示。

注意:关系运算和逻辑运算是用来判断一系列条件的"真"和"假"的,其运算最终结果只有"1(真)"和"0(假)"两种结果。

1. 关系运算

关系运算用于比较两个运算对象的大小,C 语言提供六种关系运算符:<(小于)、>(大于)、<=(小于或等于)、>=(大于或等于)、==(等于)、!=(不等于)。

前四个运算符优先级相同,都高于后两种关系运算符,后两个运算符优先级也相同。关系运算符是双目运算符,结合方向是"从左到右"。关系运算符的优先级低于算术运算符的,但高于赋值运算符的。例如,表达式x>y==c<d,等价于(x>y)==(c<d)。

例如：

```
123>456          //结果=0
1>(123>456)      //结果=1
'A'<'a'          //结果=1
```

例如：

n1=3,n2=4,n3=5,则：

```
n1>n2            //结果=0
(n1>n2)!=n3      //结果=1
n1<n2<n3         //结果=1
```

另外,关系表达式的值,还可以参与其他种类的运算,例如,(n1<n2)+n3 表达式的值为 6,因为 n1<n2 的值为 1,1+5=6。

2. 逻辑运算

C语言提供三种逻辑运算符:&&（逻辑与）、||（逻辑或）、!（逻辑非）。其中"!"是单目运算符,"&&"和"||"是双目运算符,逻辑非"!"运算符的结合方向是"从右到左",而"&&"和"||"结合方向则是"从左到右",逻辑运算符的优先级如图2-8所示。

图 2-8　逻辑运算符的优先级

C语言中逻辑表达式的值也只能是 1 或 0。逻辑表达式为"真",则其值为 1;若为"假",则其值为 0。逻辑表达式的运算规则如表 2-13 所示,其中 a、b 为合法的 C 语言表达式。

表 2-13　逻辑表达式的运算规则

a 的值	b 的值	! a 的值	a && b 的值	a || b 的值
非 0	非 0	0	1	1
非 0	0	0	0	1
0	非 0	1	0	1
0	0	1	0	0
说　明		非 0 变 0,遇 0 变 1	a,b 均非 0 值才为 1	a,b 均 0 值才为 0

例如：

```
int n=12;  int x=5;
!n                    //结果=0
!(n==10)              //结果=1
n>=1&&n<=31           //结果=1
(x>=0)&&(x<3)         //结果=0
n||n>31               //结果=1
(x<-1)||(x>5)         //结果=0
```

例如：判断 1900 年是否是闰年？判断一个年份是否是闰年的逻辑表达式：(year%4==0)&&(year%100！=0)||(year%400==0)。

① 先求表达式 year%4==0 的值得 1；
② 再求表达式 year%100！=0 的值得 0；
③ 逻辑表达式(year%4==0)&&(year%100！=0)的值得 0；
④ 还要求表达式 year%400==0 的值得 0；
⑤ 求值整个表达式的值得 0，因此 1900 年不是闰年。

逻辑运算符两侧的操作数，除可以是 0 和非 0 的整数外，也可以是其他任何类型的数据，如实型、字符型等。

例如：
```
float  a,b;
a=25.28;   b=52.78;
!a                            //结果=0
!('A')                        //结果=0
a>11.564 && b<=157.8          //结果=1
('y') && ('x')                //结果=1
a || a>31                     //结果=1
(b<-19.9) || (b>5)            //结果=1
```

数学上的关系式 0≤x≤100，在 C 语言中不能用关系表达式 0<=x<=100 来表示，表达式 0<=x<=100 相当于(0<=x)<=100，无论 x 取何值，表达式 0<=x<=100 的值总是 1，要正确表示数学上的关系式 0≤x≤100，只能用逻辑表达式 0<=x&&x<=100 表示。

使用逻辑表达式时，应注意逻辑表达式的"不完全计算"。下面的例子只会在等级考试中出现：

```
a=0;   b=1;
c=a++  && b++;
d=a++ || b++;
```

对于上述第二条语句，"由左到右"扫描表达式，根据优先级的规定，先计算表达式 a++ 的值为 0，变量 a 值被加 1 变成 1，这时系统可以确定逻辑表达式 0 && b++ 的值必定是 0，因此不再对表达式 b++ 求值，变量 b 的值不变仍为 1。第二句执行后，变量 a,b 的值均为 1。

对于上述第三条语句，"由左到右"扫描表达式，根据优先级的规定，先计算表达式 a++ 的值为 1，变量 a 的值被加 1 变成 2，这时系统可以确定逻辑表达式 1 || b++ 的值必定是 1，因此不再对表达式 b++ 求值，变量 b 的值不变，仍为 1。

因此执行上述程序段后，变量 a 的值为 2，变量 b 的值仍为 1，变量 c 的值为 0，变量 d 的值为 1。

2.6.6 条件运算

条件运算要求有三个运算对象，是 C 语言中唯一的一个三目运算，其一般形式为：

判定式？表达式 1：表达式 2

运算时先求出"判定式"的值，若"判定式"的值是非零，条件表达式的值取"表达式 1"的值，若"判定式"的值为零，条件表达式的值取"表达式 2"的值。例如，执行语句 min=a<b? a:b 后，变量 min 取 a,b 中的小者。

条件运算符的优先级高于赋值运算符的，但低于关系运算符和逻辑运算符的，条件运算符的结合方向为"从右到左"。

例如：
```
a=1; b=2;
c=a<b?3:b>4?5:6;
```
上述条件表达式等价于 a<b? 3:(b>4? 5:6)，因此变量 c 的值为 3。注意这里不能等价于(a<b? 3:b>4)? 5:6，这个条件表达式的值为 5，与原意不符。

若条件表达式的表达式 1 与表达式 2 类型不同，此时条件表达式的值的类型为二者中精度较高者的类型。

例如：
```
float f,f1;
f=(1>0?1:5)/2;
f1=(1>0?1:5.0)/2;
```
程序运行后，变量 f 的值为 0.0，而变量 f1 的值为 0.5，这是因为条件表达式(1>0? 1:5)的值为 1，1/2 为整数除，值为 0，赋值给变量 f=0.0；而(1? 1:5.0)的值为 1.0，1.0/2 为实数除。

2.6.7 逗号运算

逗号运算符","也称为顺序求值运算符，结合性为自左至右，从左至右计算表达式，求值结果是最后一个表达式的值，逗号表达式的一般格式为：

表达式 1,表达式 2,表达式 3,…,表达式 n

例如：
```
int a,b,c,n;
n=(a=10,b=20,c=a+b)
```
表达式求值结果：n=30,a=10,b=20,c=30。

逗号运算符无非是把若干个表达式"串联"起来，特别适合程序中需执行多个表达式而语法上只允许一个表达式的地方。注意：逗号有两种作用，一种作为分隔符，如上例第一行，另一种作为逗号运算符，如上例第二行。

2.6.8 长度运算符

长度运算符 sizeof() 是单目运算符，用于计算变量或类型所占内存字节数的大小。sizeof() 有两种用法：

(1) sizeof(数据类型)，计算该数据类型在内存中所占的字节数；
(2) sizeof(变量名)，计算该变量在内存中所占的字节数。

如 sizeof(int)=2,sizeof(long)=4,若有语句 double d; 则 sizeof(d)=8。

2.6.9 指针运算符

假设一个变量名为 dd 的变量，计算机内最关心的是它的地址和值，如果另外用一个变量 pp 保存变量 dd 的地址，则称变量 pp 为指针变量，指针变量最基本的运算符是 & 和 *。

&——取地址运算符，它的作用是返回后随变量的内存地址，它只能用于一个具体的变量或数组元素，不能用于表达式。

*——指针运算符，它的作用是返回其后随地址（指针变量所表达的地址值）中的变量值，即取值。它的另一作用是定义指针变量。

例如：

```
int *p;          //定义一个用于保存整型变量地址的指针
int a,b=21;      //假定变量 a 地址=0x2000,b 地址=0x2002
p=&a;            //取变量 a 地址赋给指针变量 p,p=0x2000
++p;             //p=0x2002,增加 2 个字节的位置
a= *p            //取指针变量 p 所指向地址的值赋给变量 a,a=21
```

上述程序使用指针运算符是 & 和 *，其结果等同赋值语句"b=a"；在此，用指针运算符多此一举！但在某些场合，指针运算符可简化程序，提高运行速度。

2.6.10 复合赋值运算

C 语言为简化程序，允许在"="之前加上其他运算符，构成复合赋值运算，其用法如表 2-14 所示。

表 2-14 复合赋值运算符

运算符	表达式	等价表达式
&=	x&=m	x=x&m
|=	x|=m	x=x|m
^=	x^=m	x=x^m
<<=	x<<=n	x=x<<n
>>=	x>>=n	x=x>>n
+=	x+=n	x=x+n
-=	x-=n	x=x-n

例如：

```
int x=3,n=4;
x+=n%3;          //等价为 x=x+(n%3),x=3+1=4
x*=n-1;          //等价为 x=x*(n-1),x=4*(4-1)=12
```

2.6.11 运算符的优先级与结合性

表达式的运算规则是由运算符的功能、优先级和结合性决定的，当一个表达式有多个运算符时，优先级较高的运算符先执行，优先级较低的运算符后执行。

处于同一优先级的运算符的运算顺序称为运算符的结合性，运算符的结合性分为"从左到右"和"从右到左"两种，绝大部分运算符是按"从左到右"顺序运算的。

C 语言运算符及其优先级和结合性如表 2-15 所示，共分为 15 级，1 级最高，15 级最低，除 2、13、14 级"从右到左"结合外，其余均"从左到右"结合。圆括号()的优先级最高，除表示函数调用外，通常用于改变运算符的优先级和结合性，以满足实际需要。例如，a>b!=c+d 等效于(a>b)!=(c+d),a&&b+c||a-b!=0 等效于(a&&(b+c))||((a-b)!=0)。

表 2-15 运算符的优先级和结合性

级别	类型	名称	运算符	结合性
1	强制转换、数组、结构、联合	强制类型转换	( )	右结合
		下标	[ ]	
		存取结构或联合成员	-> 或 .	
2	逻辑	逻辑非	!	左结合
	字位	按位取反	~	
	增量	加一	++	
	减量	减一	--	
	指针	取地址	&	
		取内容	*	
	算术	单目减	-	
	长度计算	长度计算	sizeof	
3	算术	乘	*	
		除	/	
		取模	%	
4	算术和指针运算	加	+	
		减	-	
5	字位	左移	<<	右结合
		右移	>>	
6	关系	大于等于	>=	
		大于	>	
		小于等于	<=	
		小于	<	
7		恒等于	==	
		不等于	!=	
8	字位	按位与	&	
9		按位异或	^	
10		按位或	|	
11	逻辑	逻辑与	&&	
12		逻辑或	||	
13	条件	条件运算	?:	左结合
14	赋值	赋值	=	
		复合赋值	op=	
15	逗号	逗号运算	,	右结合

2.7 实践二

1. 实践任务

(1) 学会运行一个 C 语言程序的方法和步骤。
(2) 分清 C 语言的符号、标识符、保留字的区别。
(3) 掌握 C 语言的数据类型,会定义整型、实型、字符型变量以及对它们的赋值方法。
(4) 学会使用 C 语言的运算符以及用这些运算符组成的表达式,特别是自加(++)和自减(——)运算符的使用。

2. 实践设备

装有 keil C51 uvision3 集成开发环境的计算机。

3. 实践步骤

(1) 分析下列 C 语言程序,说明每一步的作用和执行结果。

```
#pragma symbols code            /*定义编译环境:产生符号列表、产生汇编程序列表*/
#include<stdio.h>               //包含输入、输出库函数
#include<reg52.h>               //包含硬件定义文件
sfr  P4=0xe8;                   //定义特殊功能寄存器 P4 的地址
sbit kg=P4^3;                   //定义开关的位地址
#define pi 3.1415934            //宏定义

void init_rs232(void)           //仿真串口初始化子函数
{ T2CON=0x34;                   //定时器 2 作为波特率发生器,自动重装
  SCON=0xda;                    //方式 3,9 位数据,单机通讯,允许接收,TB8=1
  RCAP2H=0xff;  }

main()                          //主函数
{ const int code kk=1000;       //定义各种变量
  unsigned char bdata aa='\\';
  char data bb=-220;
  unsigned int xdata cc=89100;
  int code dd=8910;
  unsigned long idata ee=(kk&200)*1234;
  long pdata ff=1300.234;
  float gg=pi;
  data hh=dd+(aa>bb);
  bit jj=aa;

  init_rs232();                 //调用仿真串口初始化子函数

  printf("kk=%u\n",kk);         //打印各变量的初始值
  printf("aa=%bu\n",aa);
  printf("bb=%bu\n",bb);
  printf("cc=%u\n",cc);
```

```c
        printf("dd=%u\n",dd);
        printf("ee=%lu\n",ee);
        printf("ff=%lu\n",ff);
        printf("gg=%f\n",gg);
        printf("hh=%u\n",hh);

        printf("1---%d\n",(kk*aa+cc-bb%10)/11);         //进行算术运算
        printf("2---%f\n",gg/2+(int)gg/2);
        printf("3---%f\n",gg/aa*bb+(float)ff/6);
        printf("4---%f\t",(float)8/3);
        printf("5---%f\n",(float)(8/3));
        printf("6---%d\t",aa+(int)gg);
        printf("7---%bu\n",(char)hh);

        printf("%bd\n",++aa+aa+++bb---bb++);            //进行自增、自减运算
        printf("aa=%bu\n",aa);
        printf("bb=%bu\n",bb);

        printf("*1---%bu\n",~((aa<<4&bb>>3||0x23)^78)); //进行逻辑运算和关系运算
        printf("*2---%u\n",((kk%4==0)&&(kk%100!=0)||(kk%400==0))+(cc>=aa)+aa);
        printf("*3---%bu\n",aa<bb?3:bb>4?5:6);
        printf("*4---%u\n",(aa-=10,bb+=20+aa,cc=(int)aa+bb));
        printf("*5---%bu\n",sizeof(gg));
        printf("aa=%bu\n",aa);
        printf("bb=%bu\n",bb);
        printf("cc=%u\n",cc);

        for(;;){}                                        //无限循环
    }
```

(2) 说明变量 aa、bb、cc、dd、ee、ff、gg、hh、jj、kk 的数据类型、占用字节、存放位置、数值范围。

(3) 在 keil C51 环境下建立上述 C 语言程序,编译通过后进入调试状态,单步运行,验证分析结果。

成绩评定

小题分值	1(40 分)	2(20 分)	3(40 分)	总分
小题得分				

习 题 2

2-1 下述论断哪些是不对的?
(1) 每个 C 语言程序有且仅有一个主函数 main()。
(2) C 语言程序的每一行都用分号结尾。
(3) C 程序的执行从第一行开始到最后一行结束。

(4) C程序的每一行只能写一条语句。

(5) C程序的一条语句可以占多行。

(6) 一个C程序可有一个或多个函数组成。

(7) 在C程序中,注释说明只能写在一条语句的末尾。

(8) 在一个C程序中,主函数必须放在程序的首部。

(9) 在一个C程序中,主函数main()可以放在程序的任何位置上。

(10) 在C程序中,注释部分是用花括号括起来的。

2-2 下列表示中哪些是合法的常数？指出其类型；哪些是非法的？说明其原因。

—1L、3.14、0.f、1u.、.E10、0317、0x2auL、0x6g、1.e—8、'\0'、'\'、""、"cvf"、8L、'\10'、'\098'、'\\'、'\"'、.321、''''

2-3 什么是常量？什么是变量？什么是数据类型？什么是数据的存放位置？C51有哪些存放位置？它们的存储长度是多少？存储速度如何？

2-4 关系运算、逻辑运算与其他运算有什么区别？什么是运算的优先级和结合性？哪种运算有最高的优先级？

第3章
顺序结构和选择结构

本章介绍单片机 C 语言的顺序结构和选择结构的应用,通过学习基础语句、复合语句和常用函数,读者能够编写简单的 C 语言程序和分析复杂一些的 C 语言程序;学会上机编辑、编译和调试,最后观察 C 语言程序其运行的过程。

3.1 基础语句

从程序流程的角度来看,程序的结构可以分为顺序结构、选择结构、循环结构三种基本结构,这三种基本结构可以组成所有的复杂程序,C语言提供了多种语句来实现这些程序结构。

C语言程序的执行部分是由语句组成的,程序的功能也是由执行语句实现的,C语言语句可分为五类:表达式语句、函数调用语句、控制语句、复合语句、空语句。

1. 表达式语句

表达式语句由表达式加上分号";"组成,其一般形式为"表达式;",执行表达式语句就是计算表达式的值。例如,"x＝y＋z;"、"i＋＋;"。

2. 函数调用语句

函数调用语句由函数名、实际参数加上分号";"组成。其一般形式为"函数名(实际参数表);"执行函数语句就是调用函数体并把实际参数赋予函数定义中的形式参数,然后执行被调函数体中的语句,求取函数值。例如,调用库函数中输出字符串函数"printf("C Program");"。

3. 控制语句

控制语句用于控制程序的流程,以实现程序的各种结构方式,它们由特定的语句定义符组成,C语言有九种控制语句,可分成以下三类。

(1) 条件判断语句,如 if 语句、switch 语句。

(2) 循环执行语句,如 do while 语句、while 语句、for 语句。

(3) 转向语句,如 break 语句、goto 语句、continue 语句、return 语句。

4. 复合语句

把多个语句用括号{}括起来组成的一个语句称复合语句,在程序中应把复合语句看成是单条语句,而不是多条语句,例如:

```
{   x=y+z;
    a=b+c;
    printf("%d%d",x,a);
}
```

是一条复合语句,复合语句内的各条语句都必须以分号";"结尾,另外在括号"}"外不能加分号。

5. 空语句

只有分号";"组成的语句称为空语句,空语句是什么也不执行的语句。在程序中空语句可用来作空循环体。例如,"while(getchar()！＝'\n');",本语句的功能是,只要从键盘输入的字符不是回车键则重新输入,这里的循环体为空语句。

3.2 赋值语句

赋值语句是由赋值表达式再加上分号构成的表达式语句,赋值语句的功能和特点都与赋值表达式相同,它是程序中使用最多的语句之一,在赋值语句的使用中需要注意以下几点。

(1) 由于在赋值符"="右边的表达式也可以又是一个赋值表达式,因此,下述形式"变量=(变量=表达式);"是成立的,从而形成嵌套的情形。例如,"a＝b＝c＝d＝e＝5;"。

（2）注意在变量说明中给变量赋初值和赋值语句的区别。给变量赋初值是变量说明的一部分，赋初值后的变量与其后的其他同类变量之间仍必须用逗号间隔，而赋值语句则必须用分号结尾。

（3）在变量说明中，不允许连续给多个变量赋初值。例如，下述说明是错误的，"int a＝b＝c＝5"必须写为"int a＝5，b＝5，c＝5；"。

（4）注意赋值表达式和赋值语句的区别。赋值表达式是一种表达式，它可以出现在任何允许表达式出现的地方，而赋值语句则不能。例如，下述语句是合法的，"if((a＝b－7)＞0){ z＝a;}"，语句的功能是，首先赋值 a＝b－7，再判断 a 是否大于 0，如果成立则 z＝a。下述语句是非法的，"if((a＝b－7;)＞0){ z＝x; }"，因"a＝b－7;"是语句，不能出现在表达式中。

◀ 3.3 字符输入/输出函数 ▶

所谓输入/输出是以计算机为主体而言的，输入是由外部输入设备如键盘将数据送到计算机内部，输出是将计算机内部的数据送到外部输出设备如显示器、数码管进行显示。

由于输入/输出设备千差万别，因此 C 语言没有提供输入/输出语句，而是通过调用库函数来实现的，其好处是便于修改，以适应不同计算机的需求。

目前，所有 C 语言都提供标准输入/输出库函数，最常用的有四种：putchar（输出字符）、getchar（输入字符）、printf（格式输出）、scanf（格式输入）。

在调用 C 语言库函数时，要用预处理命令"♯include"将有关"头文件"包含到用户源程序文件中来，在"头文件"中包含了与调用的函数有关的信息。在调用标准输入、输出库函数时，要用到"stdio.h"头文件，在程序的开头应有以下预处理命令：

```
#include <stdio.h>          //按默认的方式查找
或 #include "stdio.h"        //先在主源程序目录下查找，如没有，再按默认的方式查找
```

考虑到 printf、scanf 函数的频繁使用，允许在使用这两个函数时不加预处理命令"♯include"。

3.3.1 字符输出函数 putchar()

putchar()函数是字符输出函数，其功能是在显示器上输出单个字符，函数调用的格式为"putchar(ch);"，其中 ch 可以是一个字符变量或常量，也可以是一个转义字符。putchar()函数只能用于单个字符的输出，且一次只能输出一个字符。另外，若调用 putchar()函数，需在程序的开头加上编译预处理命令"♯include "stdio.h""。

例如：

```
putchar('A');           //输出大写字母 A
putchar(x);             //输出字符变量 x 的值
putchar('\n');          //执行"换行"控制功能，不在屏幕上显示
```

【例 3.1】 字符输出程序。

```
# include "stdio.h"          /* 文件包含命令 */
main()
{  char ch1='N',  ch2='E',  ch3='W';
   putchar(ch1);         putchar(ch2);
   putchar(ch3);         putchar('\n');
   putchar(ch1-1);       putchar('\n');
   putchar(ch2='E'+1);   putchar('\n');
```

```
    putchar('\101');      putchar('\n');
}
```
程序运行结果如图 3-1 所示。

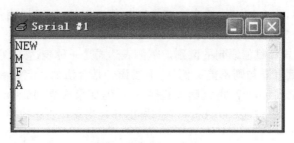

图 3-1 程序运行结果

C51 编译器提供了 putchar()函数的源程序,通过串行口输出数据,可根据需要进行修改,格式输出函数 printf()是调用此函数输出字符的。

3.3.2 键盘输入函数 getchar()

getchar()函数的功能是从键盘上输入一个字符(数字也作为字符),其一般形式为"getchar();",通常把输入的字符赋予一个字符变量,构成赋值语句。

【例 3.2】 键盘输入字符程序。
```
#include<stdio.h>                    /*文件包含*/
main()
{   char ch;
    printf("Please input a character: ");
    ch=getchar();                     /*输入1个字符并赋给 ch*/
    printf("\n");
    putchar(ch);                      /*输出一个字符*/
}
```
程序运行结果如图 3-2 所示。

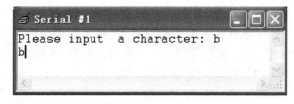

图 3-2 程序运行结果

程序执行到 getchar()函数时,就等待用户按键,在完成按键后,在屏幕上就会显示该按键字符(单步运行是不显示),程序继续执行。

getchar()函数只能用于单个字符的输入,一次输入一个字符,程序中要使用 getchar()函数,必须在程序的开头加上编译预处理命令"#include<stdio.h>"。

getchar()函数执行时需调用 putchar()函数和_getkey()函数,同 putchar()函数一样,C51 编译器也提供了_getkey()函数的源程序,通过串行口输入数据,可根据需要进行修改,格式输入函数 scanf()是调用 getchar()函数输入字符的。

3.4 格式输出函数

3.4.1 格式输出函数的基本格式

printf()函数是一个标准库函数,它的函数原型在头文件"stdio.h"中,但作为一个特例,有些环境下,不要求在使用 printf()函数之前必须包含 stdio.h 文件。printf()函数调用的一般形式为:

printf("格式字符串"[,输出项表]);

1. 函数的作用

将一个或多个常量、变量或表达式的值,按可选择的格式转化为字符串,嵌入指定位置的字符串中输出。

2. 格式字符串

格式字符串也称为转换控制字符串,可以包含格式控制说明、转义字符、普通字符三种字符。

1) 格式控制说明

以%开头,在%后面跟有各种宽度和格式控制符,用于控制将常量、变量或表达式的值转化为字符串的格式,其一般形式为:

％[宽度控制符]格式控制符

2) 转义字符

如'\n'就是转义字符,输出时产生一个"换行"操作。还有其他一些用于控制的转义字符,如'\t'、'\r'、'\b'等。

3) 普通字符

除格式指示符和转义字符之外的其他字符称为普通字符。普通字符原样输出,在显示中起提示作用。

3. 输出项表

输出项表内容可为常量、变量或表达式,输出项表是可选的。若输出的数据不止一个,相邻两个之间用逗号分开。注意:要求格式指示符和各输出项在数量和类型上应该一一对应,否则会出现错误或死循环。

下面的 printf()函数都是合法的。

【例 3.3】 printf 函数程序。

```
main()
{   float a=1.2345; int b=100;
    printf("I am a student.\n");              //普通字符和转义字符
    printf("%bd\n",3+2);                      //表达式
    printf("a=%f*****b+3=%5d\n",a,b+3);       //表达式
    printf("%05bd,%c\n",56,56);               //常量
}
```

程序运行结果如图 3-3 所示。

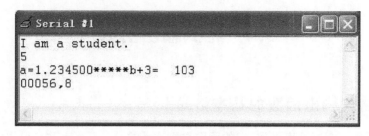

图 3-3　程序运行结果

3.4.2　格式控制符

格式控制符用于控制将常量、变量或表达式等以二进制形式保存的数值转换为可理解的多个字符,其格式和含义如表 3-1 所示。

表 3-1　格式控制符的含义

格式控制符	数据类型	输　出　格　式
d、i	int	以十进制形式输出带符号整数(正数不输出"＋"号)
o	int	以八进制形式输出无符号整数(不输出前缀零"0")
X、x	int	以十六进制形式输出无符号整数(不输出前缀 0X 或 0x)
u	int	以十进制形式输出无符号整数
c	char	输出单个字符
s	char *	输出字符串(必须以'\0'结束或给定字符串长度)
F	Float	以小数形式[—]dddd.ddddd 输出
E、e	Float	以指数形式[—]d.ddddE[—]dd 或[—]d.dddde[—]dd 输出
G、g	Float	以%f、%e 中较短的输出宽度输出,最多输出 6 位有效数字
p	void *	按十六进制显示指针型数据,以 t:aaaa 输出地址,t 是指针指向的存放位置,其代表意义为:c:code、i:data/idata、x:xdata、p:pdata
%	不转换	如果%后面的转换符是一个%,则不转换,只输出一个%字符

格式控制符,必须按从左到右的顺序,与输出项表中的每个数据的类型一一对应,否则出错。例如,下面语句存在错误:

```
printf("str=%s,f=% d,i=%f\n","Internet",1.0 / 2.0,3+5,"CHINA");
```

格式控制符 x、e、g 可以用小写或大写字母。使用大写字母时,输出数据中包含的字母也大写。其他格式字符必须用小写字母,例如,%f 不能写成%F。

格式控制符紧跟在"%"后面就作为格式控制符,否则将作为普通字符使用原样输出。例如,"printf("c=%c,f=%f\n",c,f);"中的第一个 c 和 f,都是普通字符。

3.4.3　宽度格式符

在%和格式控制符之间可以有宽度控制符,用于控制输出时的对齐方向、宽度、小数部分的位数等要求,可作为宽度控制的字符如表 3-2 所示,宽度控制可以是其中一个或多个的组合。

表 3-2 宽度控制符的含义

宽度说明符	含 义
一(减号)	当数据实际宽度小于要求宽度时,以左对齐方式输出,右边补空格或数字0;默认时为右对齐
＋	输出正数时全面冠以符号"＋",默认时无"＋"字符
空格	当数据实际宽度小于要求宽度时,用空格填补
0(零)	当数据实际宽度小于要求宽度时,用数字0填补
＃	与字母o、x、X连用,输出八、十六进制数前缀0、0x、0X;和f、g、G、e、E连用,强制输出小数点
m(正整数)	指定数据或字符串输出的最小宽度,如果数据的实际宽度＞m,则按实际宽度输出;如果实际宽度＜m,则根据对齐方式在左边或右边补补空格或数字0
.(小数点)	分隔最小宽度(m)和精度(n),小数点前面可以没有最小宽度(m)说明
n(正整数)	对于实数,表示输出n位小数;对于字符串,表示截取字符的个数。若实际位数大于所定义的精度数,则截去超过的部分
B、b	和 d、i、u、o、x、X 连用,用于数据类型为 char 的数据
L、l	和 d、i、u、o、x、X 连用,用于数据类型为 long 的数据
＊	忽略＊后面的格式输出

3.4.4 格式输出函数使用实例

1. %d 以带符号的十进制整数形式输出

【例 3.4】 %d 应用程序。

```
main()
{   int n1=123;
    long int  n2=123456;
    printf("%d,%5d,%-5d,%2d\n",n1,n1,n1,n1);
    printf("%ld,%8ld,%5ld\n",n2,n2,n2);
    printf("n1=%ld\n",n1);
}
```

程序运行结果如图 3-4 所示。

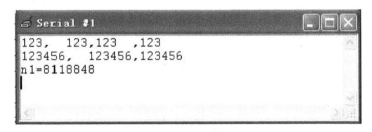

图 3-4　程序运行结果

2. %o,%x,%u 形式输出整数

所谓无符号形式是指,不论正数还是负数,系统一律将其当做无符号整数来输出。

【例 3.5】 输出整数应用程序。

```
main()
```

```
{  int aa=-5;unsigned bb=65500;
   printf("d=%d,o=%o,x=%x,u=%u,",aa,aa,aa,aa);
   printf("d=%d,o=%o,x=%x,u=%u",bb,bb,bb,bb);
}
```
程序运行结果如图 3-5 所示。

```
d=-5, o=177773, x=fffb, u=65531d=-36, o=177734, x=ffdc, u=65500
```

图 3-5 程序运行结果

3. %f,%e,%E 形式输出浮点数

%f 以小数形式、按系统默认的宽度和精度输出浮点数;%e/%E 以标准指数形式输出,尾数中的整数部分大于或等于 1、小于 10,尾数中的小数部分占 6 位;%g 让系统根据数值的大小,自动选择%f 或%e 格式、且不输出无意义的零。

【例 3.6】 输出浮点数应用程序。
```
main()
{   float f=123.456789; double  d1,d2;
    d1=1111111111111.111111111;
    d2=2222222222222.222222222;
    printf("%f,%12f,%12.2f\n",f,f,f);
    printf("%-12.2f,%.2f\n",f,f);
    printf("d1+d2=%f\n",d1+d2);

    printf("%e,%12e,%12.2e\n",f,f,f);
    printf("%-12.2e,%.2e\n",f,f);
    printf("d1+d2=%e\n",d1+d2);

    printf("%g,%12g,%12.2g\n",f,f,f);
    printf("%-12.2g,%.2g\n",f,f);
    printf("d1+d2=%g\n",d1+d2);
}
```
程序运行结果如图 3-6 所示。

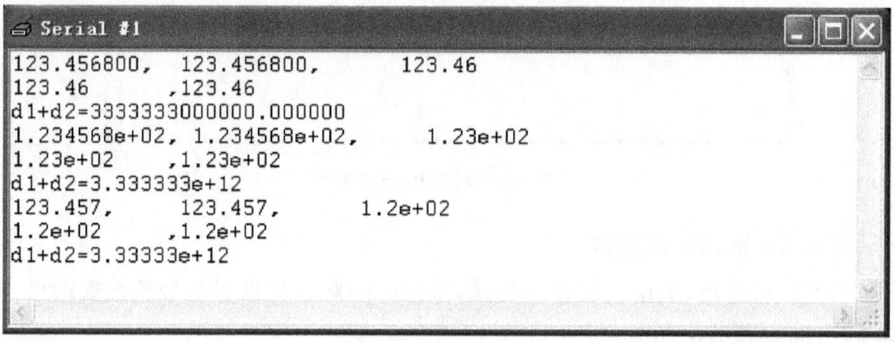

```
123.456800,  123.456800,       123.46
123.46       ,123.46
d1+d2=3333333000000.000000
1.234568e+02, 1.234568e+02,    1.23e+02
1.23e+02     ,1.23e+02
d1+d2=3.333333e+12
123.457,     123.457,          1.2e+02
1.2e+02      ,1.2e+02
d1+d2=3.33333e+12
```

图 3-6 程序运行结果

C51单片机不支持double和long double类型数据,只有7位有效数字,多余部分四舍五入,本程序的输出结果中,超出了有效数字的范围。

4. %c 输出一个字符

%c输出只占一列宽度。

【例3.7】 %c应用程序。
```
main()
{ char c='A';  int i=1386;
  printf("c=%c,%5c,%bd,%d\n",c,c,c,c);
  printf("i=%d,%04x,%c\n",i,i,(char)i);
}
```
程序运行结果如图3-7所示。

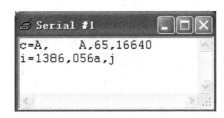

图3-7 程序运行结果

输出16640是因为类型错误,当int整数以字符形式输出时,应转换成char型数据。

5. %s 输出一个字符串

%ms表示按m宽度输出字符串,若串长>m,则照字符串原样输出;若串长<m,则左边补空格。%-ms类似%ms,若串长<m,右边补空格。%m.ns表示靠右输出字符串左边的n个字符,左补空格。%-m.ns表示靠左输出字符串左边的n个字符,右补空格。注意:系统输出字符和字符串时,不输出单引号和双引号。

【例3.8】 %s应用程序。
```
main()
{ printf("%s,%5s,","Internet","Internet");
  printf("%-10s,\n","Internet");
  printf("%10.5s,","Internet");
  printf("%-10.5s,","Internet");
  printf("%4.5s,\n","Internet");
}
```
程序运行结果如图3-8所示。

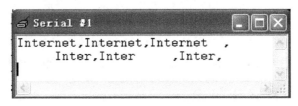

图3-8 程序运行结果

3.5 格式输入函数

3.5.1 格式输入函数的基本格式

scanf()函数是一个标准库函数,其功能是通过键盘把数据输入到指定的变量之中,它的函数原型在头文件"stdio.h"中,与 printf 函数相同,C 语言也允许在使用 scanf()函数之前不必包含 stdio.h 文件。scanf()函数的一般形式为:

scanf("格式字符串",输入项地址表);

格式字符串的组成和作用与 printf 函数的相同,但非空白字符在输入有效数据时,必须原样一起输入,且不能显示,即不能显示提示字符串。

输入项地址表由最少一个或多个输入项地址组成,相邻两个输入项地址之间用逗号分开,输入项地址表中给出各变量的地址,地址是由取运算符"&"后跟变量名组成的。例如,&a、&b 分别表示变量 a 和变量 b 的地址,它是由 C 编译系统分配的,一般用户不必关心具体的地址是多少。

【例 3.9】 scanf 函数应用程序。
```
main()
{ int a,b,c;
  printf("input a,b,c\n");
  scanf("%d%d%d",&a,&b,&c);
  printf("a=%d,b=%d,c=%d",a,b,c);
}
```
程序运行结果如图 3-9 所示。

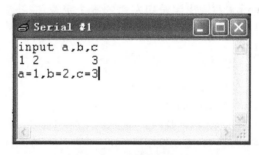

图 3-9 程序运行结果

本例中,由于 scanf()函数本身不能显示提示串,故先用 printf()语句在屏幕上输出提示,请用户输入 a、b、c 的值。执行 scanf()语句后等待用户输入。用户输入 1□2tab3 后按下回车键,变量 a、b、c 相应被赋值为 1、2、3,程序继续执行程序,显示 a=1,b=2,c=3。由于在格式字符串"%d%d%d"之间没有非格式字符作输入时的间隔,因此在输入时要用一个以上的空格、Tab 键或回车键作为每两个输入数之间的间隔,故也能够以 1□2□3 输入或其他合法的方式输入。

3.5.2 scanf()格式字符串

scanf()格式字符串可以包含三种类型的字符。
(1) 空白字符,如空格、Tab 键,对数据输入没有影响。
(2) 非%且非空白字符的普通字符,必须在相应的位置原样输入。

(3) 以％开头,以格式控制符结尾的格式说明,其形式为:

％[*][宽度][b 或 l] 格式控制符

格式控制符可使用 d、u、o、x、c、s、f、e、g,其代表的数据类型与 printf() 函数中的相同。B、b、L、l 的含义与 printf() 函数中的一样,B、b 用于 char 字符型,L、l 用于 long 为长整型。

格式说明中的"*"用于表示该输入项读入后不赋予相应的变量,即跳过该输入值。例如,"scanf("％d％*d％d",&a,&b);",当输入为"1□2□3"时,把 1 赋予 a,2 被跳过,3 赋予 b。

宽度指定该项输入数据所需输入的字符数,系统根据需要截取,多余部分被舍弃。例如,"scanf("％3c％3c",&ch1,&ch2);",设输入"abcdefg",则系统将读取的"abc"中的"a"赋给变量 ch1;将读取的"def"中的"d"赋给变量 ch2。又如,"scanf("％5d",&a);",设输入"12345678",只把 12345 赋予变量 a,其余部分被截去。

3.5.3　scanf() 数据输入操作

(1) scanf() 函数中没有精度控制,如"scanf("％5.2f",&a);"是非法的,不能企图用此语句输入小数为 2 位的实数。

(2) scanf() 中要求给出变量地址,如给出变量名则会出错,如"scanf("％d",a);"是非法的,应改为"scnaf("％d",&a);"才是合法的。

(3) 在输入多个数值数据时,若格式字符串中没有非格式字符作输入数据之间的间隔,则可用空格、Tab 或回车作间隔。C 语言在编译碰到空格、Tab 键、回车键或非法数据(如对"％d"输入"12A 时",A 即为非法数据)时即认为该数据结束。

例如,设给 n1 输入 12,给 n2 输入 36,则执行命令"scanf("％d％d",&n1,&n2);",正确的输入操作为:

① 　12□36✓
② 　12 Tab 36✓
③ 　12✓
　　36✓

(4) "格式字符串"中出现的普通字符(包括转义字符形式的字符),务必原样输入。

例如,设给 n1 输入 12,给 n2 输入 36,则执行命令"scanf("％d,％d",&n1,&n2);",正确的输入操作为 12,36✓。

又如,"scanf("n1=％d,n2=％d",&n1,&n2);"

正确的输入操作为 n1=12,n2=36✓。

(5) 在输入字符数据时,若格式控制串中无非格式字符,则认为所有输入的字符均为有效字符。例如,"scanf("％c％c％c",&a,&b,&c);"输入为 d□e□f,则把'd'赋予 a,□赋予 b,'e'赋予 c。只有当输入为 def 时,才能把'd'赋予 a,'e'赋予 b,'f'赋予 c。

C 语言的格式输入函数 scanf() 和格式输出函数 printf() 规定比较烦琐,不必花太多精力去注意每一个细节,大致理解后,主要通过编程和调试去掌握其使用方法。

3.6　选 择 结 构

假如,某一单位要给职工增加工资,它的规定是:工资低于 2000 元的职工,每人增加工资 200 元,超过 2000 元的职工增加工资 100 元。

如果用计算机解决上述问题,首先用关系运算判断工资是否低于 2000 元,如果是"真",就选择增加工资 200 元,否则选择增加工资 100 元。

在 C 语言中,一般用关系运算、逻辑运算解决选择结构中的选择条件,用 if、switch 语句实现选择结构。if 语句实现 2 路选择,switch 语句实现多路选择。选择语句又称为分支语句或开关语句。

3.6.1　if 语句

if 语句根据给定选择条件的表达式值为"真(非 0)"或"假(0)"两种情况,从两个供选择的成分语句中自动选取一个语句执行,它有以下三种形式。

1. 第一种形式

if(表达式){语句;}

执行过程:计算表达式的值,如果表达式的值为"真(非 0)",则执行其后的语句,并结束 if 语句,否则立即结束 if 语句。

例如,输入三个整数,输出其中的最大数。

为求三个数中的最大者,最简洁的办法是先将其中某一个数预设为最大,存于某变量中,然后逐一与其他两个数比较,当发现有更大者时,就以它重置该变量的值,最后变量中存储的就是最大数。

【例 3.10】 输入三个整数求最大数程序。

```
main()
{   int a,b,c,max;
    printf("请输入三个整数:");
    scanf("%d%d%d",&a,&b,&c);
    max=a;
    if (max<b) max=b;
    if (max<c) max=c;
    printf("最大数是%d\n",max);
}
```

程序运行结果如图 3-10 所示。

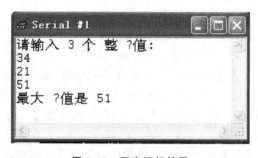

图 3-10　程序运行结果

if 语句中,if 之后括号内的表达式,一般为逻辑表达式或关系表达式,例如,if 语句"if(a！=0 && x/a > 0.5) printf("a！=0 && x/a > 0.5\n");"。

在 C 语言中,if 语句对表达式的值的测试以"非 0"或"0"作为真或假的标准,所以当 if 语句以某表达式的值不等于 0 作为条件时可直接简写成表达式作为条件。

例如:

　　if (x+y !=0) printf("x+y !=0\n");

可简写成:
   if (x+y) printf("x+y !=0\n");
而语句:
   if (x==0) printf("x=0\n");
可写成:
   if (!x) printf("x=0\n");

2. 第二种形式

if(表达式){语句1;}
      else{语句2;}

执行过程:计算表达式的值,若表达式的值为"真(非0)",则执行语句1,并结束 if 语句;否则执行语句2,并结束 if 语句。

注意:无论条件表达式的值为何值,只能执行语句1或语句2中的一个。else 子句(可选)是 if 语句的一部分,必须与 if 配对使用,不能单独使用。

【例3.11】 根据三角形的三条边长 a、b、c,求三角形面积。

```
#include<math.h>                    //包含数学计算库函数
main()
{   float a,b,c,s,area;
    printf("please input 3 lengths of the three altitudes of a triangle:\n");
    scanf("%f%f%f",&a,&b,&c);
    if(a+b>c&&b+c>a&&c+a>b)         //判断输入数据是否有效
        {s=(a+b+c)/2.0;
        area=sqrt(s*(s-a)*(s-b)*(s-c));
        }
    else{ area=0.0; }
    printf("The area of the triangle is % f\n",area);
}
```

程序运行结果如图 3-11 所示。

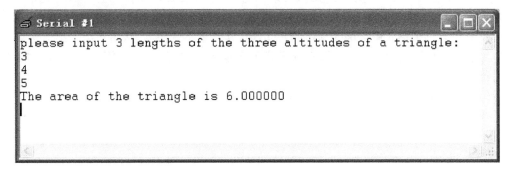

图 3-11 程序运行结果

【例3.12】 输入任意三个整数,求三个数中的最大值。采用直接比较方式,不设中间变量。

```
main()
{   int n1,n2,n3 ;
    printf("please input 3 integers:\n");
    scanf("%d,%d,%d",&n1,&n2,&n3);
```

```
        if(n1>n2){
                if (n1>n3) printf("max=%d\n",n1);
                else    printf("max=%d\n",n3);
                }
        else{
            if(n2>n3) printf("max=%d\n",n2);
            else printf("max=%d\n",n3);
            }
    }
```
程序运行结果如图 3-12 所示。

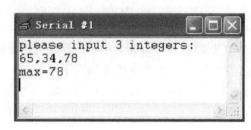

图 3-12　程序运行结果

3. 第三种形式

if(表达式 1){　语句组 1;}
　else if(表达式 2){ 语句组 2;}
　else if(表达式 3){ 语句组 3;}
　…
　else if(表达式 n－1){ 语句组 n－1;}
　else{ 语句组 n;}

执行过程：计算"表达式 1"的值，为"真(非 0)"时，则执行语句组 1，并结束 if 语句；否则计算"表达式 2"的值，为"真(非 0)"时，则执行语句组 2，并结束 if 语句；以此类推，当全部条件不满足时，执行 else 里的语句组 n。

在 if 语句第三种形式中，else if 不能单独出现，其数量不受限制，从语句组 1 到语句组 n，有且仅有一条语句组被执行。if 语句第三种形式可实现多路选择，if 语句第一、二种形式是第三种形式的简化。

【例 3.13】　输入"＋、－、*、/"四种运算符，输出对应的英文单词。

```
#include<stdio.h>
main()
{   char ch;
    ch=getchar();
    if(ch=='+'){ printf("plus\n"); }
      else if(ch=='-'){ printf("minus\n"); }
      else if(ch=='*'){ printf("multiply\n"); }
      else if(ch=='/'){ printf("divide\n"); }
      else{ printf("error\n"); }
}
```
程序运行结果如图 3-13 所示。

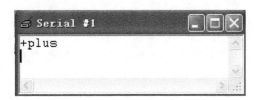

图 3-13　程序运行结果

在 if 语句的三种形式中,如果 if、else、else if 后面只有一条语句,可以省略大括号{ },但为了便于理解,作为习惯,建议不要省略。

3.6.2　if 语句的嵌套与嵌套匹配原则

if 语句嵌套,是指 if、else、else if 执行的语句中又包含有 if 语句的情况。

例如,按学生得分(score)输出成绩等级 A、B、C、D。

```
if(score>=90) printf("A") ;
else if(score<60) printf("D");
if(score>=80) printf("B");
else printf("C");
```

上面的程序,比较难看出选择关系,为避免不同理解,C 语言约定:if 语句嵌套时,else 子句与在它上面、距它最近、且尚未匹配的 if 配对。

在编程时,为使程序清晰、易于阅读,处于同一层的 if 和 else 对齐,低一层的 if 和 else 缩进,全部使用大括号{ }进行限定。

【例 3.14】　if 语句的嵌套程序。

```
main()
{   int a,b,c,d,x;
  a=b=c=0; d=20;
  if(a){ d=d-10; }
  else if(d+2)
    {
    if(!c){ x=15; }
    else{ x=25; }
    }
  else{ x=35; }
  printf("d=%d,x=%d\n",d,x)
}
```

程序运行结果如图 3-14 所示。

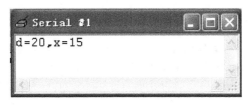

图 3-14　程序运行结果

3.6.3 switch 语句

C 语言提供 switch 语句用于描述多路选择情况,其一般形式为:
switch(表达式)
{   case 常量表达式 1:语句组 1
     case 常量表达式 2:语句组 2
     ……
     case 常量表达式 n:语句组 n
     default:语句组 n+1
}
说明如下。
(1) case、default 只能在 switch 语句中使用。
(2) switch 后面括号内的表达式只限于是 int 整型、char 字符型或 enum 枚举型表达式。
(3) 要求 case 后的所有常量表达式的值互不相同,并与 switch 后面括号内的表达式值的类型相一致。
(4) 多个 case 子句可共用同一语句组,default 可以缺省,但至多出现一次,各个 case 和 default 的出现次序不影响选择结果。
(5) 执行过程中,先计算表达式的值,将该值依次与各 case 之后的常量表达式的值比较,按下列比较结果,选择执行的入口。
① 如果表达式的值等于某个常量表达式的值,switch 语句就从该常量表达式之后的语句组的第一个语句开始执行,然后一直向下执行,如果没有 break 或其他转向语句提前结束 switch 语句,就自动依次进入每一个常量表达式之后的语句组继续执行,直到执行完语句组 n+1,结束 switch 语句。
注意:case 后面的常量表达式仅起语句标号作用,并不进行条件判断。一旦找到入口标号,就从此标号开始执行,不再进行标号判断。
② 如果没有相匹配的常量表达式,就执行 defaul 后面的语句组 n+1,并结束 switch 语句。
③ 如果没有相匹配的常量表达式,也没有 default,则立即结束 switch 语句。

【例 3.15】 根据输入字母,显示相应的字符串。
```
main()
{char choice;
  printf("Enter choice !(A,B,C,...)\n");
  scanf("%c",&choice);
  printf("\n");
  switch(choice){
            case 'A': printf(" A chosen! \n");
            case 'B': printf(" B chosen! \n");
            case 'C':
            case 'D': printf(" C,D chosen!\n");
            default  : printf(" default chosen!\n");
            }
}
```
执行上述示例程序,输入字符'B',程序运行结果如图 3-15 所示。

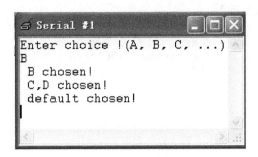

图 3-15 程序运行结果

由于 choice 的值为'B',进入 case'B'的语句序列执行,由于没有提供转出手段,因此执行将穿过 case'C',case'D'和 default,顺序执行这些选择的语句序列,产生上述的输出结果。

要使各种情况互相排斥,仅执行各 case 所对应的语句序列,最常用的办法就是使用 break 语句。

3.6.4 break 语句

在 switch 语句中,执行 break 语句将结束当前 switch 语句,使控制转向 switch 语句的后继语句。

【例 3.16】 从键盘上输入一个百分制成绩 score,按下列原则输出其等级。

score≥90,   等级为 A;
80≤score<90,   等级为 B;
70≤score<80,   等级为 C;
60≤score<70,   等级为 D;
score<60,   等级为 E。

```c
main()
{  int score,grade;
   printf("Input a score(0~100):");
   scanf("%d",&score);
   grade=score/10;                          //成绩整除10,转化case标号
   switch (grade)
     { case  10:
       case   9: printf("grade=A\n"); break;
       case   8: printf("grade=B\n"); break;
       case   7: printf("grade=C\n"); break;
       case   6: printf("grade=D\n"); break;
       case   5:
       case   4:
       case   3:
       case   2:
       case   1:
       case   0: printf("grade=E\n"); break;
       default : printf("The score is out of range! \n");
     }
}
```

程序运行结果如图 3-16 所示。

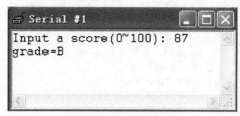

图 3-16　程序运行结果

若输入 score 为 101～109 或 −1～−9 中某数，输出如何呢？读者可以考虑如何修改使本程序更加完备。

由于 switch 语句用于选择的常量表达式的数量有限，当表达式范围较宽时，通常乘上一个适当的比例因子，将表达式的值映射到一个较小的范围内。

【例 3.17】 switch 语句的嵌套程序。

```
main()
{ int a=2,b=7,c=5;
  switch(a> 0)
    {
    case 1: switch(b< 0){
                        case 0: printf("@"); break;
                        case 1: printf("!"); break;
                        }
    case 0: switch(c==5){
                        case 0: printf(" * "); break;
                        case 1: printf("#"); break;
                        default: printf("$"); break;
                        }
    default: printf("&");
    }
}
```

程序运行结果如图 3-17 所示。

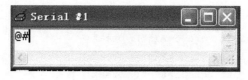

图 3-17　程序运行结果

◀ 3.7　实　践　三 ▶

1. 实践任务

(1) 会使用关系表达式和逻辑表达式。
(2) 会使用 scanf() 函数语句和 printf() 函数语句。

(3) 会熟练使用 if 语句和 switch 语句。

2. 实践设备

装有 keil C51 uvision3 集成开发环境的计算机。

3. 实践步骤

(1) 下面程序利用条件语句比较三个数的大小,分析怎样修改程序才能求出三个数中的最小值? 并在 keil C51 下仿真验证。

```
main()
{ int a,b,c,max,t;
  printf("input a,b,c:");
  scanf("%d,%d,%d",&a,&b,&c);
  t=(a>b)?a : b;
  max=(t>c)?t : c;
  printf("max=%d",max);
}
```

(2) 下面程序为输入三个整数,按值从大到小的顺序输出它们。先运行程序,再将它改为能够对四个整数进行由小到大的顺序输出的程序。

```
main()
{   int x,y,z,temp;
    printf("Enter x,y,z.\n");
    scanf("%d%d%d",&x,&y,&z);
    if (x<y) { temp=x; x=y; y=temp;}    //使 x>=y
    if (x<z) { temp=x; x=z; z=temp;}    //使 x>=z
    if (y<z) { temp=y; y=z; z=temp;}    //使 y>=z
    printf("%d\t%d\t%d\n",x,y,z);
}
```

(3) 分析下面程序的执行结果,然后再上机运行,结果是否一致。

```
main()
{   int x,y=1,z;
    if(y!=0) x=5;
    printf("x=%d\t",x);
    if(y==0) x=3;
    else x=5;
    printf("x=%d\t\n",x);
    x=1;
    if(z<0)
    if(y>0) x=3;
    else x=5;
    printf("x=%d\t\n",x);
    if(z=y<0) x=3;
    else if(y==0) x=5;
    else x=7;
    printf("x=%d\t",x);
    printf("z=%d\t\n",z);
    if(x=z=y) x=3;
    printf("x=%d\t",x);
```

```
        printf("z=%d\t\n",z);
    }
```

(4) 下面程序求函数输出值，试全部用 if 语句重新编写，并在 keil C51 下仿真验证。

$$y=\begin{cases} x & (x<0) \\ 3x-2 & (10 \leqslant x<50) \\ 4x+1 & (50 \leqslant x<100) \\ 5x & (x \geqslant 100) \end{cases}$$

```
main()
{ int x,y,t;
    printf("input x=:");
    scanf("%d",&x);
    if(x<10) t=0;
    if(x>=100) t=10;
    else t=x/10;
    switch(t){
            case 0: y=x; break;
            case 1:
            case 2:
            case 3:
            case 4: y=3*x- 2; break;
            case 5:
            case 6:
            case 7:
            case 8:
            case 9:  y=4*x+ 1; break;
            case 10: y=5*x;
            }
    printf("y=%d",y);
}
```

成绩评定

小题分值	1(25 分)	2(25 分)	3(25 分)	4(25 分)	总分
小题得分					

习　题　3

3-1　以下 if 语句的形式，哪些是错误的？

(1) if(x! =y)

(2) if(x==y)

(3) if(x>y) then z=x;
　　else z=y;

(4) if(x>y) if(x>z) if(x>m) max=x;

(5) if(a＝b) printf("Yes");
    else printf("No")；
(6) if(5) x＝5；else y＝5；
(7) if(x－y) z＝0；else z＝1；
(8) if(x＞0) y＝0；else y＝1；else y＝－1；

3-2 下面是计算函数

$$y=\begin{cases} 1 & (x>0) \\ 0 & (x=0) \\ -1 & (x<0) \end{cases}$$

几个程序段：

(1) y=0; if(x<=0) if(x<0) y=-1; else y=1;
(2) if(x<=0) if(x<0) y=-1; else y=0; else y=1;
(3) y=1; if(x<=0) if(x=0) y=0; else y=- 1;
(4) y=- 1; if(x>=0) if(x>0) y=1; else y=0;

其中是否存在错误？若有，如何纠正？

3-3 编写程序：输入一个字符，如果是大写字母，则将其改变为小写字母；如果是小写字母，则把它变为大写字母；若是其他字符则不变。

3-4 编写程序：输入两个数 x 和 y，以及一个符号 c，若为'＋','－','＊','／'，则输出 x＋y，x－y，x＊y，x/y，若 c 是其他符号，则输出错误信息。

3-5 编写程序：计算函数值。

$$y=\begin{cases} t^3+1 & (0\leqslant t<1.5) \\ 2t^2-t-1 & (1.5\leqslant t<2.5) \\ t^3-2t^2-9 & (2.5\leqslant t<3.5) \\ 5t^3+2t^2-t+5 & (3.5\leqslant t<6) \end{cases}$$

第4章
循环结构

本章介绍单片机 C 语言的四种循环结构,详细讲解了 while 循环、do…while 循环、for 循环,学完本章后能够编写简单的 C 语言程序和分析复杂一些的 C 语言程序;学会上机编辑、编译和调试,最后观察 C 语言程序其运行的过程。

许多问题都需要进行有规律的重复操作,例如,求一个级数、控制指示灯不停闪烁等。这样的程序就形成了循环结构,几乎所有应用程序都包含循环。

C语言主要有while语句、do…while语句、for语句三种循环结构的语句,另外还有goto语句和if语句构成的循环,但是使用较少。

◀ 4.1 goto 语句 ▶

goto语句的功能为无条件转向标号所在的语句行执行,它的一般形式为:

goto 语句标号;

语句标号应符合标识符定义规则,放在某一语句行的前面,标号后加冒号":"。语句标号起标识语句的作用,与goto语句配合使用。C语言不限制程序中使用语句标号的次数,但各标号不得重名。

例如:

```
label: a++ ;
loop:  if(x<7){++c; }
```

结构化程序设计方法主张限制使用goto语句,因为过多地使用会使得程序的执行情况变得错综复杂,可读性差。但也不是绝对禁止,一般来说,可以有以下两种用途进行使用。

(1) 与if语句一起构成循环结构。

(2) 从循环体中跳到循环体外。在C语言中,由于可以用break、continue、return等结构化转向语句,因此,goto语句的使用机会大大减少,并且不能用goto语句直接进入循环体。

【例4.1】 求累积和 1+2+3+……+n。

```
main()
{  long sum;
   int i,n;
   begin: sum=0; i=1;
          printf("input n:");
          scanf("%d",&n);
   loop:  sum=sum+i;
          i++;
          if(i<=n){ goto loop; }
          printf ("sum=%ld\n",sum);
          goto begin;
}
```

程序运行结果如图4-1所示。

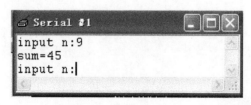

图 4-1 程序运行结果

4.2 while 语句

while 语句用来描述 while 型循环结构,循环体中如包括有一个以上的语句,则必须用{ }括起来,组成复合语句。while 型循环常称为"当"型循环,它的一般形式为:

    while(循环条件){ 循环体语句；}

执行过程如图 4-2 所示。

(1) 求解"循环条件"表达式。如果其值为"真(非 0)",则进入(2),执行循环体语句;否则进入(3),结束 while 语句。

(2) 执行循环体语句,然后进入(1)。

(3) 执行结束 while 语句。

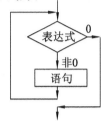

图 4-2 while 语句执行过程示意图

【例 4.2】 用 while 语句实现 1+2+3+…+n。

```
main()
{  long sum;
   int i,n;
   begin: sum=0; i=1;
          printf("input n:");
          scanf("%d",&n);
          while(i<=n){
            sum=sum+i;
            i++ ;
          }
          printf ("sum=%ld\n",sum);
          goto begin;
}
```

程序运行结果如图 4-3 所示:

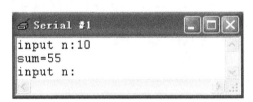

图 4-3 程序运行结果

一般来说,为使 while 语句的执行能正常结束,在控制循环的条件表达式中应包含变量,循环体的执行应能更新这些变量的值,使表达式的值会变为 0,如上例的表达式"i<=n"和循环体中的"i++;"。

有时,很难直接写出 while 后的条件,这时可以简单地写上 1,而在循环体中含有当某条件满足时,执行如 break、goto 等控制转移语句,就能跳出当前 while 循环。

【例 4.3】 输入班级学生考试成绩,求考试平均成绩,约定当输入负数时,表示输入结束。

```
main()
{  int sum=0,count=0,mark;
   while(1){                      //循环条件永远为真
      printf("输入成绩(小于 0 结束)\n");
```

```
            scanf("%d",&mark);
            if(mark<0) break;                //跳出while循环
            sum+=mark;                        //累计总分
            count++ ;                         //学生人数计数
        }
    if(count) printf("平均成绩为%.2f\n",((float)sum)/count);
    else     printf("没有数据输入.\n");
}
```
程序运行结果如图4-4所示。

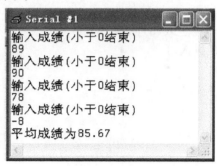

图4-3 程序运行结

【例4.4】 统计输入字符行中,空白类字符、数字符和其他字符的个数。
```
main()
{   int c,nwhite=0,ndigit=0,nother=0;
    printf("Enter string line\n");
    while((c=getchar())!='\n')
      {
        switch(c){
            case '0': case '1': case '2': case '3': case '4':
            case '5': case '6': case '7': case '8': case '9':
            ndigit++; break;
            case ' ': case '\n': case '\t':
            nwhite++; break;
            default: nother++; break;
            }
      }
    printf("digit=%d\twhitespace=%d\tother=%d\n",ndigit,nwhite,nother);
}
```
输入"erte456 23 @ % 78dfd",程序运行结果如图4-5所示。

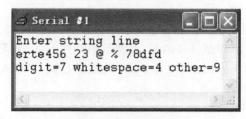

图4-5 程序运行结果

4.3 do…while 语句

do…while 型循环常称为"直到"型循环,循环体如包括一个以上的语句,则必须用{ }括起来,它的一般形式为:
　　　　do{循环体语句;}while(表达式);
执行过程如图 4-6 所示。
(1) 执行 do…while 语句的循环体。
(2) 求 while 之后表达式的值。
(3) 测试表达式的值,当值为"真(非 0)"时,回到步骤(1),否则结束 do…while 语句。

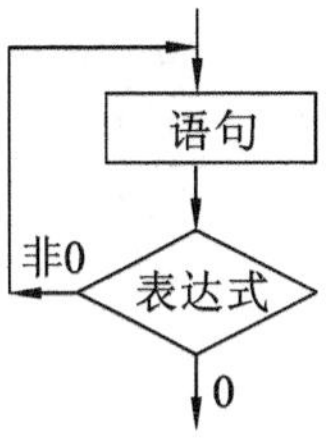

图 4-6　do…while 语句执行过程示意图

【例 4.5】　用 do…while 语句求解 1～n 的累计和。
```
main()
{   long sum;
    int i,n;
  begin: sum=0; i=1;
        printf("input n:");
        scanf("%d",&n);
        do{
            sum=sum+i;
            i++;
        }while(i<=n);
        printf ("sum=%ld\n",sum);
        goto begin;
}
```
程序运行结果如图 4-7 所示。

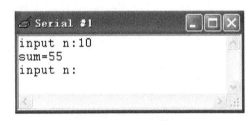

图 4-7　程序运行结果

while 语句对作为循环条件的表达式求值和测试在执行循环体之前,而 do…while 语句对表达式求值和测试则在执行循环体之后;对于 do…while 语句,它的循环体至少被执行一次,而 while 语句的循环体在作为循环条件的表达式值一开始就为 0 的情况下,就一次也未被执行。另外要特别指出的是,分号是 do…while 语句的结束符,决不能省略。

【例 4.6】　用牛顿迭代方法求方程 $f(x)=3x^3+4x^2-2x+5$ 的实根。
用牛顿迭代方法求方程 $f(x)=0$ 的根的近似解:$x_{k+1}=x_k-f(x_k)/f'(x_k)(k=0,1,\cdots)$,$f'(x_k)$ 为方程的导数,当修正量 $d_k=f(x_k)/f'(x_k)$ 的绝对值小于某个很小数 ε 时,x_{k+1} 就作为方程的近似解。设取 ε=1.0e-6,程序如下:
```
#include <math.h>                    //包含数学函数
```

```
#define eps  1.0e-6
void main()
{   float x,d; int cs;
    while(1)
     {
        cs=0;
        printf("input initial root:");
        scanf("%f",&x);
        do{
           d= (((3.0*x+4.0)*x-2.0)*x+5.0)/((9.0*x+8.0)*x-2.0);
           x=x-d;++cs;
           }while(fabs(d)>eps);                    //fabs()为取绝对值函数
        printf("cs=%d,   root=%.6f\n",cs,x);
     }
}
```

程序运行结果如图 4-8 所示。

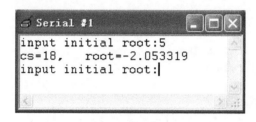

图 4-8　程序运行结果

【**例 4.7**】　寻找一个最小整数,要求该整数满足以下条件:被 3 除余 2、被 5 除余 3、被 7 除余 4、被 11 除余 7、被 23 除余 13。

```
main()
{ int i=2;
  do{ i++;
  }while(!(i%3==2&&i%5==3&&i%7==4&&i%11==7&&i%23==13));
  printf("最小值=%d\n",i);
  }
```

程序运行结果如图 4-9 所示。

图 4-9　程序运行结果

4.4　for 语句

一个完整的循环一般应包含四个部分:对有关变量赋初值、控制循环的条件、一组要执行的

循环语句、每次循环后对有关变量的修正。for 语句就是从这一般意义下表达循环结构的语句,for 语句的一般形式为:

　　for(表达式 1;表达式 2;表达式 3){ 循环语句组 4 }

当循环语句组只有一句时,可省掉大括号{}。执行过程如图 4-10 所示。

(1) 执行表达式 1,一般为对有关变量赋初值。

(2) 测试表达式 2 的值,当值为"真(非 0)"时,进入步骤(3);否则结束 for 语句。

(3) 执行循环语句组。

(4) 执行表达式 3,一般为对有关变量进行修正。

(5) 返回步骤(2)。

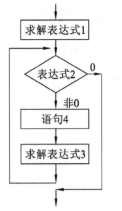

图 4-10　for 语句循环流程图

【例 4.8】　用 for 语句求解 n!。

```
main()
{ long sum;
  int i,n;
  begin: sum=1;
        printf("input n:");
        scanf("%d",&n);
        for(i=1;i<=n;++i)
            {sum*=i;
            }
        printf ("N!=%ld\n",sum);
        goto begin;
}
```

输入"8",程序运行结果如图 4-11 所示。

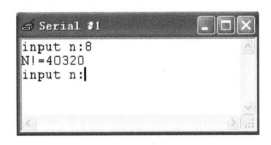

图 4-11　程序运行结果

正确使用 for 语句,需注意以下几种情况。

(1) for 语句的一般形式中,表达式 1、表达式 2 和表达式 3 都可以省略,但两个分号不能省略。

如表达式 1 省略,表示该 for 语句无需或前面的程序已为有关变量赋了初值。

例如,例 4.8 中 for 语句可改为:

　　i=1;

　　for(; i<=n;++i){ s*=i; }

如表达式 2 省略,表示循环条件永远为真,可能循环体内有结束循环的语句。

例如,例 4.8 中 for 语句可改为:

```
for(i=1; ; i++){
  s*=i;
  if(i>n){break;}
}
```
如表达式3省略,则表示没有修正部分,对变量的修正已在循环体内一起完成。

例如,例4.8中for语句可改为:
```
for(i=1; i<=n;){
  s*=i;++i;
}
```
对于三个表达式都省略的情况:"for(;;)",一般可用于死循环。

(2) 表达式1、表达式2和表达式3都可由包含逗号运算符的多个表达式组成。如例4.8中,下面都是合理的for语句描述。

(1) for(sum=1,i=1; i<=n; s*=i,i++);
(2) for(sum=1,i=1; s*=i,i<n; i++);
(3) for(sum=1,i=1; i<n;++i,s+=i);

实际上,这里的逗号',' 是一个左结合的双目运算符,逗号运算严格自左向右运算,其值和类型是最后一个运算分量表达式的值和类型。

从上面例子看到,for语句在描述循环结构时,比while语句和do-while语句有更强的表达能力。除能把赋初值部分作为表达式1之外,还可以把循环计算部分放入表达式3中,这能使程序更短小简洁。

【例4.9】 用 π/4=1−1/3+1/5−1/7+1/9−1/11… 的公式求 π 的值,直到最后一项的值小于0.00001为止。

```
# include<math.h>             //包含数学函数
main()                        //fabs()为计算绝对值函数
{ int s; float i,t,pi;
  for(s=1,t=1.0,pi=0,i=1.0; fabs(t)>0.00001;)
    {
      i+=2;   pi+=t;
      s=-s;   t=s/i;
    }
  pi*=4;
  printf("i=%.1f,  pi=%.6f\n",i,pi);
}
```
程序运行结果如图4-12所示(需运行10 s)。

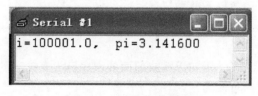

图4-12 程序运行结果

【例4.10】 有一对兔子,从出生后第三个月起每个月都生一对兔子,小兔子长到第三个月后又生一对兔子,假设所有兔子都不死,问40个月每个月的兔子总数是多少?

通过分析可知,每个月的兔子总数为1、1、2、3、5、8、13、…,除第1、2月外,每个月的总数都是前2个月的和。计算40个月的兔子总数的程序如下:

```
main()
{ long f1=1,f2=1; int i;    //f1为奇数月总数,f2为偶数月总数
  for(i=1;i<=20;i++){
    printf("%2d--%-12ld    %2d--%-12ld",i*2-1,f1,i*2,f2);
    if(i%2==0){ printf("\n"); }
    f1=f1+f2;
    f2=f1+f2;
  }
}
```

程序运行结果如图4-13所示。

```
Serial #1
 1--1           2--1           3--2           4--3
 5--5           6--8           7--13          8--21
 9--34         10--55         11--89         12--144
13--233        14--377        15--610        16--987
17--1597       18--2584       19--4181       20--6765
21--10946      22--17711      23--28657      24--46368
25--75025      26--121393     27--196418     28--317811
29--514229     30--832040     31--1346269    32--2178309
33--3524578    34--5702887    35--9227465    36--14930352
37--24157817   38--39088169   39--63245986   40--102334155
```

图 4-13　程序运行结果

4.5　多重循环

多重循环是指一个循环体中又包含一个循环,三种循环语句可以相互嵌套,C语言对循嵌套层数没有限制,其中二、三重循环应用最为普遍。对于嵌套的循环语句,应写成缩进、对齐的格式,可使逻辑复杂的程序显得整齐、美观,便于分析思考。

【例4.11】 用如下格式输出乘法口诀表。

*	1	2	3	4	5	6	7	8	9
1	1	2	3	4	5	6	7	8	9
2		4	6	8	10	12	14	16	18
3			9	12	15	18	21	24	27
4				16	20	24	28	32	36
5					25	30	35	40	45
6						36	42	48	54
7							49	56	63
8								64	72
9									81

```c
main()
{  int i,j;                                    //缓存行、列号
   printf("%4c",'*');                          //打印"*"
   for(i=1;i<=9;i++){ printf("%4d",i); }       //打印第一行
   printf("\n");                               //第一行换行
   for(i=1;i<=9;i++){
     printf("%4d",i);                          //打印第一列
     for(j=1;j<=9;j++){                        //打印第 2~10 列
       if(j>=i){ printf("%4d",i*j); }          //打印乘数
       else{ printf("%4c",' '); }              //定义空格
     }
     printf("\n");                             //换行
   }
}
```

程序运行结果如图 4-14 所示。

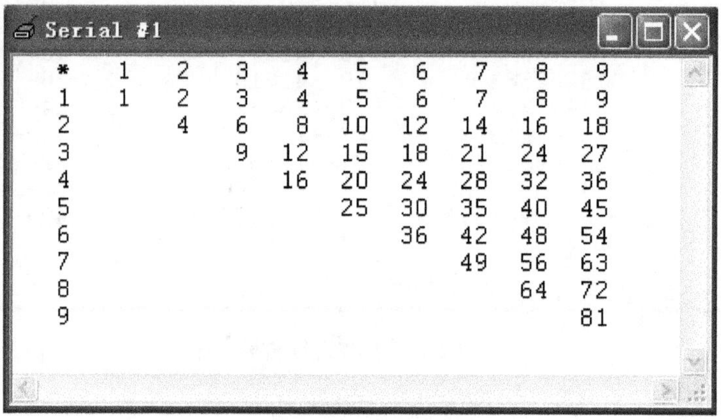

图 4-14 程序运行结果

4.6 continue 语句

continue 语句只能用在 while、do…while、for 语句形成的循环体中,其功能是,不再执行循环体中 continue 语句之后的语句,提前进入下一轮循环。注意:本语句不结束循环。

【例 4.12】 打印 200~300 之间不能被 3、5 整除的数,每行输出 10 个数字。

```c
main()
{  int n,i=0;
   for(n=100;n<=200;n++){
     if(n%3==0 || n%5==0){ continue; }    //如果能被 3 或 5 整除,就不打印
     printf("%5d",n);
     ++i;
     if(i%10==0){ printf("\n");}
   }
}
```

运行结果如图 4-15 所示。

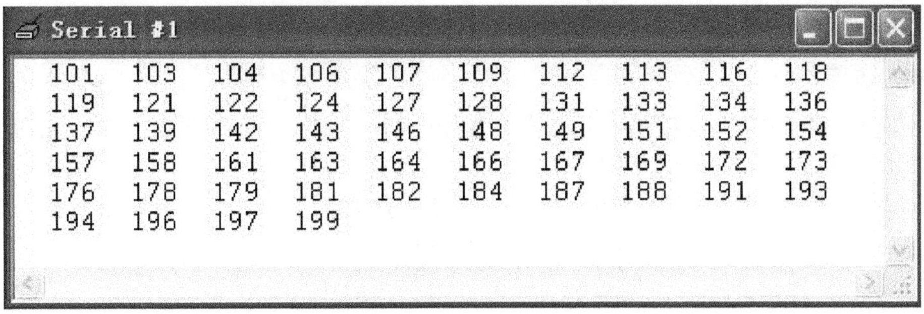

```
 Serial #1
    101  103  104  106  107  109  112  113  116  118
    119  121  122  124  127  128  131  133  134  136
    137  139  142  143  146  148  149  151  152  154
    157  158  161  163  164  166  167  169  172  173
    176  178  179  181  182  184  187  188  191  193
    194  196  197  199
```

图 4-15　程序运行结果

　　break 语句除用于 switch 外，还可用在 while、do…while、for 语句形成的循环体中，与 continue 语句不同，break 语句是跳出本层循环，即结束当前循环。

　　由于 continue、break 语句的转移方向是明确的，所以不需要语句标号与之配合。

【例 4.13】　打印 2～100 之间的所有素数，每行输出 15 个数字。

```c
main()                    //主函数
{ int i,n,k,m=1;
  for(k=0,n=2;n<=100;n++){
    for(i=2;i<=n/2;++i){
      if((m=n%i)==0){ break; }      //如果不是素数,提前结束循环
    }
    if(m!=0){                       //如果不是素数,m=0
      printf("%6d",n);
      if((++k%15)==0){ printf("\n"); }
    }
  }
}
```

程序运行结果如图 4-16 所示。

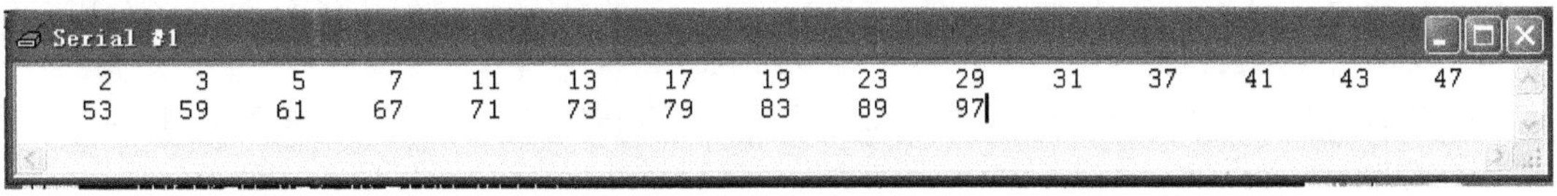

```
 Serial #1
   2   3   5   7  11  13  17  19  23  29  31  37  41  43  47
  53  59  61  67  71  73  79  83  89  97
```

图 4-16　程序运行结果

◀ 4.7　实　践　四 ▶

1. 实践任务

(1) 会应用 goto 语句与 if 语句构成的循环。

(2) 会熟练应用 while 循环、do…while 循环、for 循环三种循环语句。

(3) 会使用循环嵌套进行编程。

2. 实践设备

装有 keil C51 uvision3 集成开发环境的计算机。

3. 实践步骤

（1）编辑 C 语言程序，实现求一元二次方程 $ax^2+bx+c=0$ 的根，系数 a、b、c 由键盘输入，同时考虑实根、复根和无解的情况，并在 keil C51 下仿真验证。

（2）编写一模拟计算器程序。由键盘输入常数表达式如 33×17，按回车键输出计算结果，能进行"＋、－*、/"四则运算，并在 keil C51 下仿真验证。

（3）验证哥德巴赫猜想。任何不小于 6 的偶数都可以用两个素数之和表示，如 12＝5＋7、100＝3＋97。并将 100～200 内的所有偶数分别用两个素数之和的形式输出，并在 keil C51 下仿真验证。

（4）输出 1～999 中能够被 3 整除，且至少有一位数是 5 的所有整数，并在 keil C51 下仿真验证。

（5）打印以下图案，并在 keil C51 下仿真验证。

```
         *
        * *
       * * *
      * * * * *
     * * * * * *
      * * * *
       * * *
        *
```

（6）打印以下图案，并在 keil C51 下仿真验证。

```
            1
          1 2 1
        1 2 3 2 1
      ...................
    1 2 3 4 5 6 7 8 9 8 7 6 5 4 3 2 1
```

（7）打印 ASCII 码字符集字符码为 32～126 的字符和字符码，每行 15 个，如 a～97、b～98，并在 keil C51 下仿真验证。

（8）计算 $s_n=a+aa+\cdots+a\cdots a$，其中 a 是 1～9 中的一个数字，n 为一正整数，a 和 n 均从键盘输入（例如，输入 n＝4、a＝8，s_n＝8＋88＋888＋8888），并在 keil C51 下仿真验证。

（9）编写程序计算星期，如输入 2008-2-16，输出星期 6，并在 keil C51 下仿真验证。

提示：每年的 1、3、5、7、8、10 和 12 月固定为 31 天，9、11 月固定为 30 天；2 月闰年为 29 天，平年为 28 天。闰年的规定是，年份能够被 4 整除但不能被 100 整除或者能够被 400 整除，其 C 语言表达式为"(year％4＝＝0)＆＆(year％100！＝0)‖(year％400＝＝0)"。

成绩评定

小题分值	1(25 分)	4(25 分)	5(25 分)	9(25 分)	总分
小题得分					

习 题 4

4-1 下列论题哪些是错误的?
(1) C 语言没有 goto 语句。
(2) while(表达式)语句的作用是:当表达式的值为 0 时重复执行循环体语句。
(3) do{语句}while(表达式)的作用是:重复执行循环体{语句},直到表达式成立(其值为真)为止。
(4) do…while 语句中,写在 do 后面、while 前面的若干语句,不必用花括号括起来。
(5) break 语句用于退出条件语句和循环语句的判断。
(6) contiune 语句表示将循环继续下去。
(7) 凡是 while 语句能解决的问题也能用 do…while 语句解决。
(8) 凡是用 while 语句能解决的问题都可以用 for 语句实现。
(9) 凡是用 for 语句能解决的问题都可以用 while 语句实现。
(10) 造成"死循环"的主要原因是循环变量的值没有得到必要的修改。

4-2 下列程序存在哪些错误?
(1) 求 1~100 的累积和。
```
{ int n,sum;
  n=1;
  while(n<100)   sum+=n;n++;
  printf("sum=%f\n",sum);
}
```
(2) 从键盘输入若干学生的成绩(输入负分结束),输出平均成绩和最高分。
```
main()
{ int n=0; float a,sum,max=0;
  scanf("%f",&s);
  while(s>=0){
    if(s>max) max=s;
    sum=sum+s;n=n+1;
  }
  a=sum/n;
  printf("max=%f,a=%f\n",max,a);
}
```
(3) 计算并输出 sum$=\sum_{n=1}^{?}2(n+1)$ 超过 1000 的第一个 n 值。
```
main()
{ int n=1,sum=0;
  for(; ; n++)   sum=sum+ (2* n+1);
  if(sum>2000) break;
  printf("n=%d,sum=%d\n",n,sum);
}
```

(4) 求 2~1000 之间的全部素数(每行显示 10 个数)。

```
#include "math.h"
main()
{ int m=3,k,i,n=1;
printf("%7d",2);
do
 if(n%10=0) printf("\n");
 k=sqrt(m);
 for(i=2;i<=k;i++)
 if(m%i==0) continue;
 if(i>=k+1){ printf("%8d",m); n++;}
 while m>1000; printf("\n");
}
```

第5章
数组

本章介绍一维数组、多维数组的定义及其使用,字符数组和字符串的应用,数组名作函数参数应用,丰富了C语言程序的数据结构,方便处理批量数据,便于编程。

在实际应用中,人们不可避免要遇到批量数据的存储和处理问题。例如,在学生成绩管理系统中,可能需要对一个班 30 名学生的成绩进行输入,计算出平均分,然后输出所有高于平均分的成绩。

为了便于处理,对于这样一组有着内在联系、具有相同性质的数据,可以按顺序组织起来,共用一个统一的名字,即数组名,数组中各个数据的区分用数组名带下标的形式表示。我们可以为 30 名学生的成绩建立一个名为 s 的数组,30 个成绩顺序存放在 s[0]~s[29]这 30 个带下标的变量中。下面是一些数组的例子:

```
char     s[120];                //字符数组
int      int_vector[80];        //由 80 个整数组成的数组
double matrix[40][50];          //由 40 行、每行 50 个实数组成的矩阵
int      score[40][7];          //40 名学生的课程成绩,每个学生学 7 门课程
```

数组有一维、二维和多维数组之分,数组是一组相关的同类对象集合的简洁表达形式,一个数组的所有元素必须是同一种类型的对象。对字符数组来说,其中每个元素都必须是字符类型的;对整数数组来说,其中每个元素都必须是整型的。

在 C 语言中,数组类型是这样一种数据结构:数组的每个元素的数据类型相同,元素个数固定,其元素按顺序存放,每个元素对应一个序号(称为下标),各元素按下标存取(引用)。数组元素的存储顺序与其下标对应。

这里需特别指出的是,数组元素在数组中的下标是固定不变的,而数组元素是变量,其值是可以变化的。数组元素变量与相同类型的独立变量一样使用。

◀ 5.1 一维数组 ▶

5.1.1 一维数组的定义

一维数组的定义形式为:

[数据类型] [存放位置] 数组名[常量表达式];

(1)"数据类型"、"存放位置"和一般的变量的含义相同,如"数据类型"缺省就默认为 int 类型,"存放位置"缺省就默认存放在 data 直接寻址数据区,但"数据类型"和"存放位置"不能同时缺省。同一数组的诸元素,它们的"数据类型"和"存放位置"是相同的。

(2)数组是一个组变量,与一般变量一样,用标识符命名,数组名遵守标识符的命名规则。

(3)方括号"[]"是数组的标志,方括号中的常量表达式的值表示数组的元素个数,即数组的长度,常量表达式必须是一个整型值。

例如:

```
int xdata  aa[10];
```

上述说明语句,定义了一个 int 整型一维数组,存放在 xdata 外部数据区,数组名为 aa,有 10 个数组元素,每一个数组元素需占用 2B。

(4)数组元素的下标,是元素相对于数组起始地址的偏移量,所以从 0 开始顺序编号,上述数组的数组元素为 aa[0]、aa[1]、aa[2]、……、aa[9],没有 aa[10]。

(5)C 语言有一个约定,当数组名单独在程序中使用时,数组名代表为它分配的内存区域的开始地址,即数组中下标为 0 的元素的地址。

aa——数组起始地址。

&aa[0]——第 1 个数组元素的地址,与数组起始地址相同,&aa[0]=aa。

&aa[1]——第 2 个数组元素的地址,&aa[1]=&aa[0]+2。

在这种情况下,数组名起着一个常量的作用,即 aa 与 &aa[0]作用一样。如代码 scanf("%d",&aa[0])与 scanf("%d",aa)都是为数组 aa 的第一个元素赋值。

(6) 不允许对数组进行动态定义,以下做法是错误的:

```
int m,x[m];                    //数组的大小不能用变量的值来指定
scanf("%d",&m);
```

(7) 数组说明语句一次可定义几个数组,例如,"int code a1[4],a2[5];",定义了两个数组名为 a1、a2 的 int 整型一维数组。

5.1.2 一维数组的引用

在 C 语言中,数组的下标是从 0 开始的而不是从 1 开始的,如一个具有 10 个数据单元的数组 count[10],它的下标就是从 count[0]~count[9],引用单个元素就是数组名加下标,如 count[1]就是引用 count 数组中的第二个元素,如果错用了 count[10]就会有错误出现。还有一点要注意的是,在程序中只能逐个引用数组中的元素,不能一次引用整个数组,但是字符型的数组就能一次引用整个数组。

程序中定义了数组后,就可用下列形式引用数组的元素:

数组名[下标]

其中下标可以是任何非负整型数据,如整型常量、整型变量或整型表达式,取值范围是 0~(元素个数-1),如果下标越界就会产生错误,下面例子说明了数组的使用。

【例 5.1】 数组元素的引用。

```
main()
{  int i,max=0,a[10];
   for(i=0;i<10;i++){ a[i]=i; }
   for(i=9;i>=0;i--){
     printf("%3d",a[i]);
     if(a[i]==0){ printf("\n"); }
   }
   a[4]=a[0]+a[1]+a[2]+a[3];
   printf("%d\n",a[4]);
   printf("Enter data for array a[].\n");
   for(i=0;i<10;i++){ scanf("%d",&a[i]); }
   for(i=0;i<10;i++){ if(a[i]>max){ max=a[i]; } }
   printf("max=%d\n",max);
}
```

程序运行结果如图 5-1 所示。

由上可知,数组的使用比较简单,可以像使用简单变量一样使用,下标变量与前面介绍的简单变量具有相同的地位和作用。

注意:在 C 语言中,数组作为一个整体,不能参加数据运算,只能对单个的元素进行处理。

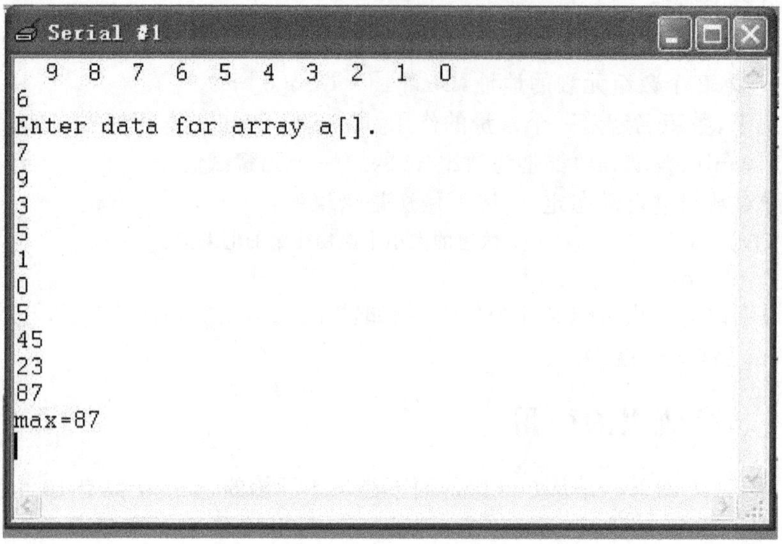

```
Serial #1
  9 8 7 6 5 4 3 2 1 0
6
Enter data for array a[].
7
9
3
5
1
0
5
45
23
87
max=87
```

图 5-1　程序运行结果

5.1.3　一维数组的初始化

可在数组定义的同时,给出它的元素的初值,即进行数组初始化。数组初始化可用以下几种方法实现。

(1) 数组定义时,将数组元素的初值依次写在一对大括号{}内。

例如:

  int d[5]={0,1,2,3,4};

经上面定义和初始化之后,就有 d[0]=0、d[1]=1、d[2]=2、d[3]=3、d[4]=4。

(2) 只给数组的前面一部分元素设定初值。

例如:

  int e[5]={0,1,2};

数组 e 有 5 个整型元素,前 3 个元素设定了初值,后 2 个元素未明确地设定初值。一般约定,在一个数组的部分元素被设定初值后,对于元素为数值型的数组,那些未明确设定初值的元素自动被设定 0 值,所以数组 e 的后 2 个元素的初值为 0。定义数组时,如没对任一个元素指定过初值,则数组元素的值是不确定的。

(3) 当对数组的全部元素都明确设定初值时,可以不指定数组元素的个数。

例如:

  int g[]={5,6,7,8,9};

系统根据初始化的大括号{}内的初值个数确定数组的元素个数,所以数组 g 有 5 个元素。但若提供的初值个数小于数组希望的元素个数,则方括号中的数组元素个数不能省略。反之,如提供的初值个数超过了数组元素个数,也会引起程序错误。

(4) 只能给元素逐个赋值,不能给数组整体赋值。例如,给 10 个元素全部赋 1 值,只能写成"int a[10]={1,1,1,1,1,1,1,1,1,1};",而不能写成"int a[10]=1;"。

5.1.4　一维数组的应用

【例 5.2】　运用数组,将由键盘输入的 10 个数按由小到大的顺序排序。

比较第一个数与第二个数，若为逆序 a[1]>a[2]，则交换；然后比较第二个数与第三个数；依次类推，直至第 9 个数和第 10 个数比较为止，完成第一趟冒泡排序，结果最大的数被安置在最后一个元素位置上。

对前 9 个数进行第二趟冒泡排序，结果使次大的数被安置在第 9 个元素位置。重复上述过程，共经过 9 趟冒泡排序后，排序结束。

```
main()
{ int i,j,max,a[10];
  printf("input 10 numbers :\n");
  for(i=0; i<10; i++){ scanf("%d",&a[i]);  }
  printf("\n");
  for(j=0; j<9; j++){
    for(i=0; i<9; i++){
      if(a[i]>a[i+1]){ max=a[i]; a[i]=a[i+1]; a[i+1]=max; }
    }
  }
  for(i=0; i<10; i++){ printf("%d",a[i]); }
}
```

任意输入 10 个数，程序运行结果如图 5-2 所示。

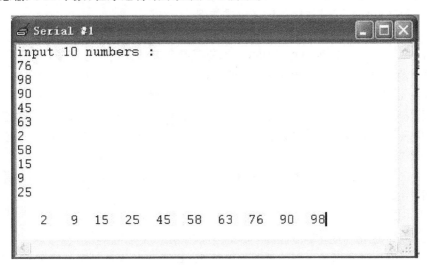

图 5-2　程序运行结果

【例 5.3】　用数组输出 Fibonacci 数列 1、1、2、3、5、8、13、…的前 40 项值，每行 5 个（见第 4 章"兔子总数"问题，即 f[0]=f[1]=1,f[k]=f[k-2]+ f[k-1]　(k=2,3,4,…)。

```
void main()
{ long idata f[40]={1,1}; int k;
  for(k=2; k<40; k++){ f[k]=f[k-2]+f[k-1]; }
  for(k=0; k<40; k++){
    if(k%5==0){ printf("\n"); }
    printf("%12ld",f[k]);
  }
}
```

程序运行结果如图 5-3 所示。

```
 Serial #1
         1          1          2          3          5
         8         13         21         34         55
        89        144        233        377        610
       987       1597       2584       4181       6765
     10946      17711      28657      46368      75025
    121393     196418     317811     514229     832040
   1346269    2178309    3524578    5702887    9227465
  14930352   24157817   39088169   63245986  102334155
```

图 5-3 程序运行结果

5.2 多维数组

在复杂情况下,数组元素也可以有多个下标,这里以二维数组为例,介绍二维及二维以上数组的定义及其程序设计。二维数组的定义形式如下:

　　　　　　数据类型 存放位置　数组名[行下标表达式][列下标表达式];

(1)"行下标表达式"和"列下标表达式",都应是整型表达式或符号常量。

(2)"行下标表达式"和"列下标表达式"的值,都应在已定义数组大小的范围内。假设有数组 x[3][4],则可用的行下标范围为 0~2,列下标范围为 0~3。

(3)对基本数据类型的变量所能进行的操作,都适合于相同数据类型的二维数组元素。

例如,"float xdata　a[3][4];",定义 a 是一个 3×4(3 行 4 列)的数组,即 a 数组有 12 个元素,但不得写成"float　a[3,4];"。

二维数组中元素的排列顺序为按行按列,即存放完第 1 行的元素后再接着存放第 2 行的元素,依次类推,其顺序如下:

a[0][0]　 a[0][1]　 a[0][2]　 a[0][3]　 a[1][0]　 a[1][1]
a[1][2]　 a[1][3]　 a[2][0]　 a[2][1]　 a[2][2]　 a[2][3]

我们可把二维数组看做是一种特殊的一维数组,它的元素又是一个一维数组。例如,a[3][4]可看成 a[0]~a[2],每个元素又是一个包含 4 个元素的一维数组:

　　　　　　a[0]——a[0][0]　a[0][1]　a[0][2]　a[0][3]
　　　　　　a[1]——a[1][0]　a[1][1]　a[1][2]　a[1][3]
　　　　　　a[2]——a[2][0]　a[2][1]　a[2][2]　a[2][3]

与一维数组一样,二维数组的数组名"a"代表整个数组的首地址,同时约定:

a[0],数组第 0 行的首地址,即第 1 个元素地址 &a[0][0];

a[1],数组第 1 行的首地址,即第 5 个元素地址 &a[1][0];

a[2],数组第 2 行的首地址,即第 9 个元素地址 &a[2][0]。

二维数组的初始化可有以下几种方式。

(1)按行给二维数组赋初值,这种方法比较直观,一行对一行,易于检查。如:

　　　int a[3][4]={{1,2,3,4},{5,6,7,8},{9,10,11,12}};

(2)顺序按行按列给二维数组赋初值。如:

```
int a[3][4]={1,2,3,4,5,6,7,8,9,10,11,12};
```
（3）可以对部分元素赋初值，按行按列对号入座。如：
```
int a[3][4]={{1},{5},{9}};
int a[3][4]={{1},{0,6},{0,0,11}};
int a[3][4]={{1},{5,6}};
int a[3][4]={{1},{ },{9}};
```
引用二维数组元素需在数组名之后紧接连续两个"[下标]"，如同一维数组一样，下标可以是整型表达式，例如：
```
a[0][1]=a[1][2]+b[2][3];
```

【例 5.4】 按行输入二维数组数组元素的值，按行输出数组元素的值。
```
void main()
{   int a[2][3],i,j;
    for(i=0; i<2; i++){                        //二维数组元素按行输入
      for(j=0; j<3; j++){
        printf("Enter a[%d][%d]",i,j);
        scanf("%d",&a[i][j]);
      }
    }
    for(i=0; i<2; i++){                        //二维数组元素按行输出
      for(j=0; j<3; j++){
        printf("%d\t",a[i][j]);
      }
      printf("\n");                            //按行换行
    }
}
```
程序运行结果如图 5-4 所示。

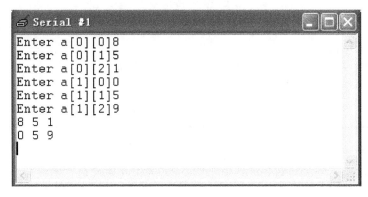

图 5-4　程序运行结果

【例 5.5】 把某月的第几天转换成该年的第几天。

为确定一年中的第几天，需要一张每月的天数表，该表给出每个月份的天数。由于二月份的天数因闰年和非闰年有所不同，为程序处理方便，把月份天数表组织成一个二维数组。
```
int day_table[][12] ={{31,28,31,30,31,30,31,31,30,31,30,31},
                      {31,29,31,30,31,30,31,31,30,31,30,31}};
main()
{   int year,month,day,leap,i;
```

```
    printf("Input year,month,day.\n");
    scanf("%d%d%d",&year,&month,&day);
    leap=year%4==0&&year%100||year%400==0;
    for(i=0; i<month-1; i++){ day+=day_table[leap][i]; }
    printf("\nThe days in year is % d.\n",day);
}
```

程序运行结果如图 5-5 所示。

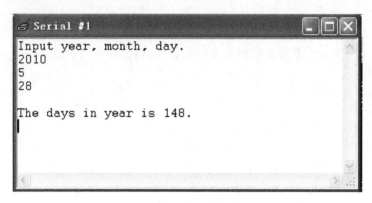

图 5-5　程序运行结果

5.3　字符数组和字符串

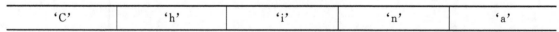

如果数组的元素类型是字符型(char)的,则此数组就是字符数组。字符数组的每个元素只能存放一个字符,字符数组的定义形式与其他数组的定义形式一样:

　　　　　　　　　char 存放位置 字符数组名[元素个数];

例如,"char code s[5];",数组 s 有 5 个元素,每个元素能存放 1 个字符,整个数组最多可存放 5 个字符。以下赋值:

```
s[0]='C'; s[1]='h'; s[2]='i'; s[3]='n'; s[4]='a';
```

使数组 s 的内容如表 5-1 所示。

表 5-1　字符数组的存放

'C'	'h'	'i'	'n'	'a'

二维字符数组用于同时存储和处理多个字符串,其定义格式与二维数值数组的一样。例如:

```
    char data s2[3][12];
```

字符数组元素的引用方法与普通数组元素的相同,下面的程序输出字符数组 s 的内容:

```
    for(k=0; k<5; k++){ printf("%c",s[k]); }
    printf("\n");
```

输出内容为"China"。

字符数组也可与普通数组一样初始化,对部分未明确指定初值的那些元素,系统自动用整数 0 赋值。将数 0 当做 ASCII 码,它的字符常量形式标记为'\0',该字符已被系统作为字符串的结束标志符。

例如：
```
char s[10]={'c',' ','p','r','o','g','r','a','m'};
```
有:s[0]='c',s[1]=' ',s[2]='p',s[3]='r',s[4]='o',
s[5]='g',s[6]='r',s[7]='a',s[8]='m',s[9]='\0'。

字符数组也可利用字符串常量给字符数组初始化,例如：
```
char a_str[]={"I am happy!"};
```
或
```
char a_str[]="I am happy!";
```

注意：字符数组 a_str[]的元素个数为 12,不是 11,因为用字符串对字符数组初始化时,系统会在字符列末尾添加一个字符串结束符'\0'。

当用"%s"格式输出字符串时,需使用字符串结束符'\0'判断字符串是否结束,如没有字符串结束符'\0',就会出现错误。

例如：
```
char s1[]="student";
char s2[]={'s','t','u','d','e','n','t'};
```
则"printf("%s",s1);"是正确的,而"printf("%s",s2);"是错误的。

下面例子说明了字符串结束符'\0'的作用：
```
char str[30]="Pas\0cal Cobol Fortran C";
printf("%s\n",str);
```
将只输出"Pas"。

字符串的输入/输出可以有两种方式。

(1) 用"%c"格式逐个输入/输出字符数组的字符。
```
for(i=0;i<11;i++){ scanf("%c",&a[i]); }
for(i=0;i<11;i++){ printf("%c",a[i]); }
```

(2) 用"%s"格式将整个字符串一次输入/输出,但不输入/输出结束符'\0'。
```
printf("%s",a);          //a 是字符数组名
scanf("%s",a);
```
注意：下面用法是错误的。
```
printf("%s",a[0]);       //a 是字符数组名
printf("%s",&a);
scanf("%s",&a);
scanf("%s",a[0]);
```

在 C51 单片机的库函数中,为字符串处理提供了许多库函数,存放在 string.h 中,例如,字符串长度函数 strlen、字符串拷贝函数 strcpy、部分字符串拷贝函数 strncpy、字符串连接函数 strcat、字符串比较函数 strcmp、字符串大写字符转换成小写字符函数 strlwr、字符串小写字母转换成大写字母函数 strupr、字符串输出函数 puts、字符串输入函数 gets。

【例 5.6】 输入一行字符,统计其中单词个数,单词由英文字母组成,其他字符只是用来分隔单词。

```
#include< stdio.h>
#include"string.h"
main()
{   char idata c,line[120];
    int i,words=0,inword=0,letter;
    printf("Input a line.\n");
```

```
    gets(line,120);                          //输入字符串,结尾自动加'\0'。
    for(i=0; line[i]!=0; i++){
      c=line[i];
      letter=((c>='a'&&c<='z')||(c>='A'&&c<='Z'));   //判断是否字母
      if(letter!=0){ inword=1; }            //是字母,inword=1
      else if(inword!=0){                   //前面是字母,后面不是字母,就是单词
        inword=0; words++;
      }
    }
    printf("There are %d words in the line.\n\n\n",words);
}
```

任意输入一行字符,程序运行结果如图 5-6 所示。

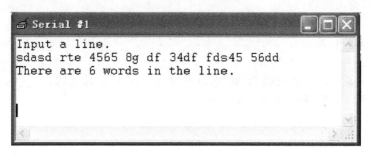

图 5-6　程序运行结果

◀ 5.4　数组名作为函数参数 ▶

一个数组的数组名表示该数组的首地址,在用数组名作为函数的调用参数时,它传递的是地址,就是将实际参数数组的首地址传递给函数中的形式参数数组,这个时候实际参数数组和形式参数数组实际上是使用了同一段内存单元,如果形式参数数组在函数体中改变了元素的值,则同时也会影响到实际参数数组,因为它们是存放在同一个地址的。

【例 5.7】　数组 a 中存放了一个学生 5 门课程的成绩,求平均成绩。

```
float aver(float a[5])
{   int i; float av,s=a[0];
    for(i=1;i<5;i++){ s=s+a[i]; }
    av=s/5
    return(av);
}
void main()
{ float sco[5],av; int i;
  printf("\ninput 5 scores:\n");
  for(i=0;i<5;i++){ scanf("%f",&sco[i]); }
  av=aver(sco);
  printf("average score is %5.2f",av);
}
```

程序运行结果如图 5-7 所示。

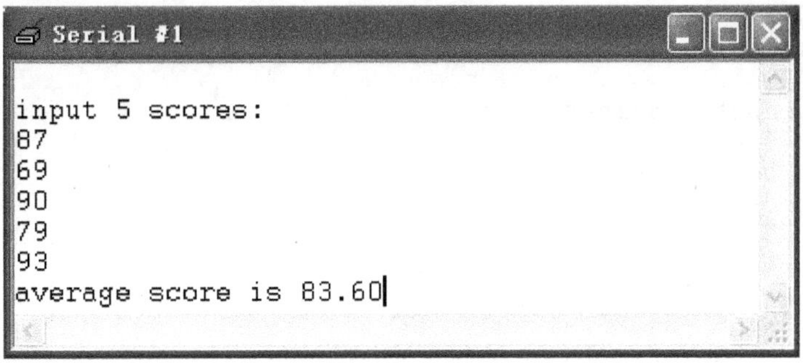

```
 Serial #1
input 5 scores:
87
69
90
79
93
average score is 83.60
```

图 5-7 程序运行结果

本程序首先定义了一个实型函数 aver,有一个形参为实型数组 a,长度为 5。在函数 aver 中,把各元素值相加求出平均值,返回给主函数。

主函数 main 中首先完成数组 sco 的输入,然后以 sco 作为实参调用 aver 函数,函数返回值送 av,最后输出 av 值。

在变量作函数参数时,所进行的值传送是单向的,即只能从实参传向形参,不能从形参传回实参。形参的初值与实参的相同,而形参的值发生改变后,实参并不变化,两者的终值是不同的。

而当用数组名作函数参数时,情况则不同。由于实际上形参和实参为同一数组,因此当形参数组发生变化时,实参数组也随之变化。当然这种情况不能理解为发生了"双向"的值传递。

【例 5.8】 数组名作为函数参数程序。

```c
void nzp(int a[5])
{  int i;
   printf("\nvalues of array a are:\n");
   for(i=0;i<5;i++){
     if(a[i]<0) a[i]=0;
     printf("%d ",a[i]);
   }
}
main()
{  int b[5],i;
   printf("\ninput 5 numbers:\n");
   for(i=0;i<5;i++){ scanf("%d",&b[i]); }
   printf("initial values of array b are:\n");
   for(i=0;i<5;i++){ printf("%d ",b[i]); }
   nzp(b);
   printf("\nlast values of array b are:\n");
   for(i=0;i<5;i++){ printf("%d ",b[i]); }
}
```

程序运行结果如图 5-8 所示。

从本程序的运行结果可以看出,数组 b 的初值和终值是不同的,数组 b 的终值和数组 a 是相同的,这说明实参形参为同一数组,它们的值同时得以改变。用数组名作为函数参数时还应注意以下几点。

(1) 形参数组和实参数组的类型必须一致,否则将引起错误。

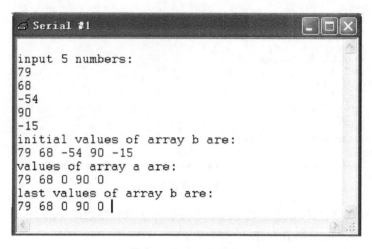

图 5-8 程序运行结果

（2）形参数组和实参数组的长度可以不相同，因为在调用时，只传送首地址而不检查形参数组的长度。当形参数组的长度与实参数组不一致时，虽不至于出现语法错误（编译能通过），但程序执行结果将与实际不符。

5.5 实 践 五

1. 实践任务

（1）会对数组进行初始化。
（2）会使用数组。
（3）会应用字符数组、字符串。

2. 实践设备

（1）装有 keil C51 uvision3 集成开发环境和 STC-ISP.EXE 的计算机。
（2）单片机实践板（初级）。

3. 实践步骤

（1）编辑 C 语言程序，完成在一个已排好序的数列中（由小到大）再插入一个数，要求仍然有序，并在 keil C51 下仿真验证。

（2）一数组内放 10 个整数，找出最小的数和它的下标，把它和数组中最前面的元素对换位置，并在 keil C51 下仿真验证。

（3）输入一行电文，按 a(A)→z(Z)、b(B)→y(Y)、…、z(Z)→a(A)的规律重新输出，并在 keil C51 下仿真验证。

（4）n 个人围成一圈，依次从 1 至 n 编号，从编号为 1 的人开始按 1 至 3 报数，报到 3 的人退出，下一人重新开始，输出最后留下的人原来的编号，并在 keil C51 下仿真验证。

（5）打印出以下 10 行杨辉三角形，并在 keil C51 下仿真验证。

```
    1
    1   1
    1   2   1
```

```
         1    3    3    1
         1    4    6    4    1
         1    5   10   10    5    1
```
......

(6) 编一个程序:输入 2 个字符串,将它们连接起来,用%s 格式输出,不用 strcat 函数,并在 keil C51 下仿真验证。

(7) 输入 n 个学生的成绩和姓名,将成绩按从高到低排序,姓名作相应调整重新输出,并在 keil C51 下仿真验证。

(8) 在 4×4 方格国际象棋盘上放置 4 个皇后,任意 2 个皇后不能位于同一行、同一列,输出所有可能的放法,并在 keil C51 下仿真验证。

(9) 利用二维数组,参考例 1.1,设计流水灯,在开关的开和关两种状态下,各有一种流动效果,要求 8 个 LED 发光管均轮流发光,产生流动效果。下载到单片机实践板上运行、验证。

成绩评定

小题分值	1(20 分)	5(20 分)	6(20 分)	9(40 分)	总分
小题得分					

习 题 5

5-1 通过赋初值按行顺序给 2×3 的二维数组赋予 2、4、6 等偶数,然后按列的顺序输出该数组。

5-2 从键盘输入一个字符,用折半查找法找出该字符在已排序的字符串 a 中的位置。若该字符不在 a 中,则打印"DONT SEARCH!"。

提示:折半查找法是效率较高的一种查找方法。假设有已经按照从小到大的顺序排列好的五个整数 $a[0]$~$a[4]$,要查找的数是 X,其基本思想是:

设查找数据的范围下限为 l=1,上限为 h=5,求中点 m=(l+h)/2,用 X 与中点元素 $a[m]$ 比较,若 X 等于 $a[m]$,即找到,停止查找;否则,若 X 大于 $a[m]$,替换下限 l=m+1,到下半段继续查找;若 X 小于 $a[m]$,换上限 h=m-1,到上半段继续查找;如此重复前面的过程直到找到或者 l>h 为止。如果 l>h,说明没有此数,打印找不到信息,程序结束。

5-3 按 dd-mm-yy 的格式输入一个日期字符串,输入可能有的四种出错的情况:

(1) 日期字符串的长度不是 8;

(2) 第三和第六个字符不是减号"—";

(3) 第一个字符可以取 0、1、2、3,如果取 3,那么第二个字符不能大于 1;

(4) 第四个字符可以取 0、1,如果取 1,那么第五个字符不能大于 2。

用程序判断输入的日期字符串是否有错,如果有,说明是哪一种错。

第 6 章
函数和编译预处理

函数是一个逻辑上相对独立的、实现指定功能的 C 语言程序段。在程序结构化设计中，对函数使用者来说，把函数看做一个"黑盒"，只需知道怎样把数据传送给函数进行加工，函数执行后能得到什么样的数据和结果，而不必知道函数是如何执行的。

函数除了能将一个 C 语言程序段作为一个整体定义外，还可以定义局部对象，使函数在逻辑上作为程序的一个相对独立单位，不受主函数或其他函数对程序对象命名的影响。函数为程序的层次构造和程序的开发提供有力支持，使新程序设计可在已有函数的基础上构造功能更强的函数和程序，而不必一切都从头开始。

函数是构成C语言程序的基本单元,下面是一个由主函数与子函数构成完整程序的实例。

【例6.1】 由主函数与子函数构成的程序。

```
#include<stdio.h>
int max(int x,int y,int z);           //说明最大数子函数
int main ()
{ int i,j,k;
  printf("i,j,k=\n");
  scanf("%4d%4d%4d",&i,&j,&k);
  printf("the maxmum number of the 3 data is %d\n",max(i,j,k));
}
int max(int xx,int xy,int xz)         //求最大数子函数
{ int max;
  max=xx>xy?xx:xy;
  max=max>xz?max:xz;
  return(max);
}
```

程序运行结果如图6-1所示。

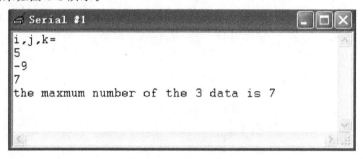

图6-1 程序运行结果

在C语言中,函数可分类如下。

(1) C语言系统提供的库函数,例如,printf()、scanf()、sin()、putchar()、getchar()。

(2) 主函数main(),程序从运行主函数开始,到主函数执行完,结束整个程序的运行。

(3) 用户自定义函数,函数名不能与主函数名或库函数名相同,由用户自己编写。

另外,根据函数有无参数的输入/输出,可分为四种:有参函数、无参函数、有返回值函数、无返回值函数。

◀ 6.1 函数的定义和返回值 ▶

6.1.1 函数的定义

函数的定义是将完成指定功能的C语言程序描述成逻辑上作为程序的一个相对独立单位,需要指明的内容包括:函数执行结果的返回数据的类型、函数名、函数的形式参数(常简称形参)和函数体(包括说明和定义及语句序列)。函数定义的一般形式为:

返回数据类型　函数名(形式参数说明表)

{　说明和定义部分

    语句序列
    }

1．返回数据类型

  返回数据类型用于说明函数执行后得到的数据的类型（char、int、long、float），例如，函数返回一个 float 浮点数，它的返回数据类型可写成 float。当函数执行后不需返回数据时，习惯用 void 来标记。当函数没有返回数据类型时，默认为 int 型。

2．函数名

  函数名是函数的一个标识符，一个 C 语言程序除了有一个且只有一个 main()函数外，其他的函数名可以随意命名，但函数命名最好能反映函数功能，有助于记忆。另外，由于库函数已成标准，函数命名时，不要同库函数同名。

3．形式参数说明表

  形式参数说明表说明需输入到函数的数据类型，极端情况可以没有，常用 void 代之，但函数名之后的一对圆括号()是不可省略的。当函数有多个形参时，相互之间用逗号分隔，每个形参说明指定形参的类型和形参名。

  函数定义中，最外层大括号"{"和"}"括起来的部分称作函数体，在函数体的前面部分可以有函数所需要的的变量说明和预定义，在函数体内定义的变量称为局部变量，只能在函数体内引用它们，说明和定义之后是由语句序列组成的执行代码。

  例如，定义一个函数，求两个数的最大值。

```
int   max(int x,int y)    //两个 int 整型形式参数,返回一个 int 整型数
{   int   z;
    if(x>y){ z=x; }
    else{ z=y; }
    return(z);
}
```

函数 max 返回 int 型值，它有 x 和 y 两个 int 型形参。

6.1.2　函数的返回值

  如果希望函数运行完成后得到一个结果，需使用 return 语句，C 语言的 return 语句有两种形式：

  （1）return；

  （2）return(表达式)；

  第一种形式用于不需要返回值的函数体中，执行 return 后，立即结束当前函数的运行；后一种形式用于有返回值的函数体中，先计算表达式值作为函数调用的返回值，再结束当前函数的运行。

  例如，定义两个函数，一个有返回值，另一个没有。

```
void fu1(int x,int y)
{   int z1;
    z1=x*x+y*y;
    printf(" x*x+y*y=%d\n ",z1);
}

float fu2(float x)
{   if(x<0){ return(x*x-x+1); }
```

```
        else{ return(x*x*x+x+3); }
    }
```

return 语句返回值的类型应与该函数的类型一致,如不一致则以函数类型为准,当有多个 return 语句时,每个 return 语句表达式的类型应相同。return 语句后面可以是变量,也可以是表达式,例如,"return((x+3)*y);",return 语句的后面可以有括号,也可以没有,例如,"return z;"或"return(z);"。

为了明确指明函数不提供返回值,建议在函数定义时,在函数名之前写上 void,并在这样的函数体内,所有的 return 语句都不应该带表达式。

◀ 6.2 函数的调用和声明 ▶

函数被定义后,凡要实现函数功能的地方,都可通过函数调用简单完成,任何情况下,函数名后的一对圆括号不能省略,函数调用的格式如下:

函数名(实际参数表);

按函数调用在程序中的作用,有两种不同类型的应用。

(1) 函数调用只是利用函数所完成的功能,不需要函数的返回值,此时将函数调用作为一个独立的语句。如经常调用的格式输入函数 scanf()和格式输出函数 printf()等。

(2) 函数调用是利用函数的返回值,或用于进一步计算,或输出它的返回值,或作为另一个函数调用的实际参数出现,此时可将函数看成一个同类型的变量,例如:

```
w= max(u+v,a-b)+min(c,t)+3.9;
printf("%f\n",min(u-v,a+b));
```

【例 6.2】 函数调用举例。

```
#include<math.h>                          //包含数学计算库函数
void fu1(int x,int y);                    //函数 fu1()调用声明
float fu2(float a);                       //函数 f21()调用声明
main()
{   int a,b,x1;
    printf("input two numbers:\n");
    scanf("%d%d",&a,&b);
    fu1(a,b);                             //调用函数 fu1()
    printf("(a+b)*(a+b)=%f\n",fu2(a));    //调用函数 fu2()
    x1=sqrt(a+b);                         //调用平方根库函数 sqrt()
    printf("x1=%d\n",x1);                 //调用库函数 printf()
}
```

程序运行结果如图 6-2 所示。

```
input two numbers:
1
2
 x*x+y*y=5
 (a+b)*(a+b)=5.000000
x1=1
```

图 6-2 程序运行结果

函数定义中的形式参数,简称形参,调用有参函数时,调用函数必须赋予这些形参实际的值,简称实参,实参出现的顺序、类型与函数定义中的形参要一一对应。

当函数调用时,调用函数把实参的值传送给被调用函数的形参,从而实现调用函数向被调用函数的数据传送。具体说明如下。

(1) 函数的实参可以使用常量、变量、表达式、函数。无论函数的实参是何种类型的量,在进行函数调用时,它们都必须具有确定的值,以便把这些值传送给形参。

(2) 形参变量只有在被调用时,才分配内存单元,调用结束时,即刻释放所分配的内存单元。因此,形参只有在该函数内有效,调用结束返回调用函数后,则不能再使用该形参变量。

(3) 实参对形参的数据传送是单向的,即只能把实参的值传送给形参,不能把形参的值反向地传送给实参。

(4) 实参和形参占用不同的内存单元,即使同名也互不影响。

【例 6.3】 实参对形参的数据传递。

```
void  s(int n);
main()
{  int x=12;
   s(x);
   printf("n_3=%d\n",x);          //输出调用后实参的值
}
void s(int n)
{ int i;
  printf("n_1=%d\n",n);           //输出改变前形参的值
  for(i=n- 8; i>=1; i--){ n=n+i; } //改变形参的值
  printf("n_2=%d\n",n)            //输出改变后形参的值
}
```

程序运行结果如图 6-3 所示。

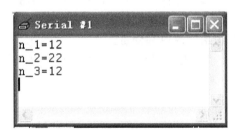

图 6-3　程序运行结果

在调用函数之前时,一般需对被调用的函数进行说明(声明),其格式如下:

　　　　　　返回数据类型　　函数名(形式参数说明表)

以下两种情况下,可以省去对被调用函数的说明。

(1) 当被调用函数的函数定义出现在调用函数之前,编译系统已经知道了被调用函数的函数类型、参数个数、类型和顺序。

(2) 如果在所有函数定义之前,在函数外部预先对各个函数进行了说明,例如,调用库函数 printf()时,由于包含的函数定义文件 stdio.h 已对进行了定义。

6.3 变量的作用范围和作用时间

在 C 语言程序中,变量说明的位置不同,其作用范围也不同,变量按照作用范围,分为内部变量和外部变量。

6.3.1 内部变量

在函数内部定义的变量称为内部变量,内部变量也称"局部变量"。内部变量只有在包含变量说明的函数内部才能使用,在此函数之外就不能使用这些变量。

例如:
```
int f1(int a)
{   int b,c,y;
    ……
}
int f2(int x)
{   int y,z,b;
    ……
}
main()
{   int m,n,y;
    ……
}
```

上述例子定义了 9 个内部变量,包括主函数 main()中定义的内部变量,都是局部变量,只能在各自的函数中使用,其他函数不能使用;即使主函数中也不能使用其他函数中定义的内部变量。因为主函数也是一个函数,与其他函数是平行关系。另外,形参变量也是内部变量,属于被调用函数,实参变量则是调用函数的内部变量。

允许在不同的函数中使用相同的变量名,它们代表不同的对象,分配不同的单元,互不干扰,也不会发生混淆。

6.3.2 全局变量

在函数外部定义的变量称为外部变量,外部变量又称全局变量。外部变量不属于任何一个函数,其作用范围是:从外部变量的定义位置开始,到本文件结束为止。外部变量可被作用域内的所有函数直接引用。

外部变量在所有的函数之外定义,且只能定义一次。在同一源文件中,允许外部变量和内部变量同名,但在内部变量的作用域内,同名的外部变量将被屏蔽而不起作用。

【例 6.4】 全局变量的使用举例。
```
int count;                          //count 是全局变量
main(void)
{ count=100;                        //全局变量 count=100
  func1();
}
```

```
func1(void)
{ int temp;
  temp=count+20;                              //局部变量 temp=120
  func2();
  printf("count is %d",count);                //打印 100
}

extern int kk_kk;                             //kk_kk 是外部变量
func2()
{ static int  count;   //                     //count 是静态局部变量
  for(count=1; count<10;){ count++;}
  printf("count=%d\n",count);                 //打印出 10
}
```

程序运行结果如图 6-4 所示。

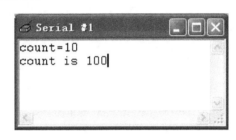

图 6-4　程序运行结果

　　由于函数调用只能带回一个返回值,因此有时可以利用全局变量增加与函数联系的渠道,从函数得到一个以上的返回值,但如果没有十分必要,尽量少使用全局变量,因为降低了程序的通用性。

6.3.3　变量的作用时间

　　函数中的局部变量,在调用该函数时会给它们分配存储空间,函数调用结束时就自动释放这些存储空间,以便别的函数使用,因此函数中的局部变量自动产生和消失,作用时间仅限于该函数运行期间,称为"自动变量",自动变量可用关键字"auto"说明,但可以省略,在函数内定义的变量,如果未加说明都是自动变量。

　　有时希望函数中局部变量的值在函数调用结束后不消失,下一次调用该函数时仍可使用,需将局部变量由默认的"自动局部变量"指定为"静态局部变量",用关键字"static"进行说明,如上例函数 func2()中的静态局部变量 count。

　　一个 C 语言程序可以由一个或多个源程序文件组成,如果一个文件中的程序需使用另一个文件中的全局变量,可用关键字"extern"进行说明,该变量称为外部变量,如上例函数 func2()中的外部变量 kk_kk。注意:应使用预定义指令♯include 将定义外部变量的源文件包含到程序中来。

1. static(静态局部)变量

　　(1) 静态局部变量在程序整个运行期间都不会释放内存。

　　(2) 对于静态局部变量,是在编译的时候赋初值的,即只赋值一次。如果在程序运行时已经有初值,则以后每次调用的时候不再重新赋值。

　　(3) 如果定义局部变量的时候不赋值,则编译的时候自动赋值为 0。而对于自动变量而言,定义的时候不赋值,则是一个不确定的值。

(4)虽然静态变量在函数调用结束后仍然存在,但是其他函数不能引用。

2. 用 extern 声明外部变量

用 extern 声明外部变量,是为了扩展外部变量的作用范围。比如一个程序能由多个源程序文件组成。如果一个程序中需要引用另外一个文件中已经定义的外部变量,就需要使用 extern 来声明。正确的做法是在一个文件中定义外部变量,而在另外一个文件中使用 extern 对该变量作外部变量声明。

例如,用 extern 将外部变量的作用域扩展到其他文件。

文件 1:
```
unsigned int array[10];
void main()
{   unsigned int i;
    for(i=0;i<10;i++){
      printf("array[%d]=%d\n",i,array[i]);
    }
}
```

文件 2:
```
extern int array[10];
void fillarray()
{   unsigned char i;
for(i=0;i<10;i++){
array[i]=i;
 }
}
```

6.3.4 变量的空间分配基本原则

(1) data 区空间小,所以只有频繁用到或对运算速度要求很高的变量才放到 data 区内,比如 for 循环中的计数值。

(2) data 区内最好放局部变量,因为局部变量的空间是能覆盖的某个函数的局部变量空间在退出该函数是就释放,由别的函数的局部变量覆盖,能提高内存利用率。当然静态局部变量除外,其内存使用方式与全局变量相同。

(3) 确保程序中没有未调用的函数,在 keil C 里遇到未调用函数,编译器就将其认为可能是中断函数,不释放函数里用的局部变量的空间,也就是同全局变量一样处理。

(4) 逻辑标志变量定义到 bdata 中,能大大降低内存占用空间。在 51 系列芯片中有 16 个字节位寻址区 bdata,其中能定义 8×16=128 个逻辑变量。

(5) 其他不频繁用到和对运算速度要求不高的变量都放到 xdata 区。

(6) 如果想节省 data 空间就必须用 large 模式,将未定义内存位置的变量全放到 xdata 区,当然最好对所有变量都要指定内存类型。

(7) 当使用到指针时,要指定指针指向的内存类型。一般的形式如下:

数据类型　　［存储器类型］　　＊　　变量名;

在单片机 C51 语言中未定义指向内存类型的通用指针占用 3 个字节,而指定指向 data 区的指针只占 1 个字节,指定指向 xdata 区的指针占 2 个字节。

如指针 p 是指向 data 区,则应定义为"char data * p;",还可指定指针本身的存放内存类型,如"char data * xdata p;",其含义是指针 p 指向 data 区变量,而其本身存放在 xdata 区。

6.4 函数的嵌套和递归

C语言中,函数的定义是相互平行、互相独立的。在一个函数内不能定义另一函数,即函数不能嵌套定义,但可以调用另一函数,即允许调用。如上例中函数 main()调用函数 func1()、func1()调用 func2()、func2()调用 printf(),形成了4级嵌套。由于每级嵌套需保护现场,占用一些存储空间,如果嵌套级数过多,可能导致内存不够而出错。

在函数的调用过程中,直接或间接地调用该函数本身,称为函数递归调用,它是函数嵌套的一种特性情况。

【例6.5】 汉诺塔问题,这是一古典且最好用递归解决的数学问题,问题是这样的:在一个铜板上有1、2、3共3根金刚石针,1号针上放着由小到大的64个金盘(中间有小孔),现要求将64个金盘由1号针移到3号针,每次只能移动一个且不能大盘压在小盘上,2号针可临时存放金盘,金盘只能在移动过程中离开刚石针,要求输出其移动步骤。

分析:为将n个金盘由针1移到针3,可将n−1个金盘从针1移到针2(针3作缓冲),再将针1余下的一个金盘移到针3,最后将针2上n−1个金盘移到针3(针1作缓冲),这样就将n个金盘的移动转化为2次n−1个金盘的移动。重复上述过程,金盘数目每次减1,直到完成为止。经过计算,如果移动64个金盘,需要$2^{64}-1$次,假设用超级计算机每秒移动1亿次,需要大约5850年,用人工来完成可能要移到世界末日。

```
char kk;                                    //定义全局变量
void move(char n,char z1,char z3,char z2) reentrant   //定义子函数
 { if(n==1){ printf("%bd to %bd,",z1,z3); }  //最后一次由针1移到针3
   else{ move(n-1,z1,z2,z3);                 //n-1个金盘由针1移到针2
         printf("%bd to %bd,",z1,z3);
    ++kk; if((kk%4)==0){ printf("\n"); }     //n-1个金盘由针2移到针3
     move(n-1,z2,z3,z1);
   }
 }

main()
{ int n;
   while(1){
   printf("\ninput n:\n");
   scanf("%d",&n);                           //输入金盘只数
   move(n,1,3,2);                            //调用移动子函数
   }
}
```

输入"5",程序运行如图6-5所示。

上面定义了移动子函数 move(),它有四个形式参数:金盘数 n、移动起点针 z1、移动终点针 z3、缓存针 z2,由于函数 move()要递归调用,C51规定需在定义函数时加入关键字 reentrant,表示允许函数可以重新进入(重入)。

函数的递归调用可以使程序简洁、代码紧凑,但每次递归调用都需要很多占用存储空间保存"现场",且运行速度慢。因此,如果没有关键字 reentrant,默认函数不能"重入"。

```
input n:
5
1 to 3, 1 to 2,
3 to 2, 1 to 3, 2 to 1, 2 to 3, 1 to 3, 1 to 2, 3 to 2, 3 to 1,
2 to 1, 3 to 2, 1 to 3, 1 to 2, 3 to 2, 1 to 3, 2 to 1, 2 to 3,
1 to 3, 2 to 1, 3 to 2, 3 to 1, 2 to 1, 2 to 3, 1 to 3, 1 to 2,
3 to 2, 1 to 3, 2 to 1, 2 to 3, 1 to 3,
input n:
```

图 6-5 程序运行结果

6.5 编译预处理

C 语言提供的预处理命令主要有"宏替换"、"文件包含"、"条件编译"和"行编译控制",在源程序中,为区别预处理命令和一般的 C 语言语句,所有预处理命令行都以字符"#"开头,结尾不要分号。

6.5.1 宏替换

宏替换是由预处理程序自动完成的,在 C 语言中,"宏替换"分为有参数和无参数两种。

1. 无参宏替换

无参宏替换的一般形式为:

$$\#define \quad 标识符 \quad 字符串$$

其中的"#"表示这是一条预处理命令,"define"为宏替换命令,"标识符"为所定义的宏替换名,"字符串"为需替换的内容,可以是常数、表达式、格式串等。"标识符"和"字符串"间至少有一个空格。

【例 6.6】 无参宏替换程序。

```
#define M 10            //宏替换,程序中所有的 M 都被 10 代替
main()
{ int s,y;
  printf("input a number:");
  scanf("%d",&y);
  s=3*M*M+5*M;
  printf("s=%d\n",s);
}
```

程序运行如图 6-6 所示。

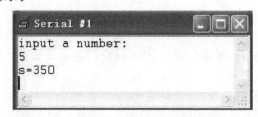

图 6-6 程序运行结果

2. 带参宏替换

带参宏替换的一般形式为：

♯define 标识符(形参表) 字符串

在字符串中含有各个形参，带参宏调用的一般形式为：

标识符(实参表)

例如，宏替换"♯define M(x) x*x－9*x"，在宏调用"k＝M(7);"时，用实参 7 去代替形参 x，经预处理宏展开后的语句为："k＝7*7－9*7;"。

【例 6.7】 带参宏替换程序。

```
#define MAX(a,b) (a>b)?a:b          //用宏名 MAX 表示条件表达式(a>b)?a:b
main()
{   int x,y,max;
    printf("input two numbers: ");
    scanf("%d%d",&x,&y);
    max=MAX(x,y);                    //宏替换后等效为:max=(x>y)?x:y;
    printf("max=%d\n",max);
}
```

程序运行如图 6-7 所示。

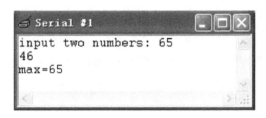

图 6-7 程序运行结果

6.5.2 文件包含

文件包含预处理命令实现将指定文件的内容作为当前源程序的一部分，文件包含预处理命令的一般形式为：

♯include "文件名"   或   ♯include ＜文件名＞

被包含的文件一般称为"头文件"，对于"♯include ＜文件名＞"方式，按系统默认的方式查找；对于"♯include "文件名""方式，先在当前主源程序所在的目录中查找，如果没有，再按标准方式查找。

如文件 format.h 的内容如下：

```
#define   PR   printf
#define   NL   "\n"
#define   F    "%6.3F"
#define   F1   F  NL
#define   F2   F  F  NL
#define   F3   F  F  F  NL
```

下面程序包括了文件 format.h 的内容。

【例 6.8】

```
#include <stdio.h>
#include "format.h"
```

```
void main()
{   float x,y,z;
    x=1.2; y=2.3; z=3.4;
    PR(F1,x);                    //等效为:printf("%6.3F""\n",x);
    PR(F2,x,y);                  //等效为:printf("%6.3F""%6.3F""\n",x,y);
    PR(F3,x,y,z);                //等效为:printf("%6.3F""%6.3F""%6.3F""\n",x,y,z);
}
```
程序运行如图 6-8 所示。

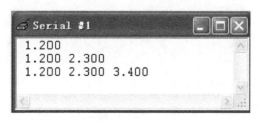

图 6-8 程序运行结果

6.5.3 条件编译

条件编译可以按不同的条件有选择地编译程序,因而产生不同的目标代码文件,这对于程序的移植和调试是很有用的。条件编译当然也可以用条件语句来实现,但用条件语句将会对整个源程序进行编译,生成的目标代码程序很长,而采用条件编译生成的目标程序较短。如果条件选择的程序段很长,采用条件编译的方法是十分必要的。条件编译有以下三种形式:"#if"、"#ifdef"、"#ifndef"。

1. #if

"#if"条件编译类似 if 语句,其格式为:

        #if 表达式
        程序段 1
        #else
          程序段 2
        #endif

如果表达式的值为真,则编译程序段 1,否则编译程序段 2。或

        #if 表达式
        程序段 1
        #endif

【例 6.9】 输入一行字母字符,根据需要设置条件编译,使之能将字母全改为大写输出,或全改为小写输出。

```
#define  LETTER 1
void main()
{char   str[81];
scanf("%s",str);
int   i=0;
while((c=str[i])!='\0')
    {  i++;
       #if  LETTER
```

```
            if(c>='a' && c<='z')      c=c-32;    /*小写转大写*/
      #else
            if(c>='A' && c<='Z')      c=c+32;    /*大写转小写*/
      #endif
            printf("%c",c);
        }
    }
```

输入"C-Language",程序运行结果如图 6-9 所示。

图 6-9　程序运行结果

若程序第一行改为"♯define　LETTER　0",则运行结果为"c-language"。

采用条件编译,可以减少被编译的语句,从而缩短目标程序,减少运行时间。当条件编译段比较多时,目标程序的长度可以大大减少。

2. ♯ifdef

♯define 的格式为:

　　　　　　　　　　♯ifdef 标识符
　　　　　　　　　　　程序段 1
　　　　　　　　　　♯elif 常量表达 2
　　　　　　　　　　　程序段 2
　　　　　　　　　　　…………
　　　　　　　　　　♯else
　　　　　　　　　　　程序段 n
　　　　　　　　　　♯endif

如果标识符已被♯define 命令定义过,则对程序段 1 进行编译,否则当常量表达式 2 为真,对程序段 2 进行编译,依次类推,当所有常量表达式都不成立,对程序段 n 进行编译。如没有必要,可省略♯elif 和♯else 部分。♯ifdef 和♯if 除第一次判断不一样外,其余全部相同。

【例 6.10】　♯ifdef 应用程序。

```
#define NUM ok
main()
{   #ifdef NUM
       printf("has ok");
    #else
       printf("has not ok");
    # endif
}
```

程序运行结果如图 6-10 所示。

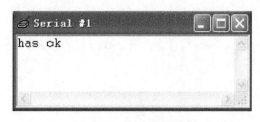

图 6-10　程序运行结果

在程序的第一行宏替换中,定义 NUM 表示字符串 OK,其实也可以为任何字符串,甚至不给出任何字符串,写为"♯define NUM"也具有同样的意义;只有取消程序的第一行才会去编译第 2 个 printf 语句。

3. ♯ifndef

♯denfine 的格式为：

　　　　　　　　　　♯ifndef 标识符
　　　　　　　　　　　程序段 1
　　　　　　　　　　♯elif 常量表达 2
　　　　　　　　　　　程序段 2
　　　　　　　　　　………………
　　　　　　　　　　♯else
　　　　　　　　　　　程序段 n
　　　　　　　　　　♯endif

如果标识符已未被♯define 命令定义过则对程序段 1 进行编译,否则当常量表达式 2 为真,对程序段 2 进行编译,依次类推,当所有常量表达式都不成立,对程序段 n 进行编译。如没有必要,可省略♯elif 和♯else 部分。♯ifdef 和♯ifndef 除第一次判断相反外,其余全部相同。

6.5.4　编译控制

Cx51 编译器提供许多控制命令用于控制编译过程,指定的除外,命令一般由一个或多个字母、数字组成,可在命令行中或文件名后指定,或在源文件中用♯pragma 命令。

例如：

```
C51 testfile.c SYMBOLS  CODE  DEBUG
#pragma SYMBOLS  CODE  DEBUG
```

上述例子,SYMBOLS、CODE 和 DEBUG 都是编译控制命令,testfile.C 是要编译的源文件,编译控制命令在命令行和♯pragma 中的使用方法相同。

在♯pragma 可指定多个选项,一般每个控制命令只在源文件的开头指定一次,如果一个命令指定多次,编译器产生一个致命错误,退出编译。

编译控制命令可以分成源文件控制、目标控制、列表控制三类。

(1) 源文件控制(source):用于定义命令行的宏,定义要编译的文件名。

(2) 目标控制(object):用于控制产生的目标代码的的形式和内容,这些命令指定优化级别或在 OBJ 文件中包含调试信息。

(3) 列表控制(listing):用于控制列表文件 *.LST 的各种样式,特别是格式和指定的内容。

表 6-1 是按字母顺序列出了编译控制命令,有下划线的字母是该命令的缩写。

表 6-1 编译控制命令

编译控制命令	类别	作用
AREGS, NOAREGS	object	使能或不使能绝对寄存器（ARn）地址
ASM, ENDASM	source	标志内嵌汇编块的开始和结束
BROWSE†	object	产生浏览器信息
CODE†	listing	加一个汇编列表到列表文件
COMPACT†	object	设置 COMPACT 存储模式
COND, NOCOND†	listing	包含或执行预处理器跳过的源程序行
DEBUG†	object	在 OBJ 文件中包含调试信息
DEFINE	source	在 Cx51 调用行定义预处理器名
DISABLE	object	在一个函数内不允许中断
EJECT	listing	在列表文件中插入一个格式输入字符
FLOATFUZZY	object	在浮点比较中指定位数
INCDIR†	source	指定头文件的附加路径名
INTERVAL†	object	对 SIECO 芯片指定中断矢量间隔
INT PROMOTE, NOINT PROMOTE†	object	使能或不使能 ANSI 整数同时提升
INTVECTOR, NOINTVECTOR†	object	指定中断矢量的基地址或不使能矢量
LARGE†	object	选择 LARGE 存储模式
LISTINCLUDE	listing	在列表文件中显示头文件
MAXAREGS†	object	指定可变参数列表的大小
MOD517, NOMOD517	object	使能或不使能代码支持 80C517 及派生的额外硬件特征
MODA2, NOMODA2	object	使能或不使能 ATMEL 82 x8252 和变种的双 DPTR 寄存器
MODAB2, NOMODAB2	object	使能或不使能模拟设备 ADuC B2 系列支持双 DPTR 寄存器
MODDA, NOMODDA	object	使能或不使能 DALLAS 80C390、80C400、5240 算法加速器
MODDP2, NOMODDP2	object	使能或不使能 DALLAS320、520、530、550 和变种支持双 DPTR 寄存器
MODP2, NOMODP2	object	使能或不使能 PHILIPS 和 ATMELWM 及派生支持双 DPTR 寄存器
NOAMAKE†	object	不记录 uvision2 更新信息
NOEXTEND†	source	Cx51 不扩展到 ANSIC
OBJECT, NOOBJECT†	object	指定一个 OBJ 文件或禁止 OBJ 文件
OBJECTEXTEND†	object†	在 OBJ 文件中包含变量类型信息
ONEREGBANK	object	假定在中断中只用寄存器组 0
OMF 2†	object	产生 OMF2 输出文件格式

续表

编译控制命令	类别	作用
OPTIMIZE	object	指定编译器的优化级别
ORDER†	object	按源文件中变量的出现顺序分配
PAGELENGTH†	listing	指定页的行数
PAGEWIDTH†	listing	指定页的列数
PREPRINT†	listing	产生一个预处理器列表文件,扩展所有宏
PRINT,NOPRINT†	listing	指定一个列表文件名或不使能列表文件
REGFILE†	object	对全局寄存器优化指定一个寄存器定义文件
REGISTERBANK	object	为绝对寄存器访问选择寄存器组
REGPARMS,NOREGPARMS	object	使能或不使能寄存器参数传递
RET_PSTK†,RET_XSTK†	object	用重入堆栈保存返回地址
ROM†	object	AJMP/ACALL 指令产生控制
SAVE,RESTORE	object	保存和恢复 AREGS、REGPARMS、OPTIMIZE 命令设置
SMALL†	object	选择 SMALL 存储模式（缺省）
SRC†	object	产生一个汇编源文件,不产生 OBJ 模块
STRING†	object	定位固定字符串到 XDATA 或远端存储区
SYMBOLS†	listing	模块中所有符号的列表文件
USERCLASS†	object	对可变的变量位置重命名存储区类
VARBANKING†	object	使能 FAR 存储类型变量
WARNINGLEVEL†	listing	选择警告检测级别
XCROM†	object	对 CONST XDATA 变量假定 ROM 空间

注意:带"†"的这些命令在命令行或源文件开头的♯pragma 中只能指定一次,一个源文件中不能使用多次。控制命令和参数,除了用 define 命令的参数,是大小写无关的。

◀ 6.6 模块化程序设计的概念 ▶

在设计程序时,经常遇到这样的情况,有些运算重复进行,或者许多程序中都可能要进行同类的运算操作。这些重复运算的程序是相同的,只不过每次都以不同的参数进行重复。如果多次重复书写执行这一功能的程序段,将使程序变得很长,多占存储空间,烦琐又容易出错,并且调试起来也困难。

解决这类问题的有效办法,是将上述重复使用的程序,设计成能够完成一定功能的供其他程序调用的相对独立的功能模块。它独立存在,但可以被多次调用,调用的程序称为主程序。不但重复执行的程序段可以作为独立的模块独立出来,即使执行一次的程序段也可以把它写成独立模块,并把程序应该完成的主要功能都分配给各模块去完成,用主程序把个独立模块联系在一起。

这种设计方法是各种高级语言程序设计中的基本方法,即自顶向下、逐步细化和模块化。其中模块化的具体做法是:将一个大型程序按照其功能分解成若干个相对独立的功能模块,然后再分别进行设计,最后把这些功能模块按照层次关系进行组装。

使用独立模块的优点有以下五点。

(1) 消除重复的程序段。可以一次性定义一个独立模块并可由其他程序任意次调用。

(2) 使程序易阅读。分解为一组较小的程序容易阅读和理解。

(3) 使程序开发过程简化。独立模块容易设计、编写和调试。

(4) 可以在其他程序中重复调用。可以把具有通用性的独立模块用在其他程序设计中。

(5) 使 C 语言得到扩充。独立模块可以完成内部语句和函数不能直接完成的任务。

独立模块由顺序、选择和循环这三种基本结构所组成,但它却有自己的特点,主要体现在主程序与独立模块之间的数据输入和输出,即主程序和各模块之间的数据传递。

由于模块是通过执行一组语句来完成一个特定的操作过程,所以模块又称为"过程",执行一个过程就是调用一个函数模块或子程序。

结构化程序设计的基本思想是"自顶向下、逐步细化和模块化",即将一个较大的程序按其功能分成若干个模块,每个模块具有具有单一的功能。

C 语言程序是一个函数式的程序结构,即 C 语言程序的全部功能都是由函数实现的,而每个函数对应一个独立的模块,通过函数间调用来实现程序的总体功能。图 6-11 所示为一个程序中函数调用的示意图。

在 C 语言中,函数分为主函数、库函数和用户自定义函数三种。程序的执行由主函数开始,然后调用其他函数,最终返回主函数并结束。

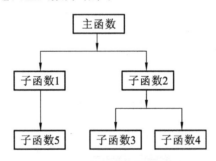

图 6-11 函数调用的示意图

C 语言提供了丰富的标准函数,即库函数。这类函数是由系统提供并定义,不必用户再去编写。用户只需要了解函数的功能,并学会正确调用标准库函数。

1. 常用库函数

对每一类库函数,在调用该类库函数时,用户在源程序的 include 命令中应该包含该类库函数的头文件。

(1) 数学函数。调用数学库函数时,要求程序在调用数学库函数前应包含下面的头文件:

```
#include "math.h"
```

(2) 字符函数和字符串函数。调用字符库函数时,要求程序在调用字符库函数前应包含下面的头文件:

```
#include "ctype.h"
```

调用字符串库函数时,要求程序在调用字符串库函数前应包含下面的头文件:

```
#include "string.h"
```

(3) 输入/输出函数。调用输入/输出库函数时,要求在源文件中应包含下面的头文件:

```
#include "stdio.h"
```
（4）动态分配函数和随机函数。调用动态分配函数和随机函数时,要求在源文件中应包含下面的头文件:
```
#include "stdlib.h"
```

2. 标准库函数的调用

前面讲到,调用 C 语言标准库函数时必须在源程序中用 include 命令。include 命令的格式为：

♯include ＜头文件名＞　或　♯include "头文件名"

说明如下。

（1）include 命令必须以♯号开头,系统提供的头文件都以 .H 作为后缀,头文件名用一对双引号("")或一对尖括号(＜＞)括起来。

（2）在 C 语言中,调用库函数时不能缺少库函数的头文件,include 命令不是语句,不能在最后加分号。

（3）两种格式的区别是:用尖括号是,系统到存放 C 库函数头文件所在的目录寻找要包含的文件,即标准文件;用双引号时,系统先在用户当前目录中寻找要包含的文件,若找不到,再按标准方式查找。

标准库函数一般调用格式为：

函数名(参数表)

【例 6.11】 库函数的调用示例。
```
#include <string.h>        //调用 strlen 函数需要包含的头文件
#include <stdio.h>         //调用 printf 函数需要包含的头文件
main()
{ char str[]="abcde";
  int  i;
  i=strlen(str);           //调用 strlen 函数
  printf("%d",i);          //调用 printf 函数
}
```
程序运行结果如图 6-12 所示。

图 6-12　程序运行结果

6.7　实　践　六

1. 实践任务

（1）学会定义函数、调用函数。

（2）掌握函数实参与形参的对应关系,以及"值传递"的方式。

2. 实践设备

装有 keil C51 uvision3 集成开发环境的计算机。

3. 实践步骤

(1) keil C51 下运行下面程序,熟悉函数的调用方法。

```
fun(int i,int j,int k)
{ int t;
  t=(i+j+k)/2;
  printf("t=%d\n",t);
}

main()
{ int x,y,z;
  x=4;y=12;z=6;
  fun(x,y,z);
  printf("%x=%d;y=%d;z=%d\n",x,y,z);
}
```

(2) 分析下列程序执行结果,keil C51 下仿真验证。

```
f(int i,int j)
{ int x,y,g;
  g=8;x=7;y=2;
  printf("g=%d;i=%d;j=%d\n",g,i,j);
  printf("x=%d;y=%d\n",x,y);
}

main()
{ int i,j,x,y,n,g;
  i=4;j=5;g=x=6;y=9;n=7;
  f(n,6);
  printf("g=%d;i=%d;j=%d\n",g,I,j);
  printf("x=%d;y=%d\n",x,y);
  f(n,8);
}
```

(3) 编写一个判断素数的函数,在主函数输入一个整数,输出是否是素数的信息。参考程序如下。

```
#include"match.h"
prime(int n)
{ int i,k;
  k=n/2;
  for(i=2;i<=k;i++){ if(n%i==0) break; }
  if(i>=k+1){ printf("This is a prime number"); }
  else{ printf("This isn't a prime number"); }
}
main()
{ int m;
  printf("Please input a data m=:");
```

```
        scanf("%d",m);
        prime(m);
    }
```

(4) 先理解程序,分析出结果,然后上机运行此程序。

```
# define  FUE(K)    K+3.14159
# define  PR(a)     printf("a=%d\t",(int)(a))
# define  PRINT(a)  PR(a); putchar('\n')
# define  PRINT2(a,b)   PR(a); PRINT(b)
# define  PRINT3(a,b,c) PR(a); PRINT2(b,c)
# define  MAX(a,b)  (a<b?b:a)
main()
{ int f; int x=1,y=2;
    PRINT(x* FUE(4));
    PRINT3(MAX(x++,y),x,y);
    PRINT3(MAX(x++,y),x,y);
    for(f=0;f<=60;f+=20){ PRINT2 (f,5.12*f+45);  }
}
```

成绩评定

小题分值	1(25 分)	2(25 分)	3(25 分)	4(25 分)	总分
小题得分					

习 题 6

6-1 用函数实现从键盘输入一个整数,判断它是否为素数,若是则输出"Y",若不是则输出"N"。

6-2 设计一个函数用于计算并输出 a 以内最大的 5 个能被 7 或 11 整除的自然数之和,其中 a 的值由主函数传入。

6-3 设计一个多功能的菜单程序,组成的功能模块有:计算 n 个数据的均值与方差、最大值与最小值、顺序查找和排序。

第 7 章
指针

指针是 C 语言中广泛使用的一种数据类型,运用指针编程是 C 语言最主要的风格之一。利用指针变量可以表示各种数据结构,能很方便地使用数组和字符串,并能像汇编语言一样处理内存地址,从而编出精练而高效的程序,极大地丰富了 C 语言的功能。

在 C 语言中,指针是一个很重要的概念,正确有效的使用指针类型的数据,能更有效地表达复杂的数据结构,能更有效地使用数组或变量,能方便直接地处理内存或其他存储区。

本章介绍指针的含义及运算,以及数组、函数中指针的使用。

7.1 指针变量的定义和赋值

指针就是指变量或数据所在的存储区地址,是常量。如一个字符型变量 STR 存放在内存单元 data 区的 51H 这个地址中,那么 data 区的 51H 地址就是变量 STR 的指针。

无论程序的指令、常量、变量或特殊寄存器都要存放在内存单元或相应的存储区中,这些存储区是按字节来划分的,每一个存储单元都能用唯一的编号去读或写数据,这个编号就是常说的存储单元的地址,而读写这个编号内的数据就叫做寻址,通过寻址就能访问到存储区中的任一个能访问的单元,这个功能是变量或数组等不可能代替的。C 语言因此引入了指针类型的数据类型,专门用来确定其他类型数据的地址。

用一个变量来存放另一个变量的地址,那么用来存放变量地址的变量称为"指针变量"。如用变量 STRIP 来存放 STR 变量的地址 51H,变量 STRIP 就是指针变量,如图 7-1 所示。

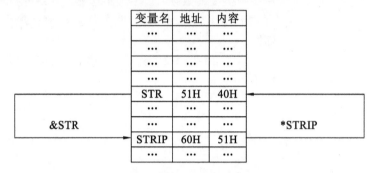

图 7-1 指针和指针变量

7.1.1 指针变量的定义

使用指针变量之前也和使用其他类型的变量那样要求先定义变量,而且形式也相类似,一般的形式如下:

数据类型［数据存储位置］*［指针存储位置］指针变量名;

如果忽略数据存储位置,所定义的指针称为通用指针。

例如:

```
char *s;            //s 指向字符型变量的指针
int *numptr;        //numptr 指向整型变量的指针
long *state;        //state 指向长整型变量的指针
```

通用指针用 3 个字节保存:第 1 个字节是数据存储位置,第 2 个是偏移的高字节,第 3 是偏移的低字节。通用指针可访问 8051 存储空间内的任何变量。

注意:通用指针产生的代码比指定数据存储位置的指针要慢,因为存储区在运行前是未知的,编译器不能优化存储区访问,必须产生可以访问任何存储区的通用代码,如果优先考虑执行速度,应该尽可能的用指定数据存储位置的指针而不是通用指针。

通用指针都默认存储在单片机内部 data 数据存储区中,可用一个存储类型标识符指定一个通用指针的存储位置,这会更加降低通用指针的访问速度。

例如:

```
char *xdata strptr;   //保存在 xdata
```

```
int *data numptr;        //保存在 data
long *idata varptr;      //保存在 idata
```

为了提高程序执行的速度,可以使用指定数据存储位置的指针,在指针的声明中增加一个数据存储位置的标识符,指向一个确定的存储区中的变量。

例如:

```
char data *str;          //指向 data 存储区中的 char 型变量
int xdata *numtab;       //指向 xdata 存储区中的 int 型变量
long code *powtab;       //指向 code 存储区中的 long 型变量
```

因为数据存储位置在编译时是确定的,指定数据存储位置的指针可用用一个字节(idata、data、bdata、Pdata)或两字节(code、xdata)保存。

一个指定存储区指针产生的代码比一个通用指针产生的代码运行速度快,这是因为存储区在编译时而非运行时就知道,编译器可以用这些信息优化存储区访问。指定存储区指针只用来访问声明在单片机存储区的变量,如果运行速度优先,就应尽可能的用指定数据存储位置的指针,但代价是损失灵活性。

指定数据存储位置的指针默认保存在单片机内部 data 数据存储区中,但可用一个存储类型标识符改变其存储位置,这会降低指针的访问速度。

例如:

```
char data *xdata str;         //指向 data 存储区中的 char 型变量,指针保存在 xdata 区
int xdata *data numtab;       //指向 xdata 存储区中的 int 型变量,指针保存在 data 区
long code *idata powtab;      //指向 code 存储区中的 long 型变量,指针保存在 idata 区
```

Cx51 编译器能暗中在指定数据存储位置指针和通用指针间转化,当把指定数据存储位置指针作为一个参数传递给一个要求通用指针的函数,Cx51 编译器就把指定数据存储位置指针转化为通用指针,一个指定数据存储位置的指针作为一个函数的参数,如果没有函数原型就经常被转化成一个通用指针。表 7-1 详细列出了通用指针(generic *)和指定数据存储位置指针的转换方式。

表 7-1 通用指针与数据存储位置的转换

被 转 换	转 换 为	方 式
generic *	code *	只用通用指针的偏移段(2B)
generic *	Xdata *	只用通用指针的偏移段(2B)
generic *	data *	只用通用指针的低字节,高字节丢弃
generic *	idata *	只用通用指针的低字节,高字节丢弃
generic *	Pdata *	只用通用指针的低字节,高字节丢弃
Code *	generic *	通用指针的存储类型设为 0XFF,用原 code * 的 2B 偏移段
Xdata *	generic *	通用指针的存储类型设为 0X01,用原 xdata * 的 2B 偏移段
Data *	generic *	通用指针的的存储类型设为 0X00,用原 data * 的 1B 偏移段
Idata *	generic *	通用指针的的存储类型设为 0X00,用原 idata * 的 1B 偏移段
Pdata *	generic *	通用指针的存储类型设为 0XFE,用原 pdata * 的 1B 偏移段

7.1.2 指针变量的赋值

指针变量同普通变量一样,使用之前不仅要定义说明,而且必须赋予具体的值,否则将造成系统混乱,甚至死机。指针变量的赋值只能赋予地址,决不能赋予任何其他数据,否则将引起错误。

变量的地址是由编译系统分配的,用户一般不知道变量的具体地址,C语言中提供了地址运算符"&"来表示变量的地址,其一般形式为:

&变量名;

如"&a"变示变量a的地址,"&b"表示变量b的地址,变量本身必须预先说明。设有指向整型变量的指针变量p,如要把整型变量a的地址赋予p,可以有以下两种方式。

(1) 指针变量初始化的方法。

```
int a;
int *p=&a;
```

(2) 赋值语句的方法。

```
int a;
int *p;
p=&a;
```

不允许把一个数赋予指针变量,故下面的赋值是错误的:int *p;p=1000;被赋值的指针变量前不能再加"*"说明符,如写为*p=&a也是错误的。

除了把变量的地址赋值给指针变量外,指针变量的赋值有以下几种形式。

(1) 把一个指针变量的值赋予指向相同类型变量的另一个指针变量。

例如:

```
int a,*pa=&a,*pb;
pb=pa;                    //把a的地址赋予指针变量pb
```

(2) 把数组的首地址赋予指向数组的指针变量。

例如:

```
int a[5],*pa;
pa=a;                     //数组名表示数组的首地址,可赋予指针变量
```

也可写为:

```
pa=&a[0];                 //数组第一个元素的地址也是整个数组的首地址
```

当然也可采取初始化赋值的方法:

```
int a[5],*pa=a;
```

(3) 把字符串的首地址赋予指向字符类型的指针变量。

例如:

```
char *pc; pc="c language";
```

或写为:

```
char *pc="C Language";
```

这里应说明的是并不是把整个字符串装入指针变量,而是把存放该字符串的字符数组的首地址装入指针变量。

(4) 把函数的入口地址赋予指向函数的指针变量。

例如:

```
int (*pf)(); pf=f;        //f为函数名
```

7.2 指针变量的运算

7.2.1 取内容运算符"*"

取内容运算符"*"是单目运算符,其结合性为自右至左,用来表示指针变量所指的变量的值。在"*"运算符之后跟的变量必须是指针变量。

需要注意的是,指针运算符"*"和指针变量定义中的指针说明符"*"不是一回事。在指针变量说明中,"*"是类型说明符,表示其后的变量是指针类型;而表达式中出现的"*"则是一个运算符,用以表示指针变量所指的变量的值。

例如:
```
main()
{   int a=5,*p=&a;              //指针变量 P 指向整型变量 a
    printf ("%d",* p);          //打印整型变量 a 的值 5
}
```

【例 7.1】 指针的使用。
```
main()
{   int a=10,b=20,s,t,*pa,*pb;
    pa=&a;                      //指针变量 pa 指向变量 a
    pb=&b;                      //指针变量 pb 指向变量 b
    s= *pa+ *pb;                //求 a+b 之和
    t= *pa* *pb;                //求 a*b 之积
    printf("a=%d\nb=%d\na+b=%d\na*b=%d\n",a,b,a+b,a*b);
    printf("s=%d\nt=%d\n",s,t);
}
```

程序运行结果如图 7-2 所示。

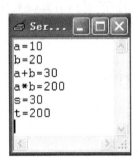

图 7-2 程序运行结果

7.2.2 加减算术运算和关系运算

对于指向数组的指针变量,可以加上或减去一个整数 n。设 pa 是指向数组 a 的指针变量,则 pa+n、pa-n、pa++、++pa、pa--、--pa 运算都是合法的。

指针变量加或减一个整数 n 的意义是把指针指向的当前位置(指向某数组元素)向前或向后移动 n 个位置。应该注意,数组指针变量向前或向后移动一个位置和地址加 1 或减 1 在概念上是不同的。因为数组可以有不同的类型,各种类型的数组元素所占的字节长度是不同的。如指针变量加 1,即向后移动 1 个位置表示指针变量指向下一个数据元素的首地址,而不是在原地址基础上加 1。

例如:

```
int a[5],*pa;
pa=a;                //pa 指向数组 a,即指向 a[0]
pa=pa+2;             //pa 指向 a[2],即 pa 的值为 &pa[2]
```

指针变量的加减运算只能对数组指针变量进行,对指向其他类型变量的指针变量作加减运算是毫无意义的。另外,只有指向同一数组的两个指针变量之间才能进行运算,否则运算毫无意义。

两指针变量相减所得之差是两个指针所指数组元素之间相差的元素个数。实际上是两个指针值(地址)相减之差再除以该数组元素的长度(字节数)。例如,pf1 和 pf2 是指向同一浮点数组的两个指针变量,设 pf1 的值为 2010H,pf2 的值为 2000H,而浮点数组每个元素占 4 个字节,所以 pf1-pf2 的结果为(2000H-2010H)/4=4,表示 pf1 和 pf2 之间相差 4 个元素。两个指针变量不能进行加法运算,例如:pf1+pf2 毫无实际意义。

指向同一数组的两指针变量进行关系运算可表示它们所指数组元素之间的关系。

例如:

```
pf1==pf2        表示 pf1 和 pf2 指向同一数组元素
pf1>pf2         表示 pf1 处于高地址位置
pf1<pf2         表示 pf2 处于低地址位置
```

指针变量还可以与 0 比较。设 p 为指针变量,则 p==0 表明 p 是空指针,它不指向任何变量;p!=0 表示 p 不是空指针。

空指针是由对指针变量赋予 0 值而得到的,对指针变量赋 0 值和不赋值是不同的。指针变量未赋值时,可以是任意值,是不能使用的,否则将造成意外错误。而指针变量赋 0 值后,则可以使用,只是它不指向具体的变量而已。

7.3 指向数组元素和指向字符串的指针

7.3.1 指向数组元素的指针

使用指向数组的指针引用数组元素,在大批量处理数据时,可提高程序的执行速度,引用数组元素有以下三种形式。

(1) 用数组元素的下标引用数组元素,如"a[5]"。

(2) 利用数组名表达式的值是数组首元素指针的约定,以指针表达式引用表达式所指的元素,如"*(a+i)",表示引用元素 a[i]。

(3) 利用指向数组元素的指针变量,用它构成指向数组元素的指针表达式,并用该表达式引用数组元素,如"*(p+i)"或"p[i]",若指针变量 p 开始指向数组 a,即其首地址 a[0],则"*(p+i)"或"p[i]"表示引用元素 a[i]。

【例 7.2】 下面是一个说明引用数组元素各种不同方法的示意程序。

```
#include <stdio.h>
void main()
```

```
{   int j,*p;
    int a[]={1,2,3,4};
    for(j=0;j<4;j++){ printf("a[%d]\t=%d\t",j,a[j]); }
      printf("\n");
    for(p=a;p<=&a[3];p++){ printf("*p\t=%d\t",*p); }
      printf("\n");
    for(p=a,j=0;p+j<a+4;j++){ printf("*(p+%d)\t=%d\t",j,*(p+j)); }
      printf("\n");
    for(p=a+3,j=3;j>=0;j--){ printf("p[-%d]\t=%d\t",j,p[-j]); }
}
```

程序运行结果如图 7-3 所示。

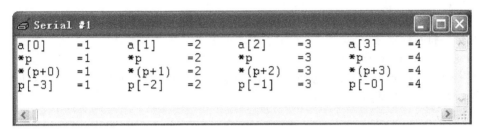

图 7-3　程序运行结果

这里要强调指出用数组名 a 表达数组元素指针与用指向数组元素的指针 p 来表达数组元素的指针,在实际应用上的区别:p 是变量,其值可改变,如 p++;而表达式数组名 a 只代表数组 a 的首元素的指针,它是不可改变的,程序只能把它作为常量使用。

以上例子说明在 C 语言中,当指针指向数组元素时,程序利用指针引用数组元素比用数组名和下标引用数组元素在表达形式上更多样和更灵活。

7.3.2　指向字符串的指针

字符串指针就是指向字符串某字符的字符指针,因字符串存储于字符数组中,所以字符串指针也就是指向数组元素的指针。因字符串在其有效字符之后有字符串结束符,具体编写字符串处理程序时会有许多技巧。

在程序中引入的字符串常量有两种方法进行存储:一是把字符串常量存放在一个字符数组中。

例如:
    char s[ ]="I am a string.";

数组 s 共有 15 个元素,其中 s[14] 为 '\0' 字符。对于这种情况,编译程序根据字符串常量所需的字节数为字符数组分配存储单元,并把字符串复写到数组中,即对数组初始化。程序可以通过引用数组元素的方法访问字符串中的各字符,并能修改字符串。

另一种方法是将字符串常量与程序中出现的其他常量一起存放在常量存储区中,程序为了能访问存于常量存储区中的字符串常量,可用一个字符指针指向它的第一个字符。

例如:
    char *cp1,*cp2="I am a string";   //cp2 指向 'I'
    cp1="Another string";   //cp1 指向 'A'

当字符串常量出现在表达式中时,系统将字符串常量放入常量存储区,而把表达式转换成该字符串常量存储单元的第一个字符的字符指针。对于这种情况,不能通过指针变量修改存于常量区中的字符串常量。

对于用于字符串处理的库函数,程序可以用字符串常量或指向某字符串的指针调用这些库函数。如调用库函数 strlen() 求一字符串常量的长度:

```
strlen("I am a string.")    //函数调用的结果是 14
printf("%s\n",s);           //s 是一个存有字符串的字符数组
printf("%s\n",cp);          //cp 是一个指向某字符串的字符指针变量
```

当指针指向字符串中的字符时,用指针引用字符串中的字符比用下标引用字符串中字符,程序代码会编写得更灵活和简洁。

例如,将一个已知字符串复制到一个字符数组,设 from 为已知字符串的首字符指针,to 为存储复制字符串的字符数组首元素的指针。若用下标引用数组元素标记法,完成复制的代码可写成:

```
k=0;
while((to[k]=from[k])!='\0'){ k++; }
```

如采用字符指针描述有:

```
while((*to++=*from++)!='\0');
```

由于字符串结束符\0 的值为 0,上述测试当前复制字符不是字符串结束符的代码中,"! = '\0'" 是多余的,字符串复制更简洁的写法是:

```
while(*to++=*from++);
```

◀ 7.4　数组、函数的指针 ▶

7.4.1　数组的指针

一个数组的数组名可表示数组中第一个元素的首地址。数组中每个元素都有确定的地址,指针变量是存放地址的变量,因而可以将数组名或数组元素的地址赋给指针变量,通过引用指针变量来引用数组和数组元素。

1. 一维数组和指针

一维数组中,第一个元素的地址,即该数组中的起始地址。因此,可以用数组名方式,通过指向运算符"*"引用数组元素,也可以将指针变量指向一维数组,通过指针变量引用数值元素。

例如:

```
int a[10],*p;    //定义 a 数组和指针变量 p
p=a;             //a 数组首地址指向 p
```

以上语句,定义了数组 a 和指针变量 p,p 为指向整型变量的指针变量,p=a 表示把数组的首地址(即 &a[0])赋予指针变量 p,称为 p 指向一维数组的元素 a[0]。

【例 7.3】 用不同的方法输出数组 a 中的元素。

```
main()
{ int a[10]={0,1,2,3,4,5,6,7,8,9},*p,i;
  p=a;
  for(i=0;i<=9;i++)
  printf("%d ",a[i]); printf("\n");
  for(i=0;i<=9;i++)
  printf("%d ",*(a+i)); printf("\n");
  for(i=0;i<=9;i++)
```

```
        printf("%d ",*(p+i)); printf("\n");
    for(i=0;i<=9;i++)
        printf("%d ",p[i]); printf("\n");
}
```

程序运行结果如图 7-4 所示。

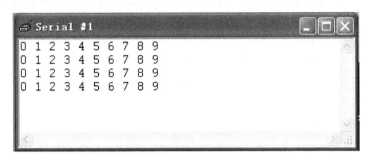

图 7-4　程序运行结果

分析如下。

(1) 首先定义 a 数组，该数组有 10 个元素：a[0]，a[1]，a[2]，…，a[9]，它们均为整型类型。将数组初始化，如图 7-5 所示。

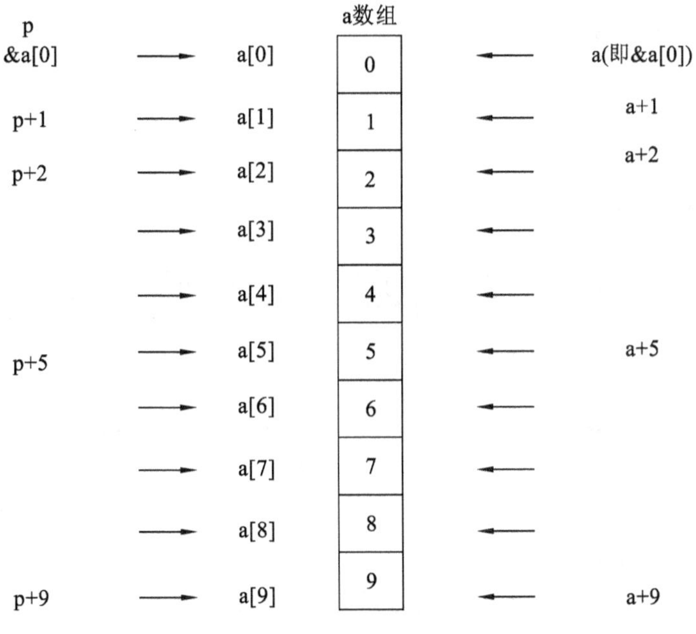

图 7-5　指向一维数组的指针变量

(2) 定义 p 为指向整形类型的指针变量 a，如图 7-5 所示。

必须强调，数组名 a 表示该数组起始地址，即 &a[0]，它是一个常量，是不能改变的，而指针变量指向一维数组，它的值也是 &a[0]，但 p 是变量，它的值是可以改变的。

在 p 指向一维数组（即 p=&a[0]）之后，表示一维数组各元素地址的方式如下：

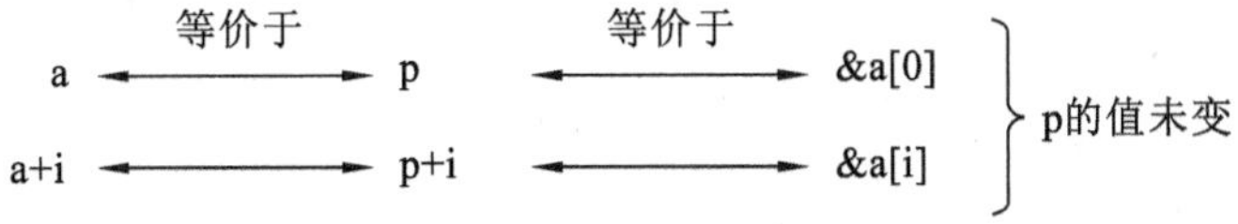

由上式推出表示一维数组元素的方法：

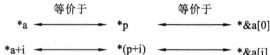

引进 p=a 后，可以 p[i]表示 p 所指向的第 i 个数组元素 a[i]，所以一维数组元素有四种表示方法：

a[i]　　＊(a+i)　　＊(p+i)　　p[i]

(3) 第一个 for 语句通过 a[i]引用数组元素。

(4) 第二个 for 语句通过 ＊(a+i)引用数组元素。

(5) 第三个 for 语句通过 ＊(p+i)引用数组元素。

(6) 第四个 for 语句通过 p[i]引用数组元素。

应当说明：以上通过指针变量 p 引用数组元素，p 的值是固定的，只是在通过改变 i 的值引用不同的数组元素。

下面举例说明通过改变指针变量的值来引用数组元素。

【例 7.4】 通过改变指针变量的值来引用数组元素。

```
main()
{ int a[10],*p= a,i;
  for (i=0;i<=9;i++)
    scanf ("%d",p++);
  p=a;                    //恢复指向 a[0]
  for (i=0;i<=9;i++)
    printf ("%4d",*p++);
}
```

程序运行结果如图 7-6 所示。

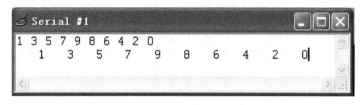

图 7-6　程序运行结果

说明如下。

(1) 首先定义 a 数组和指针变量 p，且 p 指向数组元素 a[0]。

(2) 在 scanf 输入语句中，通过改变指针变量 p 的值移动 p。p 依次递增 1 时，使 p 依次指向各个元素，并通过键盘赋初值。循环结束后，p 指向数组元素 a[9]的下一个单元。

(3) 通过 p＝a 又恢复 p 指向 &a[0]。

(4) 第二个 for 循环语句中，printf 输出语句通过执行 ＊p＋＋语句，即首先输出 ＊p 的值(p 所指向的数组元素)，然后使 p 的值增加 1，使 p 指向下一个数组元素，反复循环 10 次，完成数组元素的输出。

【例 7.5】 用指向数组的指针实现从键盘上输入 10 个整型数，找出其中最小并显示出来。

```
#include "stdio.h"
main()
{ int a[10],i,min;
```

```
    int *p;
    p=a;
    for (i=0;i<10;i++)
      scanf ("%d",p+i);
    min= *p;
    for (i=0;i<10;i++)
      if (min>*(p+i))
        min=*(p+i);
    printf ("min=%d",min);
}
```
程序运行结果如图 7-7 所示。

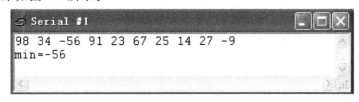

图 7-7　程序运行结果

2．二维数组和指针

前已述及,利用指针可指向一维数组,并可以通指针引用数值元素。利用指针也可以指向多维数组,本节就主要介绍利用指针指向二维数组。利用指针引用二维数组元素,比引用一维数组元素复杂,有些表示方法较难理解,为了更好地理解指向二维数组的指针,更好地通过指针引用二维数组元素,必须进一步搞清楚二维数组的地址及元素的关系和表示方法。

下面举例说明。

设二维数组为：

int a[3][4]={{1,2,3,4}{5,6,7,8}{9,10,11,12}};

数组名为 a,它有 3 行、4 列共计 12 个元素：

0 行:a[0][0]　a[0][1]　a[0][2]　a[0][3]

1 行:a[1][0]　a[1][1]　a[1][2]　a[1][3]

2 行:a[2][0]　a[2][1]　a[2][2]　a[2][3]

经初始化后,如图 7-8 所示。

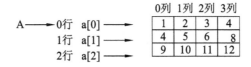

图 7-8　二维数组列表

第 0 行中,各数组元素中均含有 a[0],因此,可以认为第 0 行是数组名为 a[0]的一维数组；第 1 行,各数组元素中均含有 a[1],因此,可以认为第 1 行是数组名为 a[1]的一维数组；第 2 行,各数组元素中均含有 a[2],因此,可以认为第 2 行是数组名为 a[2]的一维数组；a[0]、a[1]、a[2]又可以认为是数组名为 a 的一维数组,这个一维数组含有 3 个数组元素。这就把二维数组 a[3][4]分解为 3 个一维数组,数组名分别为：a[0],a[1],a[2],可以用一维数组的方法来处理复杂的二维数组。

必须强调的是,a 数组包含 3 个一维数组名作为数组元素,故 a+i 必须为第 i 行的地址,即

a[i]的起始地址,而数组名 a[0]、a[1]、a[2]分别指向第 0 行、第 1 行、第 2 行的首地址(即行第 0 列地址),故 a[0]+j 必须为第 0 行第 j 列的地址,可以推出 a[i]+j 必须为第 i 行第 j 列元素的地址。

由于 a[i]被看做一维数组名,表示一维数组第一个元素的地址,因此设 i=0,则有:

$$a+0 \longleftrightarrow \&a[0] \longleftrightarrow \&a[0][0]$$
$$*(a+0) \longleftrightarrow a[0] \longleftrightarrow \&a[0][0]$$

由此可以推出:

$$a \longleftrightarrow *(a+0)$$
$$a+i \longleftrightarrow *(a+i)$$

所以,在二维数组中:

$$a+i=a[i]=*(a+i)=\&a[i]=\&a[i][0]$$

它们都是表示地址,且地址是相等的。只是 a 用于指向行、a[i]用于指向列,a[i]表示第 i 行第 0 列元素的地址。

a+i 指向第 i 行,即第 i 行首地址。*(a+i)指向第 i 行第 0 列元素。a[i]+j 表示第 i 行第 j 列元素地址,如表 7-2 所示。

表 7-2　第 i 行第 j 列元素地址及其元素值

第 i 行第 j 列元素地址	第 i 行第 j 列元素值
a[i]+j	*(a[i]+j)
*(a+i)+j	*(*(a+i)+j)
&a[i][j]	a[i][j]

下面举例说明用指针变量指向二维数组及其元素。

【例 7.6】　用指针变量输出二维数组元素的值。

```
main()
{ char a[3][4]={'A','B','C','D','E','F','G','H','I','J','K','L'};
  char *p;                //定义 p 为指向字符型的指针变量
  p=a[0];                 //p 指向 a[0]的首地址,即指向 a[0][0]
  for(;p<a[0]+12;p++)
    { if ((p-a[0])%4==0) printf("\n");
      printf("%4c",*p);
    }
}
```

运行结果:A　B　C　D
　　　　　E　F　G　H
　　　　　I　J　K　L

程序运行结果如图 7-9 所示。

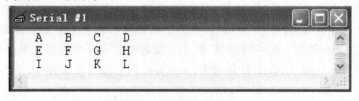

图 7-9　程序运行结果

说明如下。

(1) p 是一个指向字符型变量的指针变量,p=a[0]表示 p 指向 a[0][0],二维数组各行列元素是按序存储的,因此若执行 p++,必使 p 指向下一个数组元素。

(2) a[0]表示第 0 行元素首地址,a[0]+11 则表示该二维数组 a[3][4]中最后一个元素的地址,即最后一个元素 a[2][3]的地址。

【例 7.7】 用指针变量指向由 m 个整数组成的一维数组并输出任一行任一列元素的值。

```
main()
{ static  int  a[3][4]={1,2,3,4,5,6,7,8,9,10,11,12};
  int (*p)[4],i,j;    //定义 p 为指向包含 4 个元素的一维数组的指针变量
  p=a;
  printf("Please input i,j\n");
  scanf ("%d%d",&i,&j);
  printf ("a[%d][%d]=%d\n",i,j,*(*(p+i)+j));
}
```

程序运行结果如图 7-10 所示。

```
Serial #1
Please input i,j
2
3
a[2][3]=12
```

图 7-10　程序运行结果

说明如下。

(1) int(*p)[4]定义 p 为指针变量,它指向包含 4 个元素的一维数组,也即指向二维数组 a 的各行。

(2) 由于 p 定义为指向行,给 p 赋值时不能为

p=a[0];

而应为

p=a;

此时,p 指向第 0 行,p+i 则指向第 i 行,而不是第 i 列元素,*(p+i)+j 指向第 i 行 j 列元素地址。
行指针变量=2 维数组名|行指针变量,本程序中为 p=a 即行指针变量=2 维数组名。

(3) (*p)[4]不能误写成*p[4]。

(4) 由键盘输入二维数组元素的行、列下标 i,j,则数组元素表示为*(*(p+i)+j),不可以写成*(*(p+i+j))。

【例 7.8】 将二维数组 a 的各行中前两个数组元素的值求和并输出。

```
main()
{ int a[3][4]={1,3,5,7,9,11,13,15,17,19,21,23};
  int (*p)[4]=a,i,j,k=0;
  for(i=0;i<3;i++)
    for(j=0;j<2;j++)
      K+= *(*(p+i)+j);
  printf("%d\n",k);
```

}

程序运行结果如图 7-11 所示。

图 7-11　程序运行结果

3. 指针和字符串

前已述及，C 语言中没有专门存放字符串的变量，一个字符串可以存放在一个字符数组中，数组名表示该字符串第一个字符存放的地址。也可以将字符串的首地址赋给一个字符型指针变量，该指针变量便指向这个字符串，或者说，指针变量可以指向任一个字符串的首地址。

例如：

```
char*str;
str="I Love China";
```

这里 str 被定义为指向字符型的指针变量，然后，将字符串"I Love China"的首地址赋给指针变量 str，通过指针变量名也可以输出一个字符串。

【例 7.9】　用字符型数组处理字符串。

```
main()
{ int  i;
  static  char  str[]="I Love China";
  printf("%s\n",str);
  for(i=0;str[i]!='\0';i++)
    printf("%c",str[i]);
  printf("\n");
  printf("%s\n",str+7);
}
```

程序运行结果如图 7-12 所示。

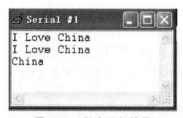

图 7-12　程序运行结果

【例 7.10】　用字符指针实现上述运行结果。

```
main()
{ char  *str="I Love China",* str1;
  int  i;
  str1=str;                    //str1 指向字符串
  printf("%s\n",str1);         //输出 str 所指向的字符串
  for(;str[i]!='\0';)
    printf("%c",*(str++));
```

```
      printf("\n");
      str1+=7;
      printf("%s\n",str1);
   }
```
程序运行结果如图 7-13 所示。

图 7-13　程序运行结果

说明如下。

(1) 首先定义指针变量 str,并使其指向字符串"I Love China"的首地址,即 str 指向"I"。

(2) 在 for 循环语句中,循环体 printf 中的 * str++的作用是先执行 * str,输出 str 所指向的当前字符,然后移动指针 str,使其指向下一个字符。

(3) str1 也指向字符串,指向"str1+=7;"后使 str1 指向字符"C",故最后一行 printf 语句应输出字符串"China"。

【例 7.11】　用数组实现将字符串 a 复制到字符串 b。

```
   main()
   { char a[]="I Love China",b[20];
      int i=0;
      for(;*(a+i)!='\0';i++)
        *(b+i)=*(a+i);
      *(b+i)='\0';
      prinf("string a is:%s\n",a);
      prinf("string b is:%s\n",b);
   }
```
程序运行结果如图 7-14 所示。

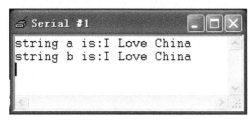

图 7-14　程序运行结果

【例 7.12】　用指针变量处理上例的问题

```
   main()
   {char a[]="I Love China",*p1,*p2,b[20];
   p1=a; p2=b;
   for(;*p1!='\0';p1++,p2++)
   *p2=*p1;
   *p2='\0';
```

```
    printf ("string a is:%s\n",a);
    printf ("string b is:%s\n",b);
    printf ("\n");
}
```
程序运行结果如图 7-15 所示。

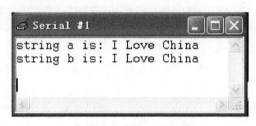

图 7-15　程序运行结果

说明如下。

(1) p1、p2 为指向字符型数组数据的指针变量,执行"p1=a,p2=b;"后,p1、p2 分别指向 a 数组和 b 数组。

(2) 在 for 循环语句中,通过执行*p2=*p1,将 a 数组中的第一个元素 a[0]的内容字符"I"赋给 b 数组的第一个元素 b[0]。

(3) 然后,执行"p1++,p2++",使 p1、p2 指向下一个元素,直到*p1 的值为"\0"为止,从而完成将 a 数组中的字符串复制到 b 数组中。

4. 指针数组的指针作为函数参数

数组名作为函数参数,实现函数间地址的传递。指向数组的指针也可以作为函数参数,数组名和指针都是地址,在作为函数参数时有以下几种情况。

必须强调的是,在实参向形参传递中,应保证其类型的一致性,也就是说实参表示为 in 型变量的地址,形参也必须定义为 int 型变量的地址;实参表示为字符型的数组名,形参也必须定义为字符型数组,或字符型指针变量。

【例 7.13】　用选择法对 10 个整数排序。

```
    void sort(int x[],int n)
    { int i,j,k,t;
      for(i=0;i<n-1;i++)
        { k=i;
          for(j=i+1;j<n;j++)
            if(x[j]>x[k]) k=j;
          if(k!=i)
            {t=x[i];x[i]=x[k];x[k]=t;}
        }
    }

    main()
    { int a[10],*p= a,i;
```

```
    printf("Please input 10 numbers.\n");
      for(i=0;i<10;i++)
        scanf("%d",p++);
        p=a;                    //恢复指针指向a[0]
      sort(p,10);
      for(i=0;i<10;i++)
        printf("%d ",*(p++));
    }
```
程序运行结果如图 7-16 所示。

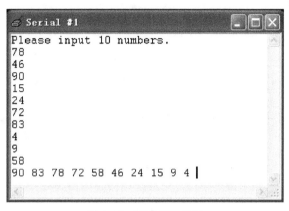

图 7-16 程序运行结果

说明如下。

在 main()函数中,通过 sort(p,10)调用 sort 函数,实参为指向 int 型的指针变量 p 和整型数据 10,形参为 int 的数组名 x 和整型变量 n,如图 7-17 所示。

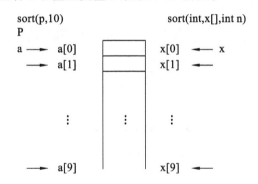

图 7-17 指针变量 p 向数组名 x 传递示意图

【例 7.14】 将数组中的数据逆序输出,假定 a 数组中有 8 个元素,如图 7-18 所示。

1	2	3	4	5	6	7	8
a[0]	a[1]	a[2]	a[3]	a[4]	a[5]	a[6]	a[7]

图 7-18 数组正序存放情况

经逆序存放后,如图 7-19 所示。

8	7	6	5	4	3	2	1
a[0]	a[1]	a[2]	a[3]	a[4]	a[5]	a[6]	a[7]

图 7-19 数组逆序存放情况

程序如下：
```c
#include "stdio.h"
#define NUM 8
void invert(int *,int);      //函数说明
void priout(int *,int);      //函数说明

main()
{ int a[NUM]={1,2,3,4,5,6,7,8};
  priout(a,NUM);             //输出原始数据
  invert(a,NUM);             //调用逆序函数
  priout(a,NUM);             //输出逆序后的数据
}

void priout(int s[],int n)
{ int i;
  for(i=0;i<n;i++)   printf("%3d",s[i]);
  printf("\n");
}

void invert(int *a,int n)
{ int i,j,t;
  i=0; j=n-1;
  while(i<j)
    {t=a[i];a[i]=a[j];a[j]=t;i++;j--;}
}
```
程序运行结果如图 7-20 所示。

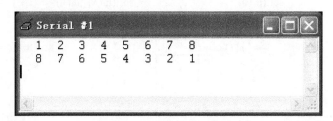

图 7-20　程序运行结果

7.4.2　函数的指针

指针变量可以指向变量、字符串、数组，也可以指向一个函数。一个函数在编译时被分配给一个入口地址，这个入口地址称为函数的指针。可以定义一个指向函数的指针变量，将函数的入口地址赋予指针变量，然后通过指针变量调用此函数。

指向函数的指针变量定义形式为：

　　　　　　　类型标识符　(*指针变量名)()；
　　　　　　　　↑
　　　　　函数返回值的类型

例如：
```
int (*p)();
```
说明如下。

表示定义了一个指向函数的指针变量，它专门用来存放函数的入口地址。在给指针变量赋值时，只需要给出函数名而不必给出参数。

【例 7.15】 求 a 和 b 中的最大值。

```
main()
{ int max(int,int);
  int (*p)(int,int);      //说明 p 是一个指向函数的指针变量
  int a,b,c;
  p=max;                  //max 函数首地址赋予 p
  printf("Please input 2 number:a,b\n");
  scanf("%d,%d",&a,&b);
  c=(*p)(a,b);            //调用 max 函数,实参为 a、b
  printf("a=%d,b=%d,max=%d",a,b,c);
}

max(int x,int y)
{ int z;
  if(x>x) z=x;
  else z=y;
  return(z);
}
```

程序运行结果如图 7-21 所示。

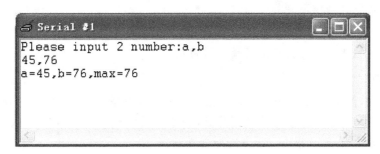

图 7-21　程序运行结果

说明如下。

(1) p=max 作用是将函数 max 的入口地址赋给指针变量 p。

(2) 通过语句"c=(*p)(a,b);"调用 max 函数，它等价于"c=max(a,b);"。

(3) 指针变量 p 只能指向函数的入口处，因此不能对 p 作为 p++、*(p++)等运算。

7.4.3　数组、函数、指针综合应用

【例 7.16】 设计函数 slength(char * s)，用于求返回指针 s 所指向的字符串的长度。

```
slength(char *s)
{ int n=0;
  while(*(s+n)!='\0')  n++
```

```
        return(n);
    }

main()
{ char str[]="abcdefg";
  int l;
  l=slength(str);
  printf("l=%d\n",l);
}
```

程序运行结果如图 7-22 所示。

图 7-22 程序运行结果

7.5 实 践 七

1. 实践任务

(1) 会使用指针变量。

(2) 学会用指针作为函数参数。

2. 实践设备

装有 keil C51 uvision3 集成开发环境的计算机。

3. 实践步骤

(1) 编辑程序，要求有三个整数 x、y、z，设置三个指针变量 p1、p2、p3，分别指向 x、y、z。然后通过指针变量使 x、y、z 三个变量交换顺序，即原来 x 的值给 y，把 y 的值给 z，z 的值给 x。x、y、z 的原值由键盘输入，要求输出 x、y、z 的原值和新值。

参考程序：
```
main()
{  int x,y,z,t ;
   int *p1,*p2,*p3;
   printf("Please input 3 numbers:");
   scanf("%d,%d,%d",&x,&y,&z);
   p1=&x;
   p2=&y;
   p3=&z;
   printf("old values are :\n");
   printf("%d%d%d\n",x,y,z);
   t= *p3;
   *p3= *p2;
```

```
        *p2= *p1;
        *p1=t;
         printf("new valies are:\n");
         printf("%d%d%d \n",x,y,z);
     }
```

第 6～8 行为什么不写成:*p1＝&x;*p2＝&y;*p3＝&z;而第 11～14 行不写成:t＝p3; p3＝p2;p2＝p1;p1＝t;?

(2) 有一个 3×4 的矩阵,矩阵元素为:

$$\begin{matrix} 2 & 4 & 6 & 8 \\ 1 & 3 & 5 & 7 \\ 10 & 11 & 12 & 13 \end{matrix}$$

编写一程序实现矩阵的转置,下面给出利用指针变量实现矩阵转置的程序段可做参考。

```
move(p1)
{ int *p1;  int i,j,t;
   for(i=0;i<3;i++){
     for(j=i;j<4;j++){
       t= *(p1+3 *i+j);
       *(p1+3*i+j)= *(p1+3*j+i);
       (p1+3*j+i)=t;
     }
   }
}
```

(3) 先分析下面程序输出什么结果,为什么? 再上机验证。

```
main()
{ int i=10,j=20,*pi=&i,*pj=&j;
   float x=30,y=40,*px=&x,*py=&x,
   unsigned m=pi-qj,n=py-px,k=&py-&px;
   printf("i=%d,j=%d\n*pi=%d,*pj=%d\n",i,j,*pi,*pj);
   printf("&u=%u,pi=%u,&j=%u,pj=&u\n",&i,&pi,&j,&pj);
   printf("x=%f,y=%y;*px=%f,*py=%f\n",x,y,*px,*py);
   printf("&x=%u,px=%u,&y=%u,py=%u\n"&x,px &y,py,);
   printf("&pi=%u,&py=%u;&px=%u,&py=%u\n",&pi,&pj,&px,&py);
   printf("pi+1=%u,pj-1=%u\n",pi+1,pj-1);
   printf("pi-pj=%u,py-px=%u,&py-&px=%u",m,n,k);
}
```

概念提示如下。

(1) 指针就是地址。指针变量是存放另一个变量的地址的变量,不要把指针和指针变量两个概念混淆。

(2) 定义指针变量后,一定要给指针变量赋初值,使用没有初始代的指针是非常危险的。

(3) 指针变量作函数形参,可以接受来自实参的值(地址)。

指针变量的定义归纳如表 7-3 所示(为便于比较,把其他一些类型的定义也列在一起)。

表 7-3　指针含义及运算

定　义	含　义
int i;	定义整形变量 i
int *p;	p 为指向整形数据的指针变量
int a[n];	定义整形数组 a，它有 n 个元素
int *p[n];	定义指针数组 p，它由 n 个指向整形数据的指针元素组成
int (*p)[n];	p 为指向含 n 个元素的一维数组的指针变量
int f();	f 为返回整形函数值的函数
int *p();	p 为返回一个指针的函数，该指针指向整形数据
int (*)p();	p 为指向函数的指针，该函数返回一个整型值
int **p	p 为一个指针变量，它指向一个指向整形数据的指针变量

成绩评定

小题分值	1(40 分)	2(30 分)	3(30 分)	总分
小题得分				

习　题　7

7-1　输入一行文字，找出其中大写字母、小写字母、数字、空格和其他字符各有多少。

7-2　利用函数指针的方法，设计出求两个数的和、差、乘积和商的四个函数。

7-3　已知一个函数的功能是实现两个数据之间的交换，设计一个主函数能输入三个数，调用数据交换函数，使输入的三个数按由大到小的顺序输出。

第 8 章
结构、联合和枚举

为了更有效地处理更复杂的数据，C 语言引入了构造类型的数据类型。构造类型就是将一批各种类型的数据放在一起形成一种特殊类型的数据。之前讨论过的数组也算是一种构造类型的数据，单片机 C 语言中的构造类型还有结构、枚举和联合。

8.1 结 构

在实际问题中,一组数据往往具有不同的数据类型。例如,在学生登记表中,姓名应为字符型;学号可为整型或字符型;年龄应为整型;性别应为字符型;成绩可为整型或实型。显然不能用一个数组来存放这一组数据。因为数组中各元素的类型和长度都必须一致,以便于编译系统处理。为了解决这个问题,C 语言中给出了另一种构造数据类型——结构。

8.1.1 结构的定义

定义一个结构的一般形式为:

```
struct 结构名
{   类型说明符 成员名1;
    类型说明符 成员名1;
    ……
};
```

例如:

```
struct stu
{   int num;
    char name[20];
    char sex;
    float score;
};
```

在这个结构定义中,结构名为 stu,该结构由四个成员组成。第一个成员为 num,整型变量;第二个成员为 name,字符数组;第三个成员为 sex,字符变量;第四个成员为 score,实型变量。

应注意的是,在括号后的分号是不可少的。结构定义之后,即可进行变量说明,凡说明为结构 stu 的变量都由上述四个成员组成。由此可见,结构是一种复杂的数据类型,是数目固定,类型不同的若干有序变量的集合。

8.1.2 结构类型变量的说明

说明结构变量有以下三种方法,以上面定义的 stu 为例来加以说明。
(1) 先定义结构,再说明结构变量,下面说明了两个 stu 结构类型变量 boy1 和 boy2:

```
struct stu
{   int num;
    char name[20];
    char sex;
    float score;
};
struct stu boy1,boy2;
```

(2) 在定义结构类型的同时说明结构变量:

```
struct stu
{   int num;
    char name[20];
    char sex;
```

```
    float score;
  }boy1,boy2;
```
(3) 直接说明结构变量:
```
  struct
  {  int num;
     char name[20];
     char sex;
     float score;
  }boy1,boy2;
```
第三种方法与第二种方法的区别在于第三种方法中省去了结构名,而直接给出结构变量。

8.1.3 结构类型变量的赋值和使用

一般对结构变量的使用,包括赋值、输入、输出、运算等都是通过结构变量的成员来实现的,表示结构变量成员的一般形式是:

结构变量名.成员名

例如,boy1.num 即第一个人的学号,boy2.sex 即第二个人的性别,如果成员本身又是一个结构,则必须逐级找到最低级的成员才能使用。

结构变量的赋值就是给各成员赋值,和普通变量一样使用。

【例 8.1】 给结构变量赋值并输出其值。
```
main()
{  struct stu
   {  int num;
      char *name;
      char sex;
      float score;
   }boy1,boy2;

   boy1.num=102;
   boy1.name="Zhang ping";
   printf("input sex and score\n");
   scanf("%c %f",&boy1.sex,&boy1.score);
   boy2=boy1;
   printf("Number=%d\nName=%s\n",boy2.num,boy2.name);
   printf("Sex=%c\nScore=%f\n",boy2.sex,boy2.score);
}
```
程序运行结果如图 8-1 所示。

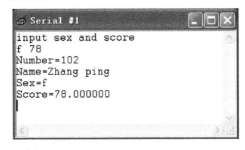

图 8-1 程序运行结果

8.2 联 合

在实际问题中有很多这样的例子。例如,在学校的教师和学生中填写以下表格:姓名、年龄、职业、单位,"职业"一项可分为"教师"和"学生"两类。对"单位"一项学生应填入班级编号,教师应填入某系某教研室。班级可用整型量表示,教研室只能用字符类型。要求把这两种类型不同的数据都填入"单位"这个变量中,就必须把"单位"定义为包含整型和字符型数组这两种类型的"联合"。

"联合"与"结构"有一些相似之处,但两者有本质上的不同。在结构中各成员有各自的内存空间,一个结构变量的总长度是各成员长度之和。而在"联合"中,各成员共享一段内存空间,一个联合变量的长度等于各成员中最长的长度。

应该说明的是,这里所谓的共享不是指把多个成员同时装入一个联合变量内,而是指该联合变量可被赋予任一成员值,但每次只能赋一种值,赋入新值则冲去旧值。如前面介绍的"单位"变量,如定义为一个可装入"班级"或"教研室"的联合后,就允许赋予整型值(班级)或字符串(教研室)。要么赋予整型值,要么赋予字符串,不能把两者同时赋予它。

8.2.1 联合的定义

定义一个联合类型的一般形式为:

union 联合名
{   类型说明符 成员名1;
    类型说明符 成员名2;
    ……
};

例如:

```
union perdata
{   int class;
    char office[10];
};
```

定义了一个名为 perdata 的联合类型,它含有两个成员,一个为整型,成员名为 class;另一个为字符数组,数组名为 office。联合定义之后,即可进行联合变量说明,被说明为 perdata 类型的变量,可以存放整型量 class 或存放字符数组 office。

8.2.2 联合变量的说明

联合变量的说明和结构变量的说明方式相同,也有三种形式:即先定义,再说明;定义同时说明;直接说明。

以 perdata 类型为例,说明如下:

```
union perdata
{   int class;
    char officae[10];
};
union perdata a,b;              //说明 a,b 为 perdata 类型
```

或者可同时说明为：
```
union perdata
{  int class;
   char office[10];
}a,b;
```
或直接说明为：
```
uunion
{  int class;
   char office[10];
}a,b;
```
经说明后的 a、b 变量均为 perdata 类型，a、b 变量的长度应等于 perdata 的成员中最长的长度，即等于 office 数组的长度，共 10 个字节。a、b 变量如赋予整型值时，只使用了 2 个字节，而赋予字符数组时，可用 10 个字节。

8.2.3 联合变量的赋值和使用

对联合变量的赋值、使用都只能是对变量的成员进行。联合变量的成员表示为：

联合变量名.成员名

例如，a 被说明为 perdata 类型的变量之后，可使用 a.class、a.office，不允许只用联合变量名作赋值或其他操作，也不允许对联合变量作初始化赋值，赋值只能在程序中进行。

还要再强调说明的是，一个联合变量，每次只能赋予一个成员值。换句话说，一个联合变量的值就是联合变员的某一个成员值。

【例 8.2】 设有一个教师与学生通用的表格，教师数据有姓名，年龄，职业，教研室四项，学生有姓名，年龄，职业，班级四项。编程输入人员数据，再以表格输出。

```
main()
{  struct
   {  char name[10];
      int age;
      char job;
      union
      {  int class;
         char office[10];
      } depa;
   }body[2];
   int n,i;
   for(i=0;i<2;i++){
      printf("input name,age,job and department\n");
      scanf("%s %d %c",body[i].name,&body[i].age,&body[i].job);
      if(body[i].job=='s'){ scanf("%d",&body[i].depa.class); }
      else{ scanf("%s",body[i].depa.office); }
   }

   printf("name\tage job class/office\n");
   for(i=0;i<2;i++){
      if(body[i].job=='s'){
```

```
            printf("%s\t%3d %3c %d\n",body[i].name,body[i].age,
                body[i].job,body[i].depa.class);
        }
        else{
            printf("%s\t%3d %3c %s\n",body[i].name,body[i].age,
                body[i].job,body[i].depa.office);
        }
    }
```

程序运行结果如图 8-2 所示。

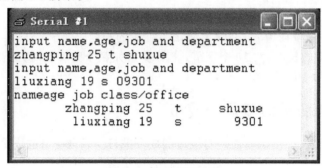

图 8-2　程序运行结果

本例程序用一个结构数组 body 来存放人员数据,该结构共有四个成员,其中成员项 depa 是一个联合类型,这个联合又由两个成员组成,一个为整型量 class,一个为字符数组 office。

8.3　枚　　举

在实际问题中,有些变量的取值被限定在一个有限的范围内。例如,一个星期内只有七天,一年只有十二个月,一个班每周有六门课程等。如果把这些量说明为整型、字符型或其他类型显然是不妥当的。为此,C 语言提供了一种称为"枚举"的类型。

在"枚举"类型的定义中列举出所有可能的取值,被说明为该"枚举"类型的变量取值不能超过定义的范围。应该说明的是,枚举类型是一种基本数据类型,而不是一种构造类型,因为它不能再分解为任何基本类型。

8.3.1　枚举的定义

枚举类型定义的一般形式为:

　　　　　　　　　　enum 枚举名{ 枚举值表 };

在枚举值表中应罗列出所有可用值,这些值也称为枚举元素。
例如:

```
        enum weekday{ sun,mou,tue,wed,thu,fri,sat };
```

该枚举名为 weekday,枚举值共有 7 个,即一周中的七天。凡被说明为 weekday 类型变量的取值只能是七天中的某一天。

8.3.2　枚举变量的说明

如同结构和联合一样,枚举变量也可用不同的方式说明,即先定义后说明,同时定义说明或直接说明。设有变量a,b,c被说明为上述的weekday,可采用下述任一种方式：
```
enum weekday
{
  ……
};
enum weekday a,b,c;
```
或者为：
```
enum weekday
{
  ……
}a,b,c;
```
或者为：
```
enum
{
  ……
}a,b,c;
```

8.3.3 枚举类型变量的赋值和使用

枚举类型在使用中有以下规定。

(1) 枚举值是常量,不是变量,不能在程序中用赋值语句再对它赋值。例如,对枚举weekday的元素再作以下赋值：sun=5;mon=2;sun=mon;都是错误的。

(2) 枚举元素本身由系统定义了一个表示序号的数值,从0开始顺序定义为0,1,2…。如在weekday中,sun值为0,mon值为1,…,sat值为6。

【例8.3】
```
main()
{ enum weekday{ sun,mon,tue,wed,thu,fri,sat } a,b,c;
  a=sun;                    //a=0
  b=mon;                    //b=1
  c=tue;                    //c=2
  printf("a=%d,b=%d,c=%d",a,b,c);
}
```
程序运行结果如图8-3所示。

图8-3　程序运行结果

(3) 只能把枚举值赋予枚举变量,不能把元素的数值直接赋予枚举变量。例如,a=sum;b=mon;是正确的。而a=0;b=1;是错误的。如一定要把数值赋予枚举变量,则必须用强制类型转换,例如,a=(enum weekday)2;其意义是将顺序号为2的枚举元素赋予枚举变量a,相当于a=tue;还应该说明的是枚举元素不是字符常量也不是字符串常量,使用时不要加单、双引号。

习 题 8

8-1 定义一结构体变量,用它表示点坐标,并输入两点坐标,求两点之间的距离。

8-2 设计一个子程序,将一链表倒序,使链表表尾变表头,表头变表尾。

8-3 设计一个程序用于解决约瑟夫问题:设有 9 个人坐在圆桌周围,从第 4 个人开始报数,报到第 2 个人出列,然后从下一个人开始报数,报到第 2 个人又出列,如此循环找到最后留在圈子中的人,并依次输出每个出列人的信息。

第 9 章
键盘、数码管和点阵屏

键盘、数码管和点阵屏是构成单片机最简单人机界面的主要方法。键盘作为输入设备,主要负责向单片机传递信息,可以通过键盘向单片机输入各种指令和数据,数码管和点阵屏作为输出设备,显示单片机内的各种信息。

9.1 键盘、数码管、点阵屏的工作原理和接口方法

9.1.1 键盘的工作原理和接口方法

键盘一般由若干个按键组合成开关矩阵,按照其接线方式的不同,可分为独立式接法和矩阵式接法两种。

1. 独立式接法键盘

如图 9-1 所示,独立式键盘是由若干个机械触点开关构成的,把它与单片机的 I/O 口线连起来,通过读 I/O 口的电平状态,如果按键不被按下,其端口为一种电平,如果按键被按下,则端口就变为另一种电平,即可识别出相应的按键是否被按下。独立式键盘有上拉电平和下拉电平两种接法,我们通常采用下拉电平接法,即各按键开关一端接低电平,另一端接单片机 I/O 口线,并通过一电阻接到 5 V,这是为了保证在按键断开时各 I/O 口线有确定的高电平。

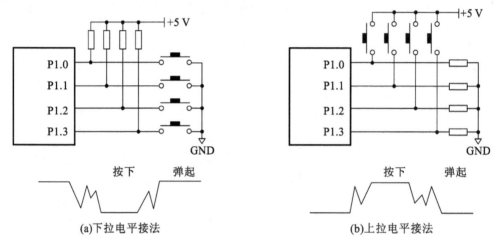

图 9-1 独立式接法键盘

通常用来做键盘的按键有触点式和非触点式两种,单片机中一般是由机械触点构成的,触点式微动开关具有结构简单、使用可靠的优点,但当按下按键或释放按键时,它有一个特点就是会产生抖动,看图 9-1 的按键脉冲波形,这种抖动对于人来说是感觉不到的,但对单片机来说则是完全可以感应到的,因为单片机处理的速度是在微秒级,而机械抖动的时间至少是毫秒级,对计算机而言这已是一个很漫长的过程,很容易产生误动作。

单片机中,去抖动也很简单,就是在单片机获得端口为低电平的信息后,不是立即认定按键已被按下,而是延时 10 ms 或更长一些时间后,再次检测该端口,如果仍为低,说明此键的确被按下了,这实际上是避开了按键按下时的抖动时间;而在检测到按键释放后,端口为高电平时,再延时 5~10 ms 消除后沿的抖动,然后再对按键进行处理。

独立式键盘具有结构简单、编程方便、使用灵活等特点,因此被广泛应用于单片机系统中。

2. 矩阵式接法键盘

当键盘中按键数量较多时,为了减少 I/O 口线的占用,通常将按键排列成矩阵形式,如图 9-2 所示。在矩阵式键盘中,每条水平线和垂直线在交叉处不直接连通,而是通过一个按键加

以连接,这样做可以用 8 个 I/O 口线构成 4×4＝16 个按键,比之独立式接法键盘在相同 I/O 口线的情况下多出了 1 倍,而且线数越多区别就越明显,比如 8×8＝64 键盘,只需 16 个 I/O 口线,独立式接法键盘需 64 个 I/O 口线,由此可见在需要按键数量比较多时,采用矩阵式接法键盘是非常合理的。矩阵式接法键盘也有下拉电平接法和下拉电平接法,常用下拉电平接法。

矩阵式结构的键盘显然比独立式键盘复杂一些,在图 9-2 中,列线 P1.4～P1.7 作为输入端通过电阻接 5 V 电源,行线 P1.0～P1.3 作为输出端输出低电平,与独立式键盘类似,当按键没有被按下时,所有的列线输入端都是高电平代表无键,一旦有键按下则输入线就会被拉低,这样通过读入输入线的状态就可得知是否有键按下了。

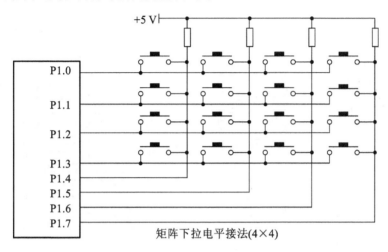

图 9-2 矩阵式接法键盘

确定矩阵式键盘上任何一个键是否被按下,通常采用行扫描法或行反转法,行扫描法又称为逐行或列扫描查询法,它是一种最常用的多按键识别方法。其识别步骤如下。

1) 判断键盘中有无键按下

将全部行线 P0.1～P0.3 置低电平,然后检测列线 P1.4～P1.7 的状态,只要有一列的电平为低,则表示键盘中有键被按下;若所有列线均为高电平,则表示键盘中无键按下。

2) 判断闭合键所在的位置

在确认有键按下后,即可进入确定具体闭合键的过程,其方法是:依次将行线置为低电平,即在置某根行线为低电平时其他线为高电平,当确定某根行线为低电平后,再逐行检测各列线的电平状态,若某列为低则该列线与置为低电平的行线交叉处的按键就是闭合的按键。

3) 去除键抖动

当检测到有键按下后,延时一段时间再做下一次的检测,判断若仍有键按下,表示按键有效,根据按键所在的行值和列值,采用计算法或查表法,将闭合键的行值和列值转换成所定义的键值。另外,为了保证按键每闭合一次,CPU 仅作一次处理,必须去除键释放时的抖动。

9.1.2 数码管、点阵屏的工作原理和接口方法

由发光二极管构成的数码管(LED)和点阵屏,可显示各种数字或符号。由于它们具有显示清晰、亮度高、使用电压低、寿命长、成本低等特点,使用非常广泛。

1. 数码管、点阵屏的工作原理和接口方法

如图 9-3 所示,8 段 LED 数码管由 8 个发光二极管组成,其中 7 个长条形的发光管排列成

一个日字形,另一个圆点形的发光管在数码管的右下角作为显示小数点,用它能显示各种数字及部份英文字母。LED 显示器有两种不同的连接形式:一种是 8 个发光二极管的正极连在一起称之为共阳极接法,另一种是 8 个发光二极管的负极连在一起称之为共阴极接法。

共阳和共阴结构的 LED 数码管各笔划段名的安排位置是相同的,当二极管导通时,相应的笔划段就发亮,由发亮的笔划段组合而显示出各种字符,8 段 DP、G、H、E、D、C、B、A 对应于一个字节 8 位的 D7、D6、D5、D4、D3、D2、D1、D0,于是用 8 位二进制码就可以表示欲显示字符的字形代码。例如,对于共阴 LED 显示器当公共阴极接地零电平,阳极各段为 01110011 时数码管就显示"P"字符,即"P"字符的字形码是 73H;而如果是共阳极 LED 数码管,公共阳极接高电平,显示"P"字符的字形,代码应为 10001100(8Ch)。

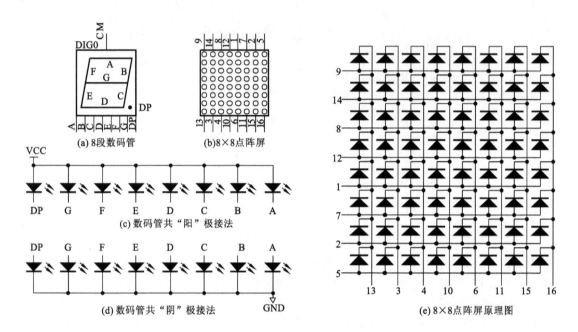

图 9-3　数码管和点阵屏

点阵屏和 LED 数码管的原理是一样的,可用来显示图形,一个 8×8 的点阵屏,相当于 8 个 8 段的数码管,控制更加复杂。

LED 数码管的显示常采用静态显示和动态扫描显示两种方法。由于点阵屏太复杂,只能采用动态扫描显示。

2. 数码管的静态显示方法

静态显示如图 9-4 所示,就是把 LED 的每一段与一个独立的、具有锁存功能 I/O 口线连接起来,而公共端则根据数码管的种类连接到 VCC 或 GND 端,单片机只需把要显示的字形代码发送到接口电路就不用再管它了,直到要显示新的数据时,再发送新的字形码。这种方法当显示位数较多时,单片机中 I/O 口的开销很大,需要提供的 I/O 接口电路也较复杂,但它具有编程简单、显示稳定、CPU 的效率较高的优点,适宜少量的 LED 显示。

3. 数码管的动态显示方法

由于静态显示占用的 I/O 口线较多,特别是点阵屏,CPU 的硬件开销很大,所以为了节省单片机的 I/O 口线,常采用动态扫描方式来作为 LED 的接口电路,在实际的工程应用中,它是使用最为广泛的一种显示方式。如图 9-4 所示,把所有 LED 的 8 个笔划段同名端连在

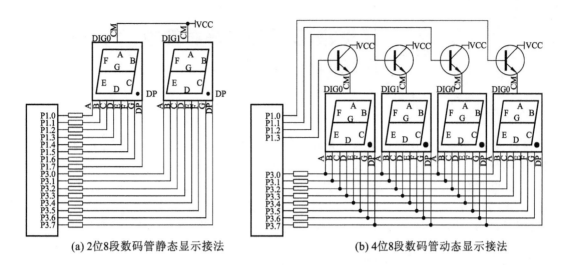

(a) 2位8段数码管静态显示接法　　　　　(b) 4位8段数码管动态显示接法

图 9-4　数码管的静态、动态显示方法

一起,而每一个显示器的公共极 CM 端与各自独立的 I/O 口连接,当 CPU 向字段输出口送出字形码时,所有显示器接收到相同的字形码,但究竟是那个显示器亮则取决于 CM 端,而这一端是由另外的 I/O 口控制的,可以决定何时显示哪一位了。所谓动态扫描就是指我们采用分时的方法,一位一位地轮流控制各个 LED 的 CM 端,使各个显示器每隔一段时间点亮一次。

在轮流点亮的扫描过程中,每位显示器的点亮时间是极为短暂的,约 1 ms 左右,由于人的视觉暂留现象及发光二极管的余辉效应,尽管实际上各位显示器并非同时点亮,但只要扫描的速度足够快,给人的印象就是一组稳定的显示数据,不会有闪烁感。

动态扫描显示必须由 CPU 不断地调用显示程序,才能保证持续不断的显示,与静态扫描相比动态扫描的程序稍微有点复杂,但这是值得的,因为它可以大大节省单片机的 I/O 口线资源,所以在实际的工程应用中几乎都采用动态扫描的方法来进行数码管的显示。

4. 数码管的选择和驱动

数码管是单片机人机界面输出中用的最多也是最简单的显示方式,由于单片机口线的驱动能力是有限的,需恰当选择和驱动数码管。

由于受单片机口线驱动能力的限制,采用静态驱动的方法只能连接小规格的数码管,目前市场上有一种高亮度的数码管,每段工作电流为 2～3 mA,这样当 LED 全亮时工作电流为 10～20 mA,是普通数码管的 1/5,正好能用单片机的口线直接驱动,因此在条件允许的情况下应尽量采用这种 LED 数码管作为显示器件。

如果想用更高亮度或更大尺寸的数码管来作为显示器时,就必须采用适当的驱动电路来实现与单片机的接口,常用的接口元件可以是三极管、集成电路和专用芯片等。

三极管的规格可以根据数码管所需的驱动电流大小进行选择,电流比较小的可以用 9014、8550 等小功率晶体管,电流比较大的则可以用 TIP217 等大功率三极管,而当显示器的位数较多时,一般也会采用集成电路来作接口,此类集成电路有 2003、2803、7406、75452 等,它们的功能其实就是由多路晶体管组成的达林顿电路。

9.2 键盘、数码管和点阵屏集中控制芯片 BC7281B

键盘、数码管和点阵屏是最基本的人机交互设备，其功能也比较固定，国内外厂商开发了许多键盘、数码管、点阵屏专用芯片，这些芯片采用 SPI 总线或 I2C 总线方式与单片机进行通信，具有占用单片机口线少，硬件简单、程序易于实现的特点，比如美信 MAX7219，力源的 PS7219SPI 和 SAA1064I2C；有些芯片还集成了键盘控制器，实现了键盘和显示的双重功能，如比高的 BC7281A/B。作为以后的发展趋势，应尽量使用新芯片，没有必要做简单的重复劳动。

9.2.1 BC7281B 简述

BC7281 系列是 8 位/16 位数码管显示及键盘接口专用控制芯片，BC7281B 是 BC7281A 芯片的升级换代产品，其引脚如图 9-5 所示。通过外接移位寄存器（典型芯片如 74HC164，741HC595 等），BC7281 以动态方式最多可以控制 16 位数码管或 128 只独立的发光二极管。另外，可以连接最多 64 键（8×8）的键盘矩阵，内部具有去抖动功能，使用非常方便。

BC7281 各位可独立按不同的译码方式译码或不译码显示，译码方式显示时小数点不受影响；16 个显示位均可以独立地控制闪烁属性，可以在正常、半亮和关闭之间切换。另外，还有专用于光柱显示的光柱译码方式和段寻址控制方式，控制非常灵活。BC7281 采用高速二线接口与 CPU 进行通信，只占用很少的 I/O 口资源和主机时间。表 9-1 所示为 BC7281 的引脚说明。

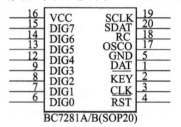

图 9-5 BC7281 引脚图

表 9-1 BC7281(SOP20) 引脚说明

名 称	引 脚 号	说 明
DAT	1	串行通信数据端，双向，漏极开路输出，需外接上拉电阻
KEY	2	键盘有效输出端，按键有效变为低电平，并保持到键值内容被读出
CLK	3	与 CPU 串行通信时钟端，下降沿有效
RST	4	复位端，低电平有效。内部有上电复位电路，可将该脚与 Vcc 直接相连
GND	5	接地端(5 V)
DIG0~DIG7	6~15	位驱动输出端，第 8~15 位与第 0~7 位共用，也是键盘矩阵的"行"
VCC	16	电源输入端(5 V)
OSC0	17	RC 振荡器输出端，一般应悬空
RC	18	外接 RC 振荡器端，连接 RC 电路形成振荡，给内部扫描等电路提供时钟
SCLK	19	外接段驱动用移位寄存器时钟端
SDAT	20	外接段驱动用移位寄存器数据端，输出段驱动数据，低位在前

9.2.2 内部寄存器

BC7281B 内部共有 31 个寄存器如表 9-2 所示，包括 16 个显示寄存器和 15 个特殊（控制）寄存器。所有的控制均通过对这 32 个寄存器的访问完成。

表 9-2 BC7281 内部个寄存器

地址	内容	上电缺省	操作	备注
00H～0FH	第 0～15 位显示寄存器	FFH	读/写	
10H	闪烁开关控制寄存器	FFH	读/写	
11H	闪烁速度控制寄存器	40H	读/写	
12H	工作模式控制寄存器	00H	读/写	
13H	键值锁存器	FFH	只读	
14H～18H	译码寄存器 1～5	—	只写	
19H	扩展闪烁控制寄存器	FFH	读/写	
1AH	（保留）	—		BC7281B 独有
1BH～1EH	10H，11H，12H，19H 的镜像寄存器	3	只写	BC7281B 独有
1FH	通用镜像寄存器	—	只写	BC7281B 独有

1. 显示寄存器——地址 00H～0FH，镜像寄存器地址 1FH

显示寄存器共 16 个，分别对应 16 个显示数码管，其内容控制各数码管的显示内容，数码管显示与寄存器位的对应关系如表 9-3 所示。

表 9-3 数码管的显示位

D7	D6	D5	D4	D3	D2	D1	D0
dp 段	g 段	f 段	e 段	d 段	c 段	b 段	a 段

可以直接修改显示寄存器的内容，达到不译码显示的目的，也可以通过译码寄存器（见下文）间接地改变其内容。显示寄存器为可读写的寄存器，可直接写入数据，也可以读出其内容。

当 BC7281B 工作于"寄存器保护"模式时，改写显示寄存器之前，必须先向通用镜像寄存器内写入镜像的数据，以达到防止数据被错误改写的目的。详见后文有关寄存器保护模式的说明。

2. 闪烁开关控制寄存器——地址 10H，19H，镜像寄存器地址 1BH，1EH

闪烁开关控制寄存器控制显示位的闪烁属性。BC7281A/B 的闪烁控制有两种工作模式，由工作模式控制寄存器（12H）中的闪烁模式选择位 BMS 控制。BMS=0 时，第 8～15 位与第 0～7 位共用同一个闪烁控制寄存器 10H，第 8～15 位不能单独控制闪烁属性。BMS=1 时，16 个显示位均可单独控制闪烁状态；10H 控制 DIG0～DIG7，19H 控制 DIG8～DIG15。控制寄存器数据位与显示位的对应关系如表 9-4 所示。

表 9-4 控制寄存器数据位与显示位

闪烁模式	控制寄存	D7	D6	D5	D4	D3	D2	D1	D0
BMS=0	10H	DIG7	DIG6	DIG5	DIG4	DIG3	DIG2	DIG1	DIG0
	10H	DIG15	DIG14	DIG13	DIG12	DIG11	DIG10	DIG9	DIG8
MBS=1	10H	DIG7	DIG6	DIG5	DIG4	DIG3	DIG2	DIG1	DIG0
	19H	DIG15	DIG14	DIG13	DIG12	DIG11	DIG10	DIG9	DIG8

DIG0~DIG15 分别代表显示位 0 到显示位 15。相应数据位为"1"时,表示该位正常显示;为"0"时,该位按闪烁方式显示。当 BC7281B 工作于"寄存器保护"模式时,闪烁开关控制寄存器的改写必须通过先向其镜像寄存器内写入镜像数据的方式来进行。

3. 闪烁速度控制寄存器——地址 11H,镜像寄存器地址 1CH

通过将不同的值写入闪烁速度控制寄存器,可以改变闪烁显示的闪烁速度,其值的范围是 00H~FFH。值越小则闪烁速度越快。闪烁速度控制寄存器复位后的初始值为 40 H,在该值下,当 BC7281B 的外接 RC 的值分别为 3.3 K 和 20 p 时,闪烁的频率大约为 2 Hz。

当 BC7281B 工作于"寄存器保护"模式时,闪烁速度控制寄存器的改写必须通过先向其镜像寄存器内写入镜像数据的方式来进行。

4. 工作模式控制寄存器——地址 12H,镜像寄存器地址 1DH

为了能够和各种驱动电路配合,BC7281B 具有多种工作模式,其工作模式由工作控制寄存器控制,其各数据位意义如下。

1) MOD(D0):移位寄存器模式控制

当 MOD=0 时,适用于一般的移位寄存器,典型器件如 74HC164 等,故此种模式也称为 164 模式;当 MOD=1 时,适用于带有二级锁存的移位寄存器,典型器件如 74HC595 等,因此又称为 595 模式。

2) INV(D1):段驱动数据输出极性控制

当 INV=0 时,各位显示寄存器的数据直接通过移位寄存器输出作为段驱动数据;当 INV=1 时,显示寄存器的内容经过反相后才从移位寄存器输出。

3) KMS(D2):键盘工作模式选择

当 KMS=0 时,为带锁存的互锁模式,即有效按键发生后 KEY 即为低电平,直至 CPU 读取键值后 KEY 恢复高电平,这期间不响应任何新的按键。而当 KMS=1 时,KEY 电平随按键情况变化,有有效按键时,KEY 即为低电平,直至按键释放才恢复高电平,而无是否读取了键值。

4) BMS(D3):闪烁控制模式选择

当 BMS=0 时,10H 控制各显示位的闪烁属性,第 8~15 显示位不能单独控制闪烁属性。当 BMS=1 时,10H 控制 0~7 位的闪烁属性,19H 控制 8~15 位的闪烁属性。

5) ES(D4):节能模式

当 ES=1 时,有效驱动电流减小为正常状态的一半(显示亮度随之降低)。

6) K0(D5):显示关闭模式

当该位置 1 时,显示扫描被关闭,但是键盘部分仍保持工作。

7) RP(D6):寄存器保护模式

当 RP=1 时,BC7281B 内部的寄存器(包括显示寄存器和控制寄存器,但不包括译码寄存器

14H~18H)不能够直接改写,必须先向其镜像寄存器写入反相(逐位取反)的数据后,才可向该寄存器写入数据,只有当写入寄存器的数据与镜像寄存器中的反相数据相符时,该数据才可被接受,否则会被忽略。这种模式可以防止因通信过程中受到干扰而造成寄存器被写入错误数据。

需要说明的是,RP 位不影响译码寄存器的写入方式,RP=1 时,译码显示仍然只需直接将数据写入译码寄存器即可。因此寄存器保护模式在多数情况下并不影响显示刷新的速度。

8) SCN(D7):扫描使能控制

当 SCN=0 时,扫描被禁止,包括显示扫描和键盘扫描。当 SCN=1 时,扫描被使能。复位后,工作模式控制寄存器的初始值为 00H,扫描被禁止,不会有显示,键盘也不工作,使用者必须给该控制寄存器设置适当的值后器件才能正常工作。

5. 键值锁存器——地址 13H

该寄存器为只读寄存器。当 BC7281 检测到有效按键后,其键值将被存储在此寄存器中,KEY 引脚也将输出低电平。在 KMS=0 时,这种状态将一直保持到锁存的键值被读出,读取 13H 后,KEY 将恢复为高电平,13H 的值也恢复为 FFH。当 KMS=1 时,KEY 的电平随有效按键的情况而变化,存在有效按键时,KEY 为低电平,13H 中的值为键值,按键释放,KEY 恢复为高电平,13H 的内容也恢复为 FFH。如果没有按键而执行读键值锁存器的操作,读出的值将为 FFH。

6. 译码寄存器 1~5——地址 14H~18H

该寄存器负责对输入的数据完成显示译码。译码寄存器不是物理寄存器,使用者并不能实际地向这些地址内写入数据,对这些地址的写入操作的结果是间接地改变显示寄存器的内容。译码寄存器是"只写"寄存器,写入不受 RP 位的影响。

1) BCD 译码器——地址 14H,HEX 译码器——地址 15H

写入数据的高 4 位为显示位地址,其取值范围为 0~F,对应第 0~15 位显示。低 4 位为待译码的数据,其译码方式如表 9-5 所示。

表 9-5 译码方式

译码方式	数据低 4 位	0	1	2	3	4	5	6	7	8	9	a	b	c	d	e	F
BCD 译码(14H)	显示字符	0	1	2	3	4	5	6	7	8	9	—	E	H	L	P	空白
HEX 译码(15H)		0	1	2	3	4	5	6	7	8	9	A	b	C	d	E	F

注意:通过 BCD 译码寄存器改变显示内容,不会影响该显示位的小数点段的状态。

2) 光柱译码器 1——地址 16H,光柱译码器 2——地址 17H

BC7281 将 16 位显示共 128 段分为两部分,第一部分为第 0~63 段,第二部分为第 64~127 段,2 个光柱译码寄存器分别控制两段的译码。译码器 1 负责第一部分的译码,译码器 2 负责第二部分。其数据格式为:最高位=0,低 7 位为相应部分内地址从低到高所点亮的显示段个数,其取值范围为 00H(全熄)~40H(全亮)。BC7281 并没有"清屏"或者"全亮"的指令,但使用者可以通过使用光柱译码方式达到同样的效果。

7. 段寻址译码寄存器——地址 18H

16 位显示共 128 个显示段,通过段寻址寄存器,可以分别独立控制每一个显示段。写入段寻址译码寄存器的数据格式如下:当极性控制位 INV=0 时,最高位=0,相应位被点亮,反之则熄灭;低 7 位为相应段的地址。

8. 镜像寄存器——地址 1BH、1CH、1DH、1EH、1FH

当 BC7281B 工作于寄存器保护模式(RP=1)时,对于寄存器的写入需要分为两个步骤:第一步需要先向该寄存器的镜像寄存器内写入待写入数据的"镜像"值，即待写入数"按位取反"后的值，第二步才是向目标寄存器内写入数据。只有当写入的数据与镜子存器内数据按位取反后相等时，数据才会被接受，否则将被忽略。这样，可以防止电过程中的错误所造成的寄存器被错误改写。

9.2.3 数据传输

1. 基本格式

BC7281 与 CPU 之间通信采用 2 线高速串行接口，两根连线分别是数据线 DAT 和同步时钟线 CLK，其中 DAT 为双向数据传输线，使用时需加一阻值在 10K～20K 之间的上拉电阻。串行接口数据宽度为 8 位，2 个字节为一组，构成一条完整的指令，字节在传送时高位(MSB)在前。串行接口数据结构如表 9-6 所示。

表 9-6 数据结构

指 令 字 节								数 据 字 节							
D7	D6	D5	D4	D3	D2	D1	D0	D7	D6	D5	D4	D3	D2	D1	D0
R/W	0	0	a4	a3	a2	a1	a0	d7	d6	d5	d4	d3	d2	d1	d0

指令字节中 R/W 为读写控制，当 R/W=0 时，由 CPU 向 BC7281 的内部寄存器内写入数据，当 R/W=1 时，CPU 读出 BC7281 内部寄存器的数据。a4～a0 为目标寄存器的地址，其范围为 00H～1FH。数据字节为写入或从寄存器读出的数据。

2. 时序

1) 指令字节及数据字节写入 BC7281

字节写入 BC7281，包括指令字节和数据字节。在接口空闲的情况下，BC7281 的 DAT 引脚处于高阻输入状态，而 CPU 也应将 DAT 线置于输入状态，上拉电阻使得 DAT 线上为高电平。传送开始时，首先需要建立握手信号，CPU 先向 BC7281 发出一系列 CLX 脉冲，脉冲的数量可以是任意多个，CPU 同时监测 DAT 线，而 BC7281 则在收到该握手脉冲后在 DAT 线上输出一低电平，表示准备好可以接收 CPU 的数据，CPU 一旦检测到 BC7281 的响应信号后，立刻停止发送握手脉冲，并在规定时间之内(R=3.3 K 时为 15 μs，R=1.5 K 时为 6.8 μs)，在 CLK 线上再次发出一个脉冲，该脉冲使得 BC7281 的 DAT 引脚恢复高阻输入状态，因为 DAT 线上有上拉电阻，因此 DAT 线上恢复成高电平，CPU 在检测到 DAT 线恢复成高电平后，即开始发送数据，发送时数据的高位(MSB)在前。每发送一位，即输出一个 CLK 脉冲，开始部分及数据传送部分的 CLK 脉冲均为下降沿有效。

2) 从 BC7281 读出数据字节

读寄存器操作，由一个字节写入操作和一个字节读出操作两部分组成，字节写入操作写入指令字，数据则由字节读出操作读出。CPU 在传送完指令字后，应将 DAT 线置于输入状态，以便从 BC7281 接收数据。读出数据时，也需要建立握手信号，过程与写入数据时相似，但有不同，数据读出时，CPU 仅发送一个单一的握手脉冲，而不是像写入数据时不停的发送直到收到 BC7281 响应信号。具体过程是：CPU 首先向 BC7281 发出一个起始 CLK 脉冲，BC7281 在收到该脉冲后在 DAT 上响应一低电平，表示准备好输出数据，此后 CPU 再发出一 CLK 脉冲，BC7281 的 DAT 脚开始输出数据。此后 BC7281 每收到一个脉冲，即在 DAT 上输出一个数据位。一个与写入指令不同的地方是，当 8 个数据位均读出了以后，CPU 还必须再多发出一个

CLK 脉冲,表示数据接收完毕,BC7281 才能从数据输出状态转成输入状态,准备接收下一个指令。

BC7281B 的读写时序如图 9-6 所示。

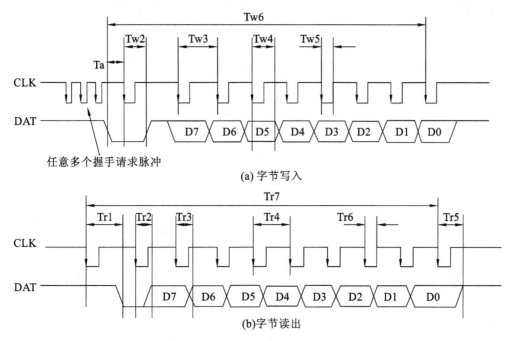

图 9-6 BC7281B 的读写时序

◀ 9.3 实 践 八 ▶

1. 实践任务

(1) 学会键盘、数码管、点阵屏的典型应用。
(2) 学会按单片机实践板(中级版)焊接相关元器件。

2. 实践设备

(1) 单片机实践板(初级)。
(2) 焊接工具,材料。

3. 实践步骤

1) 理解键盘、数码管、点阵屏典型应用的电原理图

如图 9-7 所示,BC7281 的数据线 DAT 接单片机的 P1.7,P1.7 脚外接 10 上拉电阻,以使其能可靠地输出高电平,时钟线 CLK 接单片机的 P4.1,按键指示 KEY 通过限流电阻接单片机的 P4.3,按键 K_11 接到 P4.3,没有经过 BC7281 控制。根据实际需求,输出为 8 位 8 段数码管和 8×8 点阵屏,输入为 6×2=12 矩阵键盘,用 NPN 型三极管 9014 提供电流驱动。数码管的限流电阻为 100 Ω,由于 8×8 点阵屏的发光面积小,其限流电阻为 200 Ω。

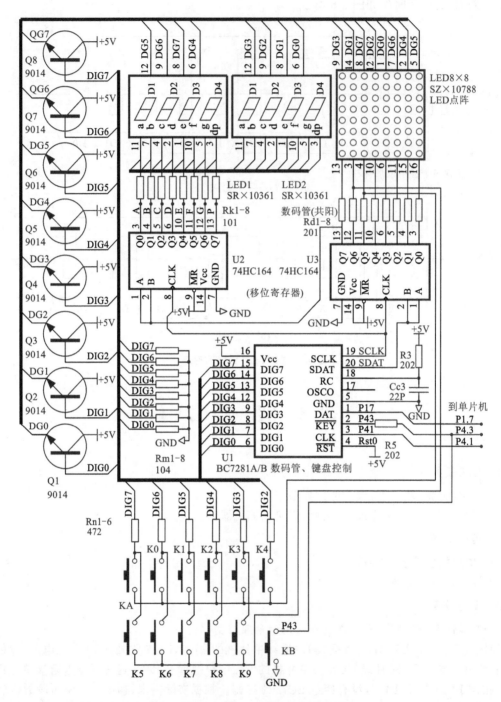

图9-7 键盘、数码管、点阵屏集中控制原理图

2）按表 9-7 元件清单购买相关元器件

表 9-7 单片机实践板(中级)需采购元件

名　称	标　号	规　格	数量	单价	小计	合计
电阻(共 33 只)	Rk1-8	101(0805)	8			
	Rd1-8	201(0805)	8			
	R3,R5	202(0805)	2			
	Rn1-6	472(0805)	6			
	R4	103(0805)	1			
	Rm1-8	104(0805)	8			
电容(共 2 只)	Cc3	22P(0805)	1			
	Cr9	105(0805)	1			
三极管	Q1-8	9014(TO-92)	8			
数码管	LED1-2	SR×10361(共阳)	2			
点阵屏	L8×8	SZ×10788(8×8)	1			
单排 40 圆插孔	插点阵、数码管	单排 40 圆孔	1			
开关	K0～KA	微动(12×6×6)	11			
集成芯片	U1	BC7281B(TSSOP)	1			
	U2-3	74HC164(SOIC)	2			

3）安装、焊接步骤

（1）焊接 37 只电阻、5 只电容。

注意：电阻的阻值和电容的容量应符合设计要求。

（2）焊接 8 只三极管。

（3）焊接 11 只开关，焊接前剪掉开关背面的 2 个小塑料柱，保证开关平整、美观。

（4）焊接芯片 U1、U2、U3，由于芯片 U1 的引脚间距较小，焊接时会出现引脚粘连，没有关系，焊接完成后，可用电烙铁蘸松香剔除。

注意：焊接芯片前确认芯片的方向，千万不要搞反。

（5）焊接数码管和点阵屏，保证它们处于同一平面。

注意：焊接芯片前确认数码管和点阵屏的方向，千万不要搞反。

成绩评定

小题分值	(1)(50 分)	(2)(50 分)	总分
小题得分			

第 10 章
数码管和点阵屏显示动画

本章综合应用前面的学知识,让数码管和点阵屏显示动画。

10.1 驱动程序基本类型

键盘、数码管、点阵屏驱动程序分为预处理、字符点阵库、子函数三个部分。为了方便,将键盘、数码管、点阵屏驱动程序转化为库函数,保存在 sub_ej51.lib 中。

(1) 预处理部分比较简单,定义了编程环境、无符号变量类型缩写形式、所用硬件引脚,为了方便,将全部的 C51 库函数进行包含说明。

(2) 字符点阵库用于在点阵屏上显示一字符,共 98 个,每个字符由 8×7 点组成。

(3) 子函数部分包括 16 个子函数,其功能如下。

① void delay_us(uchar time)　　　微秒级延时
② void delay(uint ms)　　　　　　毫秒级延时
③ void send_bc7281(uchar dat)　　送一字节数据到芯片 BC7281,要按规定格式调用
④ uchar receive_bc7281(void)　　 接收芯片 BC7281 的数据,要按规定格式调用
⑤ void write_bc7281(uchar addr,uchar dat)　写数据到芯片 BC7281 的内部存储器
⑥ uchar read_bc7281(uchar addr)　读芯片 BC7281 内部存储器中的数据
⑦ void led_tx(uchar wz,uchar tx)　在数码管上显示一个图形
⑧ void led_putchar(uchar wz,uchar asc)　在数码管上显示一个字符
⑨ void led_dot(uchar wz,uchar dot)　控制数码管的小数点
⑩ void led_blink(uchar wz,uchar blink)　控制数码管的闪烁
⑪ void led_string(uchar wz,uchar * p_s)　在数码管显示一个字符串
⑫ void dz_tx(uchar wz,uchar tx)　在点阵屏上显示一排图形
⑬ void dz_putchar(uchar asc)　　在点阵上显示一字符
⑭ uchar read_key(void)　　　　　读入按键值,无按键时值返回 0
⑮ void init_system(void)　　　　对芯片 BC7281 进行初始化
⑯ void clr_led_dz(void)　　　　 清除"数码管、点阵屏"

```
sbit fmq=P1^5;              //硬件定义:蜂鸣器接到 P1.5(低电平响)
sbit bc7281_clk=P4^1;       //硬件定义:时钟线接到 P4.1(下降沿有效)
sbit bc7281_dat=P1^7;       //硬件定义:数据线接到 P1.7(需 10K 上拉电阻)
sbit bc7281_key=P4^3;       //硬件定义:按键指示线接到 P4.3(INT2 中断)

#define fmq_on();  fmq=0;   //宏替换:蜂鸣器接通
#define fmq_off(); fmq=1;   //宏替换:蜂鸣器关闭
#define d_time 1            //宏替换:定义数据接收、发送延迟时间
```

10.2 点阵数据库

```
//98 个字符的 8×7 点阵库,共 686 个字节,由上到下,"1"--点亮
uchar code led_dz_8×7[]={
  0X00,0X00,0X00,0X00,0X00,0X00,0X00,      /*20 空格 8X7 点阵*/
  0X18,0X3C,0X3C,0X18,0X18,0X00,0X18,      /*21 !*/
```

```
0X6C,0X6C,0X6C,0X28,0X00,0X00,0X00,    /*22 "*/
0X6C,0X6C,0XFE,0X6C,0XFE,0X6C,0X6C,    /*23 #*/
0X30,0XFC,0Xd8,0XF8,0X34,0XFC,0X30,    /*24 $*/
0XC0,0XC4,0X08,0X10,0X20,0X46,0X06,    /*25 %*/
0X38,0X6A,0X3A,0X6C,0XCC,0XCC,0X3A,    /*26 &*/
0X18,0X18,0X30,0X00,0X00,0X00,0X00,    /*27 '*/
0X04,0X08,0X18,0X18,0X18,0X08,0X04,    /*28 (*/
0X10,0X08,0X0C,0X0C,0X0C,0X08,0X10,    /*29 )*/
0X00,0X6C,0X38,0XFE,0X38,0X6C,0X00,    /*2a **/
0X18,0X18,0X18,0X7E,0X18,0X18,0X18,    /*2b +*/
0X00,0X00,0X00,0X00,0X18,0X18,0X30,    /*2c ,*/
0X00,0X00,0X00,0X7C,0X00,0X00,0X00,    /*2d -*/
0X00,0X00,0X00,0X00,0X00,0X18,0X18,    /*2e .*/
0X00,0X02,0X04,0X08,0X10,0X20,0X00,    /*2f / */
0X7C,0XC6,0XCE,0XD6,0XE6,0XC6,0X7C,    /*30 0*/
0X18,0X38,0X18,0X18,0X18,0X18,0X3C,    /*31 1*/
0X7C,0XC6,0X04,0X08,0X10,0X22,0X7E,    /*32 2*/
0X7C,0XC6,0X06,0X1C,0X06,0XC6,0X7C,    /*33 3*/
0X18,0X38,0X58,0X98,0XFE,0X18,0X3C,    /*34 4*/
0XFE,0XC0,0XC0,0XFC,0X06,0XC6,0X7C,    /*35 5*/
0X38,0X60,0XC0,0XFC,0XC6,0XC6,0X7C,    /*36 6*/
0XFE,0X86,0X06,0X0C,0X18,0X18,0X18,    /*37 7*/
0X7C,0XC6,0XC6,0X7C,0XC6,0XC6,0X7C,    /*38 8*/
0X7C,0XC6,0XC6,0X7E,0X06,0X06,0X7C,    /*39 9*/
0X00,0X18,0X18,0X00,0X18,0X18,0X00,    /*3a :*/
0X00,0X18,0X18,0X00,0X18,0X18,0X30,    /*3b ;*/
0X08,0X10,0X20,0X40,0X20,0X10,0X08,    /*3c <*/
0X00,0X00,0X7C,0X00,0X7C,0X00,0X00,    /*3d =*/
0X20,0X10,0X08,0X04,0X08,0X10,0X20,    /*3e >*/
0X7C,0XC6,0X0C,0X18,0X18,0X00,0X18,    /*3f ?*/
0X7C,0XC6,0XDE,0XDE,0XDE,0XC0,0X7C,    /*40 @*/
0X10,0X6C,0XC6,0XC6,0XFE,0XC6,0XC6,    /*41 A*/
0XFC,0X66,0X66,0X7C,0X66,0X66,0XFC,    /*42 B*/
0X7C,0XC6,0XC0,0XC0,0XC0,0XC6,0X7C,    /*43 C*/
0XF8,0X6C,0X66,0X66,0X66,0X6C,0XF8,    /*44 D*/
0XFE,0X62,0X68,0X78,0X68,0X62,0XFE,    /*45 E*/
0XFE,0X62,0X68,0X78,0X68,0X60,0XF0,    /*46 F*/
0X3C,0X66,0XC0,0XDE,0XC6,0X66,0X3A,    /*47 G*/
0XC6,0XC6,0XC6,0XFE,0XC6,0XC6,0XC6,    /*48 H*/
0X3C,0X18,0X18,0X18,0X18,0X18,0X3C,    /*49 I*/
0X3C,0X18,0X18,0X18,0X18,0XD8,0X70,    /*4a J*/
0XE6,0XC6,0XCC,0XF8,0XCC,0XC6,0XE6,    /*4b K*/
0XE0,0X60,0X60,0X60,0X60,0X66,0XFE,    /*4c L*/
0XC6,0XEE,0XD6,0XC6,0XC6,0XC6,0XC6,    /*4d M*/
0XC6,0XE6,0XD6,0XCE,0XC6,0XC6,0XC6,    /*4e N*/
0X7C,0XC6,0XC6,0XC6,0XC6,0XC6,0X7C,    /*4f O*/
```

```
0XFC,0XC6,0XC6,0XFC,0XC0,0XC0,0XC0,     /* 50 P*/
0X7C,0XC6,0XC6,0XC6,0XD6,0X7C,0X06,     /* 51 Q*/
0XFC,0X66,0X66,0X7C,0X66,0X66,0XE6,     /* 52 R*/
0X7C,0XC6,0X70,0X38,0X0E,0XC6,0X7C,     /* 53 S*/
0X7E,0X5A,0X18,0X18,0X18,0X18,0X3C,     /* 54 T*/
0XC6,0XC6,0XC6,0XC6,0XC6,0XC6,0X7C,     /* 55 U*/
0XC6,0XC6,0XC6,0XC6,0XC6,0X6C,0X10,     /* 56 V*/
0XC6,0XC6,0XD6,0XD6,0XD6,0X7C,0X28,     /* 57 W*/
0XC6,0XC6,0X6C,0X38,0X6C,0XC6,0XC6,     /* 58 X*/
0X66,0X66,0X66,0X3C,0X18,0X18,0X18,     /* 59 Y*/
0XFE,0X86,0X0C,0X18,0X30,0X62,0XFE,     /* 5a Z*/
0X1E,0X18,0X18,0X18,0X18,0X18,0X1E,     /* 5b [*/
0X00,0XC0,0X60,0X30,0X18,0X0C,0X06,     /* 5c \*/
0X1E,0X06,0X06,0X06,0X06,0X06,0X1E,     /* 5d ]*/
0X10,0X28,0X44,0X00,0X00,0X00,0X00,     /* 5e ^*/
0X00,0X00,0X00,0X00,0X00,0X00,0XFE,     /* 5f _*/
0X30,0X30,0X18,0X00,0X00,0X00,0X00,     /* 60 `*/
0X00,0X00,0XF8,0X0C,0X7C,0XCC,0X7A,     /* 61 a*/
0XE0,0X60,0X7C,0X76,0X66,0X66,0X7C,     /* 62 b*/
0X00,0X00,0X7C,0XC6,0XC0,0XC6,0X7C,     /* 63 c*/
0X1C,0X0C,0X7C,0XCC,0XCC,0X6C,0X7A,     /* 64 d*/
0X00,0X78,0XCC,0XFC,0XC0,0XCC,0X78,     /* 65 e*/
0X38,0X6C,0X60,0XF0,0X60,0X60,0XF0,     /* 66 f*/
0X00,0X76,0XCC,0XCC,0X7C,0X8C,0X78,     /* 67 g*/
0XE0,0X60,0X6C,0X76,0X66,0X66,0X66,     /* 68 h*/
0X18,0X00,0X38,0X18,0X18,0X18,0X3C,     /* 69 i*/
0X0C,0X00,0X1C,0X0C,0X0C,0X4C,0X78,     /* 6a j*/
0XE0,0X60,0X66,0X6C,0X78,0X6C,0XE6,     /* 6b k*/
0X70,0X30,0X30,0X30,0X30,0X30,0X78,     /* 6c l*/
0X00,0X6C,0X7C,0XD6,0XD6,0XD6,0XD6,     /* 6d m*/
0X00,0X00,0XDC,0X66,0X66,0X66,0X66,     /* 6e n*/
0X00,0X00,0X38,0X6C,0X6C,0X6C,0X38,     /* 6f o*/
0X00,0XDC,0X66,0X66,0X7C,0X60,0XF0,     /* 70 p*/
0X00,0X76,0XCC,0XCC,0X78,0X0C,0X1E,     /* 71 q*/
0X00,0X00,0XCC,0X76,0X60,0X60,0XF0,     /* 72 r*/
0X00,0X00,0X78,0XC4,0X30,0X8C,0X78,     /* 73 s*/
0X20,0X60,0XF0,0X60,0X60,0X68,0X38,     /* 74 t*/
0X00,0X00,0XCC,0XCC,0XCC,0XCC,0X72,     /* 75 u*/
0X00,0X00,0XC6,0XC6,0XC6,0X6C,0X10,     /* 76 v*/
0X00,0X00,0XC6,0XD6,0XD6,0X7C,0X28,     /* 77 w*/
0X00,0X00,0XC6,0X6C,0X38,0X6C,0XC6,     /* 78 X*/
0X00,0XC6,0XC6,0XC6,0X7E,0X0C,0XF8,     /* 79 y*/
0X00,0X00,0XFE,0X8C,0X18,0X32,0XFE,     /* 7a z*/
0X0C,0X18,0X18,0X30,0X18,0X18,0X0C,     /* 7b {*/
0X18,0X18,0X18,0X00,0X18,0X18,0X18,     /* 7c |*/
0X60,0X30,0X30,0X18,0X30,0X30,0X60,     /* 7d }*/
```

```
    0X66,0XD8,0X00,0X00,0X00,0X00,0X00,        /*7e ~ */
    0XFE,0XFE,0XFE,0XFE,0XFE,0XFE,             /* 7f */
    0X10,0X20,0X40,0XFE,0X40,0X20,0X10,        /* 80 左箭头*/
    0X10,0X08,0X04,0XFE,0X04,0X08,0X10         /* 81 右箭头*/
};
```

10.3 基本驱动函数

```
//函数1:软件延时,单位= 3.255 μs(6个机器周期,晶振为22.1184M)
//输入:  time——需延迟的时间
void delay_us(uchar time)
{  while(time--); }                //while 循环

//函数2:软件延时,单位=0.99826ms(晶振为22.1184M)
//输入:  ms——需延迟的时间
void delay(uint ms)
{ uchar tt;
   while(ms--){                    //外循环
      for(tt=0; tt<226; tt++){ }   //内循环,形成ms信号
   }
}

//函数3:送一字节数据到芯片BC7281(不能单独使用)
//输入:  dat——需写入的数据
void send_bc7281(uchar dat)
{ uchar jj=0;                            //定义变量:用于计算循环次数
  bc7281_dat=1;                          //数据线变高电平,开始接收数据

  do{                                    //产生脉冲直到bc7281_dat=0或循环256次
    bc7281_clk=0; delay_us(d_time);      //时钟变低,加延时
    bc7281_clk=1; delay_us(d_time);      //时钟变高,加延时
    ++jj;                                //计算循环时间
  }while(bc7281_dat!=0&&jj!=0);          //判断bc7281_dat=0或循环256次?

  bc7281_clk=0; delay_us(d_time);        //再产生一脉冲,表示已接受数据
  bc7281_clk=1; delay_us(d_time);        //时钟变高,加延时

  while(bc7281_dat==0&&jj!=0){++jj; }    //判断bc7281_dat=1或循环256次?

  jj=8;                                  //传送8位数据到bc7281
  do{
    if((dat&0x80)==0){ bc7281_dat=0; }   //取数据最高位
    else{ bc7281_dat=1; }
    dat<<=1;                             //数据左移一位,为下次作准备
```

```c
    bc7281_clk=0; delay_us(d_time);           //时钟变低,加延时
    bc7281_clk=1; delay_us(d_time);           //时钟变高,加延时
  --jj;                                       //计算发送次数
  }while(jj!=0);
  bc7281_dat=1;                               //数据线变高
}

//函数4:接收芯片BC7281的数据(不能单独使用)
//输出:   接收到的数据
uchar receive_bc7281(void)
{ uchar jj=0;                                 //定义变量:用于计算循环次数
  uchar dat;                                  //用于保存读回的数据
  bc7281_dat=1;                               //数据线变高电平,开始接收数据

  bc7281_clk=0; delay_us(d_time);             //产生一脉冲,表示要接受数据
  bc7281_clk=1; delay_us(d_time);             //时钟变高,加延时
  do{++jj;}while(bc7281_dat!=0&&jj!=0);       //等待bc7281_dat=0或循环256次

  bc7281_clk=0; delay_us(d_time);             //再产生一脉冲,表示要接受数据
  bc7281_clk=1; delay_us(d_time);             //时钟变高,加延时

  jj=8;                                       //共读8次数据
  do{
    dat<<=1;                                  //数据左移,空出最低位
    if(bc7281_dat!=0){++dat;}                 //读入数据,由低位到高位
    bc7281_clk=0; delay_us(d_time);           //产生一脉冲,表示已接受数据
    bc7281_clk=1; delay_us(d_time);           //时钟变高,加延时
  --jj;                                       //计算次数
  }while(jj!=0);

  return(dat);                                //返回读到的数据
}

//函数5:写数据到芯片BC7281的内部存储器
//输入:   addr--内部存储器的地址(范围:0-31);dat--需写的数据
void write_bc7281(uchar addr,uchar dat)
{ send_bc7281(addr);                          //发送需写数据的地址,最高位=0
  send_bc7281(dat);                           //发送数据
}
//函数6:读芯片BC7281内部存储器中的数据
//输入:   addr--内部存储器的地址
//输出:   对应内部存储器中的数据
uchar read_bc7281(uchar addr)
{ send_bc7281(addr|0x80);                     //发送需读数据的地址,最高位=1
  return(receive_bc7281());                   //返回读到的数据
}
```

```
//函数7:在数码管 LED 上显示一个图形
//输入:    wz——显示位置,最左边为 0;tx——需显示的图形,1——点亮,0——熄灭
//接线:    dp-D7,g-D6,f-D5 e-D4,d-D3,c-D2,b-D1,a-D0;
//由左到右,对应 BC7281 内部存储器地址:0FH--08H
void led_tx(uchar wz,uchar tx)
{ if(wz>7){ return; }                          //位置超出范围无效
  write_bc7281(0x0F-wz,~tx);                   //输出驱动段码到相应 BC7281 内部存储器
}


//函数8:在数码管 LED 上显示一个字符(当无法显示时,显示下划线'_')
//输入:    wz——显示位置,最左边为 0;asc——需显示字符的 ASC 码
//接线:    dp-D7,g-D6,f-D5 e-D4,d-D3,c-D2,b-D1,a-D0;
//共阳极,0——点亮,1——熄灭
//由左到右,对应 BC7281 内部存储器地址:0FH--08H
void led_putchar(uchar wz,uchar asc)
{ if(wz>7){ return; }                          //位置超出范围无效
  switch(asc){                                 //根据字符的 ASC 码,确定显示段码
    case ' ':            asc=0xff; break;      //空格
    case '\"':           asc=0xfd; break;      //单引号
    case '-':            asc=0xbf; break;      //减号
    case '.':            asc=0x7f; break;      //小数点
    case '0': case 'O':  asc=0xc0; break;      //数字 0、字母 O
    case '1':                                  //数字 1
    case 'i': case 'I':  asc=0xf9; break;      //字母 i、字母 I
    case '2':            asc=0xa4; break;      //数字 2
    case '3':            asc=0xb0; break;      //数字 3
    case '4':            asc=0x99; break;      //数字 4
    case '5': case 'S':  asc=0x92; break;      //数字 5,字母 S
    case '6':            asc=0x82; break;      //数字 6
    case '7':            asc=0xf8; break;      //数字 7
    case '8':            asc=0x80; break;      //数字 8
    case '9': case 'g':  asc=0x90; break;      //数字 9,字母 g
    case '=':            asc=0xb7; break;      //等于号
    case 'A': case 'a':  asc=0x88; break;      //字母 A,a
    case 'B': case 'b':  asc=0x83; break;      //字母 B,b
    case 'C': case '[':  asc=0xc6; break;      //字母 C,括号 [
    case 'c':            asc=0xa7; break;      //字母 c
    case 'D': case 'd':  asc=0xa1; break;      //字母 D,d
    case 'E': case 'e':  asc=0x86; break;      //字母 E,e
    case 'F': case 'f':  asc=0x8e; break;      //字母 F,f
    case 'G':            asc=0xc2; break;      //字母 G
    case 'H':            asc=0x89; break;      //字母 H
    case 'h':            asc=0x8b; break;      //字母 h
    case 'L':            asc=0xc7; break;      //字母 L
    case 'n': case 'N':  asc=0xab; break;      //字母 n
    case 'o':            asc=0xa3; break;      //字母 o
```

```
        case 'P':          asc=0x8c; break;           //字母 P
        case 'q':          asc=0x98; break;           //字母 q
        case 'r':          asc=0xaf; break;           //字母 r
        case 'U':          asc=0xc1; break;           //字母 U
        case 'u':          asc=0xe3; break;           //字母 u
        case ']':          asc=0xf0; break;           //括号]
        case '|':          asc=0xcf; break;           //分隔号
        case '+ ':         asc=0xb9; break;           //+ 号
        case 'J':          asc=0xf1; break;           //字母 J
        case '_':          asc=0xf7; break;           //下划线
        default:           asc=0xf7;                  //其他字符全部显示"_"
    }

    write_bc7281(0x0F- wz,asc);                       //输出驱动段码到相应 BC7281 内部存储器
}


//函数 9:控制数码管的小数点
//输入: wz——小数点位置,最左边为 0;dot=1——显示,dot=0——熄灭
//由左到右,对应的位地址:0x7f,0x77,0x6f,0x67,0x5f,0x57,0x4f,0x47
void led_dot(uchar wz,uchar dot)
{ if(wz>7){ return; }                                 //位置超出范围无效
  wz=0x7f-wz*8;                                       //转换为内部存储器位地址
  if(dot!=0){ write_bc7281(0x18,wz); }                //段寻址显示小数点
  else{ write_bc7281(0x18,wz|0x80); }                 //段寻址熄灭小数点
}


//函数 10:控制数码管的闪烁
//输入: wz——闪烁位置,数码管最左边为 0,点阵屏最上面为 8
//控制: blink=1——闪烁,blink=0——不闪烁
void led_blink(uchar wz,uchar blink)
{ uchar dz;
  uchar code ss_wz[16]={                              //定义闪烁位置
    0x80,0x40,0x20,0x10,0x08,0x04,0x02,0x01,          //0~7:数码管
    0x08,0x02,0x20,0x04,0x01,0x40,0x10,0x80};         //8~15:点阵屏

  if(wz>16){ return; }                                //位置超出范围无效
  if(wz<8){ dz=0x19; }                                //数码管控制地址=0x19
  else{ dz=0x10; }                                    //点阵屏控制地址=0x10
  wz=ss_wz[wz];                                       //转换为内部存储器地址

  if(blink!=0){ write_bc7281(dz,read_bc7281(dz)&(~wz)); }   //闪烁(清 0)
  else{ write_bc7281(dz,read_bc7281(dz)|wz); }              //不闪烁(置 1)
}

//函数 11:在数码管显示一个字符串
//输入: wz——显示字符串的起始位置,最左边为 0
```

```c
void led_string(uchar wz,uchar *p_s)
{ while(*p_s!=0){                                  //判断字符串是否结束?
if(*p_s=='.'){ led_dot(wz-1,1); }                  //显示小数点
else{ led_putchar(wz++,*p_s); }                    //显示字符
++p_s;
  }
}
```

```
//函数 12:在点阵屏上显示一排图形
//输入:   wz——位置,最上面为 0; tx——图形(左边为最高位,1——点亮,0——熄灭)
//接线:   共阳极,0——点亮,1——熄灭,由左到右,依次由 D7——D0 控制
//由上到下,对应 BC7281 内部存储器地址:0x3,0x1,0x5,0x2,0x0,0x6,0x4,0x7
void dz_tx(uchar wz,uchar tx)
{ uchar code tx_wz[8]={0x3,0x1,0x5,0x2,0x0,0x6,0x4,0x7};  //定义点阵位置
  wz=tx_wz[wz];                                    //调整位置
  write_bc7281(wz,~tx);                            //取反输出图形数据
}
```

```
//函数 13:在点阵上显示一字符
//输入:   asc——需显示字符的 ASC 码
void dz_putchar(uchar asc)
{ uchar code *p_k=led_dz_8x7+(asc-0x20)*7;         //定义指针,指向 8×7 字符点阵库
  for(asc=0;asc<7;++asc){                          //依次显示 7 排图形
dz_tx(asc,*p_k);                                   //借用 asc 变量计算图形显示位置
++p_k;
  }
}
```

```
//函数 14:读入按键值,无按键时值为 0
//返回:   按键的 ASC 码,如果按键时间超过 1 s,按键的 ASC 码最高位置 1
uchar read_key(void)
{ uchar kk;                                        //缓存按键值
  uchar sj;                                        //缓存按键时间
  if(bc7281_key!=0){ return(0); }                  //无按键时返回 0
  delay(20);                                       //延时 20 ms
  if(bc7281_key!=0){ return(0); }                  //无按键时返回 0
  delay(20);                                       //再次延时 20 ms
  if(bc7281_key!=0){ return(0); }                  //无按键时返回 0
  fmq_on();                                        //有按键,打开蜂鸣器
  switch(read_bc7281(0x13)){                       //读按键值(0x08~0x17)
    case 0x28: kk='4'; break;                      //转换为按键值的 ASCII 码
    case 0x29: kk='3'; break;
    case 0x2b: kk='2'; break;
    case 0x2d: kk='1'; break;
    case 0x2e: kk='0'; break;
    case 0x2f: kk='A'; break;                      //按键 10
```

```c
    case 0x31: kk='9'; break;
    case 0x33: kk='8'; break;
    case 0x35: kk='7'; break;
    case 0x36: kk='6'; break;
    case 0x37: kk='5'; break;
    case 0xff: kk='B'; break;              //按键 11
    default:   kk=0;
  }

  sj=0;                                    //清按键时间
  while(bc7281_key==0){                    //等待按键弹起
    delay(40);                             //延时 40 ms
    if(sj>10){ fmq=~fmq; kk|=0x80; }       //按键时间超过 1 s,最高位置 1
else{++sj; }
  }
  delay(20);                               //延时 20 ms
  while(bc7281_key==0){}                   //等待按键弹起
  fmq_off();                               //关闭蜂鸣器
  return(kk);                              //返回按键值
}

//函数 15:初始化"键盘、数码管、点阵"
void init_jp_led_dz(void)
{ uchar kk;
  P1=0xef;                                 //P1.4=0,禁止 P 口外部输入
write_bc7281(0x12,0x8c);                   //设置工作方式
  write_bc7281(0x11,0x40);                 //控制闪烁速度(值越大,闪烁越慢)
  write_bc7281(0x10,0xff);                 //位置 0~7 不闪烁
  write_bc7281(0x19,0xff);                 //位置 8~15 不闪烁
  for(kk=0; kk<8;++kk){                    //测试 8 个数码管
    led_putchar(kk,'8');                   //点亮 LED 数码管
led_dot(kk,1);                             //点亮小数点
delay(100);
led_putchar(kk,' ');                       //熄灭 LED 数码管
led_dot(kk,0);                             //熄灭小数点
  }
  for(kk=0; kk<8;++kk){                    //测试 LED 点阵
    dz_tx(kk,0xff); delay(100);            //点亮 LED 点阵
    dz_tx(kk,0x00);                        //熄灭 LED 点阵
  }
  led_string(0,"HELLO_EJ");                //显示"问候"字符串
  delay(500);                              //延时 0.5 s
}

//函数 16:清除"数码管、点阵屏"
void clr_led_dz(void)
```

```
{ uchar kk;
  for(kk=0;kk<8;++kk){
led_tx(kk,0x00); led_blink(kk,0);       //清除"数码管"和闪烁标志
dz_tx(kk,0x00); led_blink(kk+8,0);      //清除"点阵屏"和闪烁标志
  }
}
```

10.4 实 践 九

1. 实践任务

(1) 按照硬件工作原理,键盘、数码管、点阵屏集中控制原理图,编辑程序,通过按键,在数码管、点阵屏上显示四种动画效果。

(2) 修改程序,改变动画效果的速度。

(3) 修改程序,增加两种动画效果。

2. 实践设备

(1) 单片机实践板(中级)。

(2) 装有 keil C51 uvision3 集成开发环境,STC-ISP 的计算机。

3. 实践步骤

(1) 理解下列程序结构,分组讨论此程序结构下,程序的执行情况。

```
main()
{  定义各种变量……
   对数据和显示进行初始化……
   for(;;){
     while(1){
       显示"跳舞"动画
       如果有按键,退出或进入下一动画
     }
     while(1){
       显示"跳动的数字"动画
       如果有按键,退出或进入下一动画
     }
     do{
       显示"滚动的数字"动画
       如果有按键,退出或进入下一动画
     }while(1);
     do{
       显示"倒计时"动画
       如果有按键,退出或进入下一动画
     }while(1);
   }
}
```

(2) 分析下述程序,找出程序中调用的每个子函数,分组讨论该子函数如何实现其功能,编辑下述程序并保存在文件 dh.c 中。

```c
//功能:通过按键,可在数码管、点阵屏上显示4种动画效果
//作者、日期:程利民、08-08-1

# include "sub_ej51.c"              //包含库函数
void main()
{ uchar key,jj,kk;                  //定义字符型辅助变量
  ulong js=99999999;                //定义长整型变量,用于倒计时
  uchar buf[10];                    //定义数组,用于显示
  init_jp_led_dz();                 //初始化"键盘、数码管、点阵"
  //========================================================
  for(;;){
  clr_led_dz();                     //清除"数码管、点阵屏"
  while(1){                         //"跳舞"动画
    ++jj; jj%=8;                    //增加显示位置,不超过7
    led_tx(jj,0x52); dz_tx(jj,0xaa);//显示正图形
    delay(100);                     //延时100 ms
    led_tx(jj,0x64); dz_tx(jj,0x55);//显示反图形
    delay(100);                     //延时100 ms
    led_tx(jj,0x00); dz_tx(jj,0x00);//清除图形
    delay(100);                     //延时100 ms
    key=read_key();                 //读按键
       if(key=='A'){ return; }      //如果是'A'键,退出程序
    else if(key!=0){ break; }       //如果是其他键,显示下一动画
  }

  while(1){                         //"跳动的数字"动画
    --jj; jj%=8;                    //减小显示位置,不超过7
    led_putchar(jj,jj+0x30);        //在数码管上显示数字
    dz_tx(jj,(jj<<4)+jj);           //在点阵屏上显示图形
    delay(100);                     //延时100 ms
    led_putchar(jj,' ');            //清数码管
    dz_tx(jj,0x00);                 //清点阵屏
    delay(100);                     //延时100 ms
    key=read_key();                 //读按键
       if(key=='A'){ return; }      //如果是'A'键,退出程序
    else if(key!=0){ break; }       //如果是其他键,显示下一动画
  }

  do{                               //"滚动的数字"动画
    ++jj; jj%=8;                    //增加循环次数,不超过7
    for(kk=0;kk<8;++kk){            //依次在数码管和点阵屏上显示图形
      if(jj>=kk){                   //如果循环次数>显示位置就显示,否则清除
        led_putchar(kk,jj-kk+0x30); //在数码管上显示数字
         dz_tx(kk,jj-kk+0x30);      //在点阵屏上显示图形
      }
      else{
        led_putchar(kk,' ');        //清除数码管上显示数字
```

```
        dz_tx(kk,0x00);              //清除点阵屏上显示图形
      }
   }
   delay(100);                       //延时 100 ms
   key=read_key();                   //读按键
      if(key=='A'){ return; }        //如果是'A'键,退出程序
      else if(key!=0){ break; }      //如果是其他键,显示下一动画
 }while(1);

 clr_led_dz();                       //清除数码管、点阵屏
 do{                                 //"倒计时"动画
    sprintf(buf,"%8lu",js);          //将数据转为字符串
      led_string(0,buf);             //显示字符串
      dz_putchar((js/10)%10+0x30);   //取十位在点阵屏上显示
    if(jj!=0){--js; }                //倒计时
      delay(10);                     //延时 10 ms
    key=read_key();                  //读按键
      if(key=='A'){ return; }        //如果是'A'键,退出程序
      else if(key!=0){ break; }      //如果是其他键,显示下一动画
 }while(1);
   }
}
```

(3) 调试、编译程序,下载到单片机实践板中。
(4) 修改程序以改变动画显示速度。
(5) 修改程序,增加两种动画效果,并展示成果。

成绩评定

小题分值	1(20 分)	2(20 分)	3(20 分)	4(20 分)	5(20)	总分
小题得分						

第 11 章
制作简单浮点计算器

本章综合应用前面所学知识,制作简单浮点计算器。

实 践 十

1. 实践任务

(1) 按照硬件工作原理,键盘、数码管、点阵屏集中控制原理图,综合应用 C 语言知识,编辑程序,设计一个能够进行浮点数四则运算的简单计算器。

(2) 修改程序,增加计算器功能,如平方/开平方,指数/对数,函数/反三角函数,进制转换等。

2. 实践设备

(1) 单片机实践板(中级)。

(2) 装有 keil C51 uvision3 集成开发环境,STC-ISP 的计算机。

3. 实践步骤

(1) 理解下列程序结构,分组讨论此程序结构下,程序的运行情况。

```
main()
{   定义各种变量……
    对数据和显示进行初始化……
    for(;;){
        显示输入数据或者计算结果……
        如果有按键,执行下面程序,否则在此等待……
        switch(state){
          case 0: case: 2                    //处入输入第 1 个数据和第 2 个数据的状态
            根据按键值,进行数据的保存、显示、删除、状态转换或计算……
            break;
          case 1:                            //处于选择运算符状态
            根据按键值,选择运算符或进行状态转换……
            break;
          case 3:                            //处于显示运算结果状态
            根据按键值,进行连续运算或重新开始……
        }
    }
}
```

(2) 分析下述程序,找出程序中调用的每个子函数,分组讨论该子函数如何实现其功能,编辑下述程序并保存在文件 jsq.c 中。

```
//功能:     简单计算器,可进行浮点数的加、减、乘、除运算。
//          按键 0~9 输入数据,当按键时间超过 1 s,清除当前数据
//          按键 11 输入小数点和负号,按键 10 选择运算方式和进行计算
//作者、日期:程利民、08-05-16

#include "sub_ej51.lib"                     //包含库函数
void main()
{ uchar state;                              //缓存当前工作状态(0~3)
                                            //0——输入第 1 个数据,1——输入运算符,
                                            //2——输入第 2 个数据,3——显示计算结果
```

```
    uchar s_w;                                  //缓存当前输入字符的个数
    uchar x_w;                                  //缓存当前数码管上显示字符的个数
    uchar kk;                                   //缓存当前按键值('1'~'B')
    bit f_b;                                    //用于判断是否第一次按键
    uchar ys;                                   //缓存计算方式('+ ','- ','*','/')
    float sj1;                                  //缓存运算数据1
    float sj2;                                  //缓存运算数据2
    char data buf[12];                          //缓存输入按键值

    begin:
    init_jp_led_dz();                           //初始化"键盘、数码管、点阵"
    state=0;                                    //当前状态=0
    s_w=0;                                      //输入字符的个数=0
    x_w=0;                                      //数码管上显示字符的个数=0
    f_b=0;                                      //0——没有一次按键
    sj1=0; sj2=0;                               //清输入数据
    for(kk=0;kk< 12;++kk){ buf[kk]=0; }         //清输入按键值缓存数组
    buf[0]='0';                                 //显示字符'0'
    clr_led_dz();                               //清除"数码管、点阵屏"
    //=============================================================
    for(;;){
      led_string(0,"        ");                 //清显示屏
led_string(7- x_w,buf);                         //显示按键缓存数组
if(f_b==0){ led_blink(7,1); }                   //如果没有一次按键,最右位闪烁
else{ led_blink(7,0); }

      do{ kk=read_key(); }while(kk==0);         //等待按键

      switch(state){
        //=========================================================
      case 0: case 2:                           //输入第1个数据或第2个数据
          sr_sj2:
            if(kk=='A'){                        //按键为选择运算符或进行运算
          if(state==0){                         //当前状态为输入第1个数据
              if(f_b==0){ return; }             //如果没有一次按键,退出程序
           else{
           state=1; sj1=atof(buf);              //进入选择运算符状态,保存数据1
           ys=0; dz_putchar('+');               //默认为"+ "运算
              for(kk=0;kk<12;++kk){ buf[kk]=0; }//清输入按键数组
              buf[0]='0'; s_w=0; x_w=0; f_b=0;  //为输入第2个数据作准备
    }
    }
           else{                                //当前状态为输入第2个数据
               state=3; sj2=atof(buf);          //进入运算状态,保存数据2
      switch(ys){                               //进行计算,结果转化为字符串
        case 0: sprintf(buf,"%g",sj1+sj2); break;//进行加法运算
```

```c
            case 1: sprintf(buf,"%g",sj1-sj2); break;//进行减法运算
            case 2: sprintf(buf,"%g",sj1*sj2); break;//进行乘法运算
            case 3: sprintf(buf,"%g",sj1/sj2); break;//进行除法运算
        }
        dz_putchar('=');                          //显示"="
        x_w=7; buf[9]=0;                          //从位置0开始显示,最多8位
    }
}
else if(kk<0x80&&x_w<7){                          //输入数字、负号、小数点
    if(kk=='B'&&s_w==0&&f_b==0){ kk='-'; }        //'B'键首次输入,输入负号
    else if(kk=='B'){ kk='.'; }                   //'B'键不是首次输入,输入小数点
    if(f_b!=0){                                   //如果不是首次输入
        ++s_w;                                    //增加输入字符的个数
            if(kk!='.'){++x_w;}                   //如果不是小数点,增加显示字符的个数
    }
    buf[s_w]=kk;                                  //保存输入的数据
    f_b=1;                                        //f_b=1——不是首次输入
}
else if(kk>0x80&&s_w>=0){                         //如果按键时间超过1s,删除数据
    if(s_w==0){ buf[s_w]='0'; f_b=0; }            //最后的数据,设置首次输入标志
    else{
        if(buf[s_w]!='.'){--x_w;}                 //如果删除小数点,不减小显示位置
        buf[s_w]=0;--s_w;                         //删除数据,减小数据输入位置
    }
}
    break;
//===============================================================
    case 1:                                       //选择运算符
    if(kk=='A'){                                  //最多4种运算符
    ++ys; ys%=4;
    switch(ys){
        case 0: dz_putchar('+'); break;           //选择加法
        case 1: dz_putchar('-'); break;           //选择加法
        case 2: dz_putchar('*'); break;           //选择加法
        case 3: dz_putchar('/'); break;           //选择加法
    }
}
    else{ state=2; goto sr_sj2; }                 //不是选择运算符,进入输入第2个数据状态
break;
    //===============================================================
case 3:
if(kk=='A'){ state=0; goto sr_sj2; }              //计算结束后,继续选择运算符
else{ goto begin; }                               //按其他任意键,重新开始
    //===============================================================
}
    }
```

}

(3) 调试、编译上述程序,下载到单片机实践板中。

(4) 运行简单计算器程序,进行下列运算,看结果是否正确:
－101.3＋270.66,10＊10＊10＊10,(999－111)/888,100/0

(5) 修改程序,增加计算器功能,能够进行下列运算:平方/开平方,指数/对数,三角函数/反三角函数,十进制转8进制和16进制,并展示成果。

成绩评定

小题分值	1(20分)	2(20分)	3(20分)	4(20分)	5(20)	总分
小题得分						

附录 A Cx51 库函数

Cx51 运行库提供超过 100 个可用在 MCS51 单片机 C 程序中的"库函数"和"宏替换"。通过调用库函数,使得软件开发更容易。Cx51 库函数基本符合 ANSI C 语言标准,但是为了利用 MCS51 单片机结构的特性,对一些函数进行了修改,可以提供最好的性能,同时减少程序的大小。

Cx51 库函数包括六个编译库,在 LIB 目录中以源代码形式提供:
C51S.LIB——SMALL 模式库没有浮点运算
C51FPS.LIB——SMALL 模式浮点运算库
C51C.LIB——COMPACT 模式库没有浮点运算
C51FPC.LIB——COMPACT 模式浮点运算库
C51L.LIB——LARGE 模式库没有浮点运算
C51FPL.LIB——LARGE 模式浮点运算库

下面是 Cx51 标准库函数的参考,带 517 的函数使用 INFINEON C517x C509 的算术单元提供更快的运算,当使用这些函数时应包含 80C517.H,头文件不支持这些特征的 CPU 不要使用这些程序。

A.1 数学函数

头文件在 math.h、80c517.h、stdlib.h 中,数学计算一般使用浮点数。

1. 取绝对值函数 cabs、abs、labs、fabs

原形:

```
char cabs(char val)       // 可重入,取 char 变量 val 的绝对值
int abs(int val)          // 可重入,取 int 变量 val 的绝对值
long labs(long val)       // 可重入,取 long 变量 val 的绝对值
float fabs(float val)     // 可重入,取 float 变量 val 的绝对值
```

例子:

```
#include <math.h>
void tst_abs(void)
{ char cx=-23,cy;   int ix=-42,iy;   long lx=-78,ly; float fx=-100,fy;
  cy=cabs(cx); iy=abs(ix);
  ly=lcabs(lx); fy=fabs(fx);
  pirntf("ABS(%bd)=%bd\n",cx,cy);
  pirntf("ABS(%d)=%d\n",ix,iy);
  pirntf("ABS(%ld)=%ld\n",lx,ly);
  pirntf("ABS(%f)=%f\n",fx,fy);
}
```

2. 幂、指数、平方根函数 pow、exp/exp517、sqrt/sqrt517

原形：
```
float pow(float x,float y)
float exp/exp517(float x)
floatsqrt/sqrt517(float x)
```

说明：pow 函数计算、返回 x 的 y 次幂。当 x≠0、y＝0 时，pow＝1；当 x＝0、y≤0 时，pow 返回 NaN；当 x＜0，y 不是一个整数时，pow 返回 NaN。exp 函数计算、返回浮点数 x 的指数。sqrt 函数计算、返回 x 的平方根。

例子：
```
#include <math.h>
void tst_pow (void)
{   float base=2.0; float power=8.0; float y;
    y=pow(base,power);                          /*y=256*/
    printf ("%f^%f=%f\n",base,power,y);
    x=4.605170186; y=exp(x);                    /*y=100*/
    printf("EXP(%f)=%f\n",x,y);
    x=25.0; y=sqrt(x);                          /*y=5*/
    printf("SQRT(%f)=%f\n",x,y);
}
```

3. 对数函数 log/log517、log10/log10517

原形：
```
float log/log517(float val)
floatlog10/log10517(float val)
```

说明：log 函数计算、返回浮点数 val 的自然对数，自然对数用基数 e 或 2.718282…。log10 函数计算、返回浮点数 val 的常用对数，常用对数用基数 10。

例子：
```
#include < math.h>
void tst_log(void)
{   float x=2.71838; float y;
    x*=x; y=log(x);                             /*y=2*/
    printf("LOG(%f)=%f\n",x,y);
    x=1000; y=log10(x);                         /*y=3*/
    printf ("LOG10(%f)=%f\n",x,y);
}
```

4. 随机数发生器函数 rand、srand

原形：
```
int rand(void)
voidsrand(int seed)
```

说明：rand 函数产生、返回一个 0～32767 之间的虚拟随机数。srand 函数设置 rand 函数所用的虚拟随机数发生器的起始值 seed。随机数发生器对任何确定值 seed 产生相同的虚拟随机数序列。注意：rand 函数、srand 函数的头文件是 stdlib.h。

例子：
```
#include <stdlib.h>
```

```
void tst_rand(void)
{   int i;   int r;
    srand(56);
    for(i=0; i<10; i++){ printf("I=%d,RAND=%d\n",i,rand()); }
}
```

5. 三角函数 sin/sin517、cos/cos517、tan/tan517

原形：

```
float sin/sin517(float x)
float cos/cos517(float x)
floattan/tan517(float x)
```

说明：sin 函数计算、返回浮点数 x 的正弦值，cos 函数计算、返回浮点数 x 的余弦，tan 函数计算、返回浮点数 x 的正切值。所有函数变量的范围为 $-\pi/2 \sim \pi/2$，x 必须在 $-65535 \sim +65535$ 之间，否则会产生一个 NaN 错误。

例子：

```
#include <math.h>
void tst_sin(void)
{   float x;   float y;
    for(x=0; x<(2* 3.1415); x+=0.1){
       y=sin(x); printf("SIN(%f)=%f\n",x,y);
       y=cos(x); printf("COS(%f)=%f\n",x,y);
       y=tan(x); printf("TAN(%f)=%f\n",x,y);
    }
}
```

6. 反三角函数 asin/asin517、acos/acos517、atan/atan517、atan2

原形：

```
float asin/asin517(float x)
float acos/acos517(float x)
float atan/atan517(float x)
float atan2(float y,float x)
```

说明：asin/asin57 函数计算浮点数 x 的反正弦，x 的值必须在 $-1 \sim 1$ 之间，返回的浮点数值在 $-\pi/2 \sim \pi/2$ 之间。

acos/acos517 返回浮点数 x 的反余弦，x 的值必须在 $-1 \sim 1$ 之间，返回的浮点数值在 $0 \sim \pi$ 之间。

atan 函数计算、返回浮点数 x 的反正切，返回的浮点数值在 $-\pi/2 \sim \pi/2$ 之间。

atan2 函数计算、返回浮点数 y/x 的反正切，函数用 x 和 y 的符号来确定返回值的象限，返回的浮点数值在 $-\pi/2 \sim \pi/2$ 之间。

例子：

```
#include <math.h>
void tst_acos(void)
{ float x,y,z=-1.0;
   for(x=-1.0; x<=1.0; x+=0.1){
      y=asin(x); printf("ASIN(%f)=%f\n",x,y);
      y=acos(x); printf("ACOS(%f)=%f\n",x,y);
```

```
        y=atan(x); printf("ATAN(%f)=%f\n",x,y);
        y=atan2(x,z); printf("ATAN2(%f/%f)=%f\n",y,x,z);
      }
    }
```

7. 双曲函数 sinh、cosh、tanh

原形：
```
    float sinh(float x)
    float cosh(float x)
    float tanh(float x)
```
说明：sinh 函数计算、返回浮点数 x 的双曲正弦值，cosh 函数返回 x 的双曲余弦值，tanh 函数计算、返回浮点数 x 的双曲正切值，x 必须在 −65535～+65535 之间，否则会产生一个 NaN 错误。

例子：
```
    #include <math.h>
    void tst_sinh(void)
    { float x;   float y;
      for(x=0; x<(2*3.1415); x+=0.1){
        y=sinh(x); printf("SINH(%f)=%f\n",x,y);
        y=cosh(x); printf("COSH(%f)=%f\n",x,y);
        y=tanh(x); printf("TANH(%f)=%f\n",x,y);
      }
    }
```

8. 最大值、最小值、余数、分解函数 ceil、floor、fmod、modf

原形：
```
    float ceil(float val)
    float floor(float val)
    float fmod(float x,float y)
    float modf(float val,float *ip)
```
说明：ceil 函数计算、返回大于或等于 val 的最小整数值。

floor 函数计算、返回小于或等于 val 的最大整数值的一个 float 数。

fmod 函数返回一个值 f，f 符号和 x 相同，f 的绝对值小于 y 的绝对值，同时有一个整数 k，满足 k×y+f=x。如果不能表示 x/y 的商，结果是不确定的。

modf 函数把浮点数 val 分成整数和小数部分，val 的小数部分为一个带符号的浮点数，整数部分保存在浮点数 ip 中。

例子：
```
    #include<math.h>
    void tst_ceil(void)
    { float x=45.998; float y;
      float x=123.456;   float int_part,   frc_part;
      y=ceil(x); printf("CEIL(%f)=%f\n",x,y);        //输出 46
      y=floor(x); printf("FLOOR(%f)=%f\n",x,y);      //输出 45
      printf("fmod(15.1,4.2)=%f\n",fmod(15.1,4.2));
      float x=123.456;   float int_part,   frc_part;
      frc_part=modf(x,&int_part);
```

```
        printf ("%f=%f+%f\n",x,int_part,frc_part);
    }
```

A.2 输入/输出函数

输入/输出函数的头文件在 STDLIB.H、80C517.H 中,允许从 MCS51 串口或一个用户定义的 I/O 口读和写数据,缺省的 Cx51 的_getkey 和 putchar 函数用串口读和写字符。可以在 LIB 目录修改这些函数的源文件,别的流函数就会用新的_getkey 和 putchar 程序输入输出。

如果想要使用已有的_getkey 和 putchar 函数,必须首先初始化 8051 串行接口。

1. char getchar(void)

说明:getchar 函数用_getkey 函数,从输入流读一个字符,所读的字符用 putchar 函数显示。

注意:本函数基于_getkey 和/或 putchar 函数的操作,这些函数在标准库中提供,用 MCS51 的串口读和写字符,可定制函数用别的 I/O 设备。

返回值:getchar 返回所读的字符。

例子:
```
        void tst_getchar (void)
        { char c;
          while((c=getchar())!=0x1B){
            printf ("character=%c%bu%bx\n",c,c,c);
          }
        }
```

2. char _getkey(void)

说明:_getkey 函数等待从串口接收字符。

注意:针对硬件,_getkey 和 putchar 函数的源代码可以修改。

返回值:_getkey 返回接收到的字符

例子:
```
        void tst_getkey (void)
        { char c;
          while((c=_getkey())!=0x1B){
            printf ("key=%c%bu%bx\n",c,c,c);
          }
        }
```

3. char *gets(char *string,int len)

说明:gets 调用 getchar 函数,读一行字符到 string。该行包括所有的字符和换行符\n,在 string 中换行符被一个 NULL 字符\0 替代。len 参数指定可读的最多字符数,如果长度超过 len,gets 函数用 NULL 字符终止 string 并返回。

注意:本函数指定执行基于_getkey 和/或 putchar 函数的操作,这些函数由标准库提供,用 8051 的串口读写,对别的 I/O 设备可以定制。

返回值:gets 函数返回 string。

例子:
```
        void tst_gets (void)
```

```
{   xdata char buf [100];
    do {   gets (buf,sizeof (buf));
           printf ("Input string \"%s\"",buf);
    } while (buf [0] !='\0');
}
```

4. int printf/printf517(const char *fmtstr,[,arguments]…)

printf 函数将一系列的字符串、数值格式化,用 putchar 写到输出流。fmtstr 参数是一个格式化字符串,可能是字符、转义符和格式标识符。普通字符和转义符按说明的顺序复制到输出流,格式标识符以百分号(%)开头,要求在函数调用中包含附加的参数 arguments。

格式字符串从左向右读,第一个格式标识符使用 fmtstr 后的第一个参数,用格式标识符转换和输出,后面的格式标识符,以此类推。如果参数比格式标识符多,多出的参数将被忽略,如果参数不够,结果是不可预料的。

返回值:printf 函数返回实际写到输出流的字符个数。

格式标识符用下面的格式:%[flags][width][. precision][{b|B|l|L}]type
type 域是一个字符,对应一个变量,其用法如表 A-1 所示。

表 A-1 type 域的用法

type	参数类型	输出格式
d	int	带符号十进制数
u	unsigned int	不带符号十进制数
o	unsigned int	不带符号八进制数
x	unsigned int	不带符号十六进制数,用 0123456789abcdef
X	unsigned int	不带符号十六进制数,用 0123456789ABCDEF
f	float	浮点数,用格式[—]dddd.dddd
e	float	浮点数,用格式[—]d.dddde[—]dd
E	float	浮点数,用格式[—]d.ddddE[—]dd
g	float	浮点数,用 e 或 f 格式中更紧凑的格式
G	float	和 g 格式一样,除了指数前为 E(而不是 e)
c	char	单个字符
s	通用*	用 NULL 字符结尾的字符串
p	通用*	指针,用 t:aaaa 格式,t 是指针索引的存储类型(c:code i:data/idata x:xdata p:pdata),aaaa 是十六进制地址

注意:可选的字符 b、B 和 l、L 可直接放在类型字符前,分别指定整数类型 d、i、u、o、x 和 X 的 char 或 long 版本。

flags 域是单个字符,用来对齐输出,打印+/—号、空白、小数点,以及八进制、十六进制的前缀,其用法如表 A-2 所示。

表 A-2 flags 域的用法

flags	作用
－	对指定的域宽度,左对齐输出
＋	如果输出是一个带符号类型,用＋或－符号作为输出值的前缀
空格	如果是一个带符号正值,输出值的前缀是空格;否则没有空格
＃	当用 o、x、X 域类型时,对非零输出值分别用 0、0x、0X 为前缀,当用 e、E、f、g、G 域类型时,＃标记强迫输出值包含一个小数点,在其他的情况＃标记被忽略
＊	忽略格式标识符

width 域是一个非负数值,指定显示的最小字符数。如果输出值的字符数小于 width,空格会加到左边或右边(当指定了－符号标记),以达到最小的宽度,如果 width 用一个 0 前缀,则填充的是零而不是空格。width 域不会截短一个域,如果输出值的长度超过指定宽度,则输出所有的字符。width 域可能是一个星号＊,在这种情况参数列表的一个 int 参数提供宽度值,如果参数使用的是一个 unsigned char,在星号标识符前加一个 b。

precision 域是一个非负数值,指定显示的字符数、小数位数、有效位,在一个浮点被指定表 A-3 所示类型时,preciosn 域可能使输出值切断或舍入。precision 域可能是一个星号＊,在这种情况下,参数列表的一个 int 参数提供宽度值,如果参数使用的是一个 unsigned char,在星号标识符前加一个 b。

表 A-3 一个浮点被指定类型时的效果

float 被指定类型	效果
d、u、o、x、X	precison 域用来指定输出值的数字的最小数目。如果参数中的数字数目超过 precision 域定义的,数字就不会被切断,如果参数的数字的数目小于 precison 域,则输出值在左边用零填充
F	precision 域用来指定小数点后面的数字的位数,最后一位舍入
e、E	precision 域用来指定小数点后面的数字的位数,最后一位舍入
g、G	precision 域用来指定输出值的有效位的最大数目
c、p	precision 域无效
S	precision 域指定输出值的最多字符数,超过的不输出

注意:本函数指定执行基于 putchar 函数的操作,函数由标准库提供,用 8051 的串口写字符,别的 I/O 设备可以定制。必须确保参数类型和指定的格式相匹配,可用类型影射确保正确的类型传递到 printf。传递给 printf 的总字节数受到 8051 的存储区的限制,SMALL 模式或 COMPACT 模式最多为 15B,LARGE 模式最多为 40B。

例子:
```
void tst_printf (void)
    { char a=1;   int b=12365;
      long c=0x7fffffff;
      unsigned char x='A';
      unsigned int y=54321;
      unsigned long z=0x4A6F6E00;
      float f=10.0;    float g=22.95;
```

```
            char buf []="Test String";   char *p=buf;
            printf ("char %bd int %d long %ld\n",a,b,c);
            printf ("Uchar %bu Uint %u Ulong %lu\n",x,y,z);
            printf ("xchar %bx xint %x xlong %lx\n",x,y,z);
            printf ("String %s is at address %p\n",buf,p);
            printf ("%f !=%g\n",f,g);
            printf ("%*f !=%*g\n",8,f,8,g);
      }
```

5. int sprintf/sprintf517(char * buffer,const char *fmtstr[,argument]…)

说明：sprintf 函数格式化一系列的字符串和数字值,并保存结果字符串在 buffer。fmtstr 参数是一个格式字符串,和 printf 函数指定的要求相同,参考 printf/printf517。

注意：可传递给 sprintf 的总的字节数受到 8051 存储区的限制,SMALL 模式或 COMPACT 模式最多为 15B,LARGE 模式最多为 40B。

返回值：sprintf 函数返回实际写到 buffer 的字符数。

例子：

```
      void tst_sprintf (void)
      {   char buf [100];   int n;    int a,b;   float pi;
          a=123;   b=456;    pi=3.14159;
          n=sprintf (buf,"%f\n",1.1);
          n+=sprintf (buf+n,"%d\n",a);
          n+=sprintf (buf+n,"%d %s %g",b,"——",pi);
          printf (buf);
      }
```

6. void vprintf(const char *fmtstr,char *argptr)

说明：vprintf 函数格式化一系列字符串和数字值,并建立一个用 putchar 函数写到输出流的字符串,函数类似于 printf 的副本,但使用参数列表的指针而不是一个参数列表。fmtstr 参数是一个指向一个格式字符串的指针,与 printf 函数的 fmtstr 参数有相同的形式和功能。argptr 参数指向一系列参数,根据格式中指定的对应格式转换和输出。

注意：本函数是指定执行的,基于 putchar 函数的操作,本函数由标准库提供,用 8051 的串口写字符,别的 I/O 设备可以定制函数。

返回值：vprintf 函数返回实际写到输出流的字符数。

例子：

```
      #include < stdarg.h>
      void error (char *fmt,...)
      {   va_list arg_ptr;
          va_start (arg_ptr,fmt);                     /*format string*/
          vprintf (fmt,arg_ptr);
          va_end (arg_ptr);
      }
      void tst_vprintf (void)
      {   int i=1000;
          error ("Error:'% d'number too large\n",i);    //call error with one parameter
          error ("Syntax Error\n");                    //call error with just a format string
      }
```

7. void vsprintf(char *buffer,const char *fmtstr,char *argptr)

说明：vsprintf 函数格式化一系列字符串和数字值，并保存字符串在 buffer 中，函数类似于 sprintf 的副本，但使用参数列表的指针而不是一个参数列表。fmtstr 参数是一个指向一个格式字符串的指针，与 printf 函数的 fmtstr 参数有相同的形式和功能。arpptr 参数指向一系列参数，根据格式中指定的对应格式转换和输出。

返回值：vsprintf 函数返回实际写到输出流的字符数。

例子：

```
#include <stdarg.h>
xdata char etxt[30];                    /*text buffer*/
void error (char *fmt,...)
{ va_list arg_ptr;
  va_start (arg_ptr,fmt);               /*format string*/
  vsprintf (etxt,fmt,arg_ptr);
  va_end (arg_ptr);
}
void tst_vprintf (void)
{ int i=1000;
  error ('Error:'%d'] number too large\n",i);   /*call error with one parameter*/
  error ("Syntax Error\n");           /*call error with just a format string*/
}
```

8. char putchar(char c)

说明：putchar 函数用 8051 的串口输出字符 c。

返回值：putchar 函数返回输出的字符 c。

注意：可以根据任何硬件环境修改_getkey 和 putchar 函数。

例子：

```
void tst_putchar (void)
{ unsigned char i;
  for(i=0x20; i<0x7F; i++){
    putchar (i);
  }
}
```

9. int puts(const char *string)

说明：puts 函数用 putchar 函数写 string 和一个换行符\n 到输出流。

注意：本函数指定执行基于 putchar 函数的操作，本函数由标准库提供，写字符到 8051 的串口，可以定制函数用别的 I/O 口。

返回值：错误时，puts 函数返回 EOF,如果没有则返回一个 0。

例子：

```
void tst_puts (void)
{ puts ("Line#1");
  puts ("Line#2");
  puts ("Line#3");
}
```

10. int scanf(const char *fmtstr,[,argument]…)

说明：scanf 函数用 getchar 程序读数据，输入的数据按照格式字符串 fmtstr 的格式，保存在由 argumentr 指定的存储空间。每个 argument 必须是一个指针，指向一个符合 fmtstr 所定义的类型，fmtstr 控制、解释输入的数据，fmtstr 参数由一个或多个空白字符、非空白字符和下面定义的格式标识符组成。

（1）空格、制表'\t'或换行'\n'，使 scanf 跳过输入流中的空白字符。格式字符串中单个的空白字符匹配输入流的 0 个或多个空白字符。

（2）非空白字符除了百分号％，使 scanf 从输入流读但不保存一个匹配字符，如果输入流的下一个字符和指定的非空白字符不匹配，scanf 函数终止。

（3）格式标识符以百分号％开头，使 scanf 从输入流读字符，并转换字符到指定的类型值，转换后的值保存在参数列表 argument 中，％后的字符不被认为是一个格式标识符，如％％匹配输入流的一个百分号。

返回值：scanf 函数返回成功转换的输入域的数目，如果有错误则返回一个 EOF。

格式字符串从左向右读，不是格式标识符的字符必须和输入流的字符匹配，这些字符从输入流读入，但不保存。如果输入流的一个字符和格式字符串冲突，scanf 终止，任何冲突的字符仍保留在输入流中。

在格式字符串中的第一个格式标识符引用 fmtstr 后面的第一个参数，并转化输入字符，根据格式标识符转换、保存值，后面的格式标识符以此类推。如果参数比格式标识符多，多出的参数将被忽略，如果没有足够的参数匹配格式标识符，结果是不可预料的。

输入流中的值被输入域调用，用空格隔开。在转换输入域时，scanf 遇到一个空格就结束一个参数的转换。而且任何当前格式标识符不认识的字符，都会结束一个域转换。

格式标识符的格式：%[*][width][{b|h|l}]type

type 域是单个字符，指定输入字符是否解释为一个字符、字符串或数字，如表 A-4 所示。

表 A-4 type 域指定输入字符的格式

type	参 数 类 型	输 入 格 式
D	int *	带符号十进制数
L	int *	带符号十进制、十六进制、八进制整数
U	unsigned int *	不带符号十进制数
O	unsigned int *	不带符号八进制数
X	unsigned int *	不带符号十六进制数
E	float *	浮点数
F	float *	浮点数
G	float *	浮点数
C	char *	单个字符
S	char *	一个字符串以空白结尾

注意：

（1）可选字符 b、h 和 l 可以直接放在类型字符前面，分别指定整数类型 d、i、u、o 和 x 的 char short 或 long 版本。

（2）以星号*作为格式标识符的第一个字符，会使输入域被扫描但不保存。星号禁止和格式标识符关联。

（3）width 域是一个非负数，指定从输入流读入的最多字符数。从输入流读入的字符数不超过 width，并根据相应的 argument 转换。然而，如果先遇到一个空格或一个不认识的字符，则读入的字符数会小于 width。

（4）本函数指定执行基于_getkey 和/或 putchar 函数的操作，这些函数由标准库提供，用 8051 的串口读/写，对别的 I/O 设备可定制函数。可以传递给 scanf 的字节数受 8051 存储区的限制，SMALL 模式或 COMPACT 模式最多为 15B，LARGE 模式最多为 40B。

例子：

```
void tst_scanf (void)
{ char a;   int b;   long c;   unsigned char x;
  unsigned int y;   unsigned long z;   float f,g;
  char d,buf [10];   int argsread;
  printf ("Enter a signed byte,int,and long\n");
  argsread=scanf ("%bd %d %ld",&a,&b,&c);
  printf ("%d arguments read\n",argsread);
  printf ("Enter an unsigned byte,int,and long\n");
  argsread=scanf ("%bu %u %lu",&x,&y,&z);
  printf ("%d arguments read\n",argsread);
  printf ("Enter a character and a string\n");
  argsread=scanf ("%c %9s",&d,buf);
  printf ("%d arguments read\n",argsread);
  printf ("Enter two floating-point numbers\n");
  argsread=scanf ("%f %f",&f,&g);
  printf ("%d arguments read\n",argsread);
}
```

11. int sscanf/sscanf517(char *buffer,const char *fmtstr[,argument]…)

说明：sscanf 函数从 buffer 读字符串，输入的数据保存在由 argument 根据格式字符串 fmtstr 指定的位置，每个 argument 必须是一个指向变量的指针，对应定义在 fmtstr 的类型，控制输入数据的解释。fmtstr 参数由一个或多个空白字符、非空白字符和格式标识符组成，如同 scanf 函数所定义的一样。

注意：可传递给 sscanf 的总的字节数受到 8051 的存储区的限制，SMALL 模式或 COMPACT 模式最多为 15B，LARGE 模式最多为 40B。

返回值：sscanf 函数返回成功转换的输入域的数目，如果出现错误则返回一个 EOF。

例子：

```
void tst_sscanf (void)
{ char a;   int b;   long c;   unsigned char x;   unsigned int y;
  unsigned long z;   float f,g;   char d,buf [10];   int argsread;
  printf ("Reading a signed byte,int,and long\n");
  argsread=sscanf ("1-234 567890","%bd %d %ld",&a,&b,&c);
  printf ("%d arguments read\n",argsread);
  printf ("Reading an unsigned byte,int,and long\n");
  argsread=sscanf ("2 44 98765432","%bu %u %lu",&x,&y,&z);
  printf ("%d arguments read\n",argsread);
  printf ("Reading a character and a string\n");
```

```
argsread=sscanf ("a abcdefg","%c %9s",&d,buf);
printf ("%d arguments read\n",argsread);
printf ("Reading two floating-point numbers\n");
argsread=sscanf ("12.5 25.0","%f %f",&f,&g);
printf ("%d arguments read\n",argsread);
}
```

12. char ungetchar(char c)

说明：ungetchar 函数把字符 c 返回到输入流，下次调用 getchar 函数和别流输入函数时返回 c，ungetchar 在调用时只能传递一个字符给 getchar。

返回值：如果成功，ungetchar 函数返回字符 c，如果调用者在读输入流时调用 getchar 多次，则返回 EOF(−1)，表示一个错误条件。

例子：
```
void tst_ungetchar (void)
{ char k;
  while(isdigit(k=getchar())) {}   //stay in the loop as long as k is a digit
  ungetchar (k);
}
```

A.3 字符转换和分类函数

字符转换和分类函数的头文件在 ctype.h 中，允许测试单个字符的各种属性，并转换成不同的格式。_tolower、_toupper、toascii 程序作为宏来运行。

1. bit isalnum(char c)

说明：isalnum 函数测试 c，确定是否是一个字母或数字字符（'A'～'Z','a'～'z','0'～'9'）。

返回值：如果 c 是一个字母或数字字符，isalnum 函数返回 1，否则返回 0。

例子：
```
#include <ctype.h>
void tst_isalnum (void)
{ unsigned char i;  char *p;
  for (i=0; i<128; i++) {
    p=(isalnum (i) ? "YES" : "NO");
    printf ("isalnum (%c) %s\n",i,p);
  }
}
```

2. bit isalpha(char c)

说明：isalpha 函数测试 c，确定是否是一个字母字符（'A'～'Z'或'a'～'z'）。

返回值：如果 c 是一个字母字符，isalpha 函数返回 1，否则返回 0。

例子：
```
#include <ctype.h>
void tst_isalpha (void)
{ unsigned char i; char *p;
  for (i=0; i<128; i++) {
```

```
      p=(isalpha (i) ?"YES" : "NO");
      printf ("isalpha (%c)%s\n",i,p);
    }
  }
```

3. bit iscntrl(char c)

说明:iscntrl 函数测试 c,确定是否是一个控制字符(0x00～0x1F 或 0x7F)。

返回值:如果 c 是一个控制字符,iscntrl 函数返回 1,否则返回 0。

例子:

```
  #include <ctype.h>
  void tst_iscntrl (void)
  { unsigned char i;   char *p;
    for (i=0; i<128; i++) {
      p=(iscntrl (i)?"YES" : "NO");
      printf ("iscntrl (%c) %s\n",i,p);
    }
  }
```

4. bit isdigit(char c)

说明:isdigit 函数测试 c,确定是否是一个十进制数(0～9)。

返回值:如果 c 是一个十进制数,isdigit 函数返回 1,否则返回 0。

例子:

```
  #include <ctype.h>
  void tst_isdigit (void)
  { unsigned char i;
    char *p;
    for (i=0; i<128; i++) {
      p=(isdigit (i) ?"YES" : "NO");
      printf ("isdigit (%c) %s\n",i,p);
    }
  }
```

5. bit isgraph(char c)

说明:isgraph 函数测试 c,确定是否是一个可打印字符(不包括空格),值在 0x21～0x7E 之间。

返回值:如果 c 是一个可打印字符,isgraph 函数返回 1,否则返回 0。

例子:

```
  #include <ctype.h>
  void tst_isgraph (void)
  { unsigned char i;
    char *p;
    for (i=0; i<128; i++) {
      p=(isgraph (i)?"YES" : "NO");
      printf ("isgraph (%c) %s\n",i,p);
    }
  }
```

6. bit islower(char c)

说明:islower 函数测试 c,确定是否是一个小写字母字符(a～z)。

返回值:如果 c 是一个小写字母字符,islower 函数返回 1,否则返回 0。

例子:

```
#include <ctype.h>
void tst_islower (void)
{ unsigned char i;
  char *p;
  for (i=0; i<128; i++) {
    p= (islower (i)?"YES" : "NO");
    printf ("islower (%c) %s\n",i,p);
  }
}
```

7. bit isprint(char c)

说明:isprint 函数测试 c,确定是否是一个可打印字符(0x20～0x7E)。

返回值:如果 c 是一个可打印字符,isprint 函数返回 1,否则返回 0。

例子:

```
#include <ctype.h>
void tst_isprint (void)
{ unsigned char i;
  char *p;
  for (i=0; i<128; i++) {
    p= (isprint (i) ? "YES" : "NO");
    printf ("isprint (%c) %s\n",i,p);
  }
}
```

8. bit ispunct(char c)

说明:ispunct 函数测试 c,确定是否是一个标点符号(下面的符号是标点符号:! " # $ % & ' ( ) * + ' — . / : ; < = > ? @ [ ] ^ _ ` { | } ~)。

返回值:如果 c 是一个标点符号字符,ispunct 函数返回 1,否则返回 0。

例子:

```
#include <ctype.h>
void tst_ispunct (void)
{ unsigned char i;
  char *p;
  for (i=0; i<128; i++) {
    p= (ispunct (i)?"YES" : "NO");
    printf ("ispunct (%c) %s\n",i,p);
  }
}
```

9. bit isspace(char c)

说明:isspace 函数测试 c,确定是否是一个空白字符(0x09～0x0D 或 0x20)。

返回值:如果 c 是一个空白字符,isspace 函数返回 1,否则返回 0。

例子:

```
#include <ctype.h>
void tst_isspace (void)
```

```
    { unsigned char i;char *p;
      for (i=0; i<128; i++) {
        p= (isspace (i)?"YES" : "NO");
        printf ("isspace (%c) %s\n",i,p);
      }
    }
```

10. bit isupper(char c)

说明:isupper 函数测试 c,确定是否是一个大写字母字符('A'～'Z')。

返回值:如果 c 是一个大写字母字符,isupper 函数返回 1,否则返回 0。

例子:

```
    #include <ctype.h>
    void tst_isupper (void)
    { unsigned char i;
      char *p;
      for (i=0; i<128; i++) {
        p= (isupper (i)?"YES" : "NO");
        printf ("isupper (%c) %s\n",i,p);
      }
    }
```

11. bit isxdigit(char c)

说明:isxdigit 函数测试 c,确定是否是一个十六进制数('A'～'Z','a'～'z','0'～'9')。

返回值:如果 c 是一个十六进制数,isxdigit 函数返回 1,否则返回 0。

例子:

```
    #include <ctype.h>
    void tst_isxdigit (void)
    { unsigned char i;char *p;
      for (i=0; i<128; i++) {
        p= (isxdigit (i)?"YES" : "NO");
        printf ("isxdigit (%c) %s\n",i,p);
      }
    }
```

12. char toascii(char c)

说明:toascii 该宏将任何整型值缩小到有效的 ASCII 范围内,它将变量和 0x7F 相与从而去掉低 7 位以上所有数位。

例子:

```
    #include <ctype.h>
    void tst_toascii ( char c)
    { char k;   k=toascii (c);
      printf ("%c is an ASCII character\n",k);
    }
```

13. char toint(char c)

说明:toint 函数解释 c 为一个十六进制值,ASCII 字符'0'～'9'生成值 0～9,ASCII 字符'A'～'F'和'a'～'f'生成值 10～15。

返回值:toint 宏返回 c 的十六进制 ASCII 值。

例子:

```
#include <ctype.h>
void tst_toint (void)
{ unsigned long m;
  char k;
  for (m=0; isdigit (k=getchar ());m*=10) {
    m+=toint (k);
  }
}
```

14. char tolower(char c)

说明：tolower 将字符转换为小写形式，如果字符变量不在 'A'～'Z' 之间，则不作转换，返回该字符。

例子：
```
#include <ctype.h>
void tst_tolower (void)
{ unsigned char i;
  for (i=0x20;i<0x7F;i++) {
    printf ("tolower(%c)=%c\n",i,tolower(i));
  }
}
```

15. char _tolower(char c)

说明：_tolower 宏是在已知 c 是一个大写字符的情况下将其转化为小写字符。

例子：
```
#include <ctype.h>
void tst__tolower ( char k)
{ if (isupper (k)) {
    k=_tolower (k);
  }
}
```

16. char toupper(char c)

说明：toupper 函数转换 c 为一个大写字符，如果 c 表示一个字母，则函数无效。
返回值：toupper 宏返回 c 的大写。

例子：
```
#include <ctype.h>
void tst_toupper (void)
{ unsigned char i;
  for (i=0x20;i<0x7F;i++) {
    printf ("toupper(%c)=%c\n",i,toupper(i));
  }
}
```

17. char _toupper(char c)

说明：_toupper 宏是在已知 c 是一个小写字符的情况下才可用。
返回值：_toupper 宏返回 c 的大写。

例子：
```
#include <ctype.h>
```

```
void tst__toupper ( char k)
{ If (islower (k)){ k=_toupper (k);   }
}
```

A.4 字符串操作函数

字符串操作函数的头文件在 string.h 中,所有的字符串函数都对应以 NULL('\0')结尾的字符串操作,对无结尾的字符串用下一节所说的缓冲区操作函数。

1. char strcat(char *dest,char *syc)

说明:strcat 函数连接或添加 src 到 dest,并用一个 NULL 字符终止 dest。

返回值:strcat 函数返回 dest。

例子:
```
# include < string.h>
void tst_strcat (void)
{ char buf [21];
  char s []="Test String";
  strcpy (buf,s);
  strcat (buf," #2");
  printf ("new string is %s\n",buf);
}
```

2. char strchr(const char *string,char c)

说明:strchr 函数搜索 string 中第一个出现 c 的位置,直到 string 中的 NULL 字符为止。

返回值:strchr 函数返回 string 中指向 c 的一个指针,如没有发现则返回 NULL 指针。

例子:
```
#include <string.h>
void tst_strchr (void)
{ char buf []="This is a test";
  char *s=strchr (buf,'t');
  if (s !=NULL){ printf ("found a 't' at %s\n",s); }
}
```

3. char strcmp(char *string1,char *string2)

说明:strcmp 函数比较 string1 和 string2 的内容,返回一个值表示他们的关系。

返回值:＜0——string1 小于 string2,＝0——string1 等于 string2,＞0——string1 大于 string2。

例子:
```
#include <string.h>
void tst_strcmp (void)
{ char buf1 []="Bill Smith";
  char buf2 []="Bill Smithy";
  char i=strcmp (buf1,buf2);
  if (i<0){   printf ("buf1<buf2\n");   }
  else if (i>0){   printf ("buf1>buf2\n");   }
```

```
        else{   printf ("buf1==buf2\n");   }
}
```

4. char strcpy(char *dest,char *src)

说明：strcpy 函数复制 src 到 dest，并用 NULL 字符结束 dest。

返回值：strcpy 函数返回 dest。

例子：

```
#include <string.h>
void tst_strcpy (void)
{ char buf [21];
  char s []="Test String";
  strcpy (buf,s);
  strcat (buf," #2");
  printf ("new string is % s\n",buf);
}
```

5. int strcspn(char *src,char *set)

说明：strcspn 函数在 src 字符串中查找 set 字符串中的任一个字符。

返回值：strcspn 函数返回 src 中和 set 匹配的第一个字符的索引，如果 src 的第一个字符和 set 中的一个字符匹配，则返回 0，如果没有字符匹配，则返回字符串的长度。

例子：

```
#include <string.h>
void tst_strcspn (void)
{ char buf []="13254.7980";
  int i=strcspn (buf,".,");
  if (buf [i] !='\0') {
     printf ("%c was found in %s\n",buf [i],buf);
  }
}
```

6. int strlen(char *src)

说明：strlen 函数计算 src 的字节数，不包括 NULL 结束符。

返回值：strlen 函数返回 src 的长度。

例子：

```
#include <string.h>
void tst_strlen (void)
{ char buf []="Find the length of this string";
  int len=strlen (buf);
  printf ("string length is %d\n",len);
}
```

7. char strncat(char *dest,char *src,int len)

说明：strncat 函数从 src 添加最多 len 个字符到 dest，并用 NULL 结束，如果 src 的长度小于 len，则将 src 连带 NULL 全部复制。

返回值：strncat 函数返回 dest。

例子：

```
#include <string.h>
```

```
void tst_strncat (void)
{ char buf [21];
  strcpy (buf,"test# ");
  strncat (buf,"three",sizeof (buf)-strlen(buf));
}
```

8. char strncmp(char *string1,char *string1,int len)

说明：strncmp 函数将 string1 前 len 个字节和 string2 进行比较，返回一个值表示他们的关系，以字符的 ASCII 码为依据进行比较。

返回值：＜0——string1 小于 string2，＝0——string1 等于 string2，＞0——string1 大于 string2。

例子：

```
#include <string.h>
void tst_strncmp (void)
{ char str1 []="Wrodanahan T.J.";
  char str2 []="Wrodanaugh J.W.";
  char i=strncmp (str1,str2,15);
  if (i<0){ printf ("str1<str2\n"); }
  else if (i>0){ printf ("str1>str2\n"); }
  else{ printf ("str1==str2\n"); }
}
```

9. char strncpy(char *dest,char *scr,int len)

说明：strncpy 函数从 src 复制最多 len 个字符到 dest。

返回值：strncpy 函数返回 dest。

例子：

```
#include <string.h>
void tst_strncpy ( char *s)
{ char buf [21];
  strncpy (buf,s,sizeof (buf));
  buf [sizeof (buf)]='\0';
}
```

10. char strpbrk(char *string,char *set)

说明：strpbrk 函数查找 string 中第一个出现的 set 中的任何字符，不包括 NULL 结束符。

返回值：strpbrk 函数返回 string 匹配的字符的指针，如果 string 没有字符和 set 匹配，则返回一个 NULL 指针。

例子：

```
#include <string.h>
void tst_strpbrk (void)
{ char vowels []="AEIOUaeiou";
  char text []="Seven years ago...";
  char *p=strpbrk (text,vowels);
  if (p==NULL){ printf ("No vowels found in %s\n",text); }
  else{ printf ("Found a vowel at %s\n",p); }
}
```

11. int strpos(const char *string, char c)

说明:strpos 函数查找 string 中 c 第一次出现的位置,包括 string 的 NULL 结束符。

返回值:strpos 函数返回 string 中和 c 匹配的字符的索引,如没有匹配的则返回 -1, string 中第一个字符的索引是 0。

例子:

```
#include <string.h>
void tst_strpos (void)
{ char text []="Search this string for blanks";
  int i=strpos (text,' ');
  if (i==-1){ printf ("No spaces found in %s\n",text); }
  else{ printf ("Found a space at offset %d\n",i); }
}
```

12. char strrchr(const char *string, char c)

说明:strrchr 函数查找 string 中 c 最后一次出现的位置,包括 string 的 NULL 结束符。

返回值:strrchr 函数返回 string 中和 c 匹配的字符的指针,如没有匹配的则返回 NULL。

例子:

```
# include < string.h>
void tst_strrchr (void)
{ char *s;   char buf []="This is a test";
  s=strrchr (buf,'t');
  if(s!=NULL){  printf ("found the last 't' at %s\n",s);  }
}
```

13. char strrpbrk(char *string, char *set)

说明:strrpbrk 函数查找 string 中最后一个出现的 set 中的任何字符,不包括 NULL 结束符。

返回值:strrpbrk 函数返回 string 最后匹配的字符的指针,如果 string 没有字符和 set 匹配,则返回一个 NULL 指针。

例子:

```
#include <string.h>
void tst_strrpbrk (void)
{ char vowels []="AEIOUaeiou";
  char text []="American National Standards Institute";
  char *p=strpbrk (text,vowels);
  if (p==NULL){  printf ("No vowels found in %s\n",text);  }
  else{  printf ("Last vowel is at %s\n",p);  }
}
```

14. int strrpos(const char *string, char c)

说明:strrpos 函数查找 string 中 c 的最后一次出现的位置,包括 string 的 NULL 结束符。

返回值:strrpos 函数返回 string 中和 c 匹配的最后字符的索引,如没有匹配的则返回 -1, string 中第一个字符的索引是 0。

例子:

```
#include <string.h>
void tst_strrpos ( char *s)
```

```
    { int i=strpos (s,' ');
      if (i==-1){ printf ("No spaces found in %s\n",s); }
      else{   printf ("Last space in %s is at offset %d\n",s,i);   }
    }
```

15. int strspn(char *string,char *set)

说明：strspn 函数查找 string 中 set 没有的字符。

返回值：strspn 函数返回 string 第一个和 set 不匹配的字符的索引，如果 string 中的第一个字符和 set 中的字符不匹配，则返回一个 0。如果 string 中的所有字符 set 中都有，则返回 string 的长度。

例子：
```
#include < string.h>
void tst_strspn ( char *digit_str)
{ int i;   char octd []="01234567";
  i=strspn (digit_str,octd);
  if (digit_str [i] !='\0') {
    printf ("%c is not an octal digit\n",digit_str [i]);
  }
}
```

16. char strstr(const char *src,char *sub)

说明：strstr 函数确定字符串 sub 在 src 中第一次出现的位置，返回一个指针，指向第一次出现的开头。

返回值：strstr 函数返回 src 中和 sub 一样的起始点指针，如果 src 不在 sub 中，则返回一个 NULL 指针。

例子：
```
#include <string.h>
char s1 []="My House is small";
void tst_strstr (void)
{ char *s;   s=strstr (s1,"House");
  printf ("substr (s1,\"House\") returns %s\n",s);
}
```

◀ A.5　缓冲区操作函数 ▶

缓冲区操作函数的头文件在 string.h 中，缓冲区操作函数用在存储缓冲区，以字符为基础，一个缓冲区就是一个字符数组，类似于字符串，但是缓冲区可以不是用 NULL '\0' 字符结束，因此这些程序要求一个缓冲区长度。

1. void memccpy(void *dest,void *src,char c,int len)

说明：memccpy 函数从 src 到 dest 复制 0 或更多的字符，直到字符 c 被复制或 len 字节被复制，哪个条件先遇到就执行哪个条件。

返回值：memccpy 函数返回一个指针，指向 dest 最后一个复制的字符的后一个字节，如果最后一个字符是 c，则返回一个 NULL 指针。

例子：

```
#include <string.h>
void tst_memccpy (void)
{ static char src1 [100]="Copy this string to dst1";
  static char dst1 [100];
  void*c=memccpy (dst1,src1,'g',sizeof (dst1));
  if (c==NULL){   printf ("'g' was not found in the src buffer\n");   }
  else{   printf ("characters copied up to 'g'\n");   }
}
```

2. void memchr(void *buf,char c,int len)

说明:memchr 函数扫描 buf 的第一个 len 字节查找字符 c。

返回值:memchr 函数返回字符 c 在 buf 中的指针,如没有则返回一个 NULL 指针。

例子:
```
#include <string.h>
void tst_memchr (void)
{ static char src1 [100] ="Search this string from the start";
  void*c=memchr (src1,'g',sizeof (src1));
  if(c==NULL){   printf ("'g' was not found in the buffer\n");   }
  else{   printf ("found 'g' in the buffer\n");   }
}
```

3. char memcmp(void *buf1,void *buf2,int len)

说明:memcmp 函数比较两个缓冲区 buf1 和 buf2 前 len 字节,返回一个值表示关系。

返回值:<0——buf1 小于 buf2,=0——buf1 等于 buf2,>0——buf1 大于 buf2。

例子:
```
#include <string.h>
void tst_memcmp (void)
{ static char hexchars []="0123456789ABCDEF";
  static char hexchars2 []="0123456789abcdef";
  char i=memcmp (hexchars,hexchars2,16);
  if (i<0){   printf ("hexchars<hexchars2\n");   }
  else if (i>0){   printf ("hexchars>hexchars2\n");   }
  else {   printf ("hexchars==hexchars2\n");   }
}
```

4. void memcpy(void *dest,void *src,int len)

说明:memcpy 函数从 src 到 dest 复制 len 字节,如果存储缓冲区重叠,memcpy 函数不能保证 src 中的那个字节在被覆盖前复制到 dest。如果缓冲区重叠则用 memmove 函数。

返回值:memcpy 函数返回 dest。

例子:
```
#include <string.h>
void tst_memcpy (void)
{ static char src1 [100] ="Copy this string to dst1";
  static char dst1 [100];
  char *p=memcpy (dst1,src1,sizeof (dst1));
  printf ("dst=\"%s\"\n",p);
}
```

5. void memmove(void *dest,void *src,int len)

说明：memmove 函数从 src 到 des 复制 len 字节，如果存储缓冲区重叠，memmove 函数保证 src 中的那个字节在被覆盖前复制到 dest。

返回值：memmove 函数返回 dest。

例子：

```
#include <string.h>
void tst_memmove (void)
{ static char buf []="This is line 1 "
    "This is line 2 "
    "This is line 3 ";
  printf ("buf before=%s\n",buf);
  memmove (&buf [0],&buf [16],32);
  printf ("buf after=%s\n",buf);
}
```

6. void memset(void *buf,char c,int len)

说明：memset 函数设置 buf 的前 len 字节的数据为 c。

返回值：memset 函数返回 dest。

例子：

```
#include <string.h>
void tst_memset (void)
{ char buf [10];
  memset (buf,'\0',sizeof (buf));        /*fill buffer with null characters*/
}
```

◀ A.6　字符串转换函数 atof/atof517、atoi、atol ▶

字符串转换函数的头文件在 stdlib.h 中，它把 ASCII 字符串转换成数字。

原形：

```
float atof/atof517(void*string)
int atoi(void*string)
longatol(void*string)
```

说明：atof/atof517 函数转换 string 为一个浮点数，atoi 函数转换 string 为一个整数值，atol 函数转换 string 为一个长整数值。

string 是一个字符序列，可以解释为一个浮点数、整数值、长整数值，如果 string 的第一个字符不能转换成数字就停止处理。

atof 函数要求 string 的格式：[{+|−}]数字[.数字][{e|E}[{+|−}]数字]，atoi、atol 函数要求 string 的格式：[空格][{+|−}]数字，这里数字可能是一个或多个十进制数。

例子：

```
#include <stdlib.h>
void tst_atof (void)
{ float f; int i; long l;
  chars[]="1.23"; f=atof (s);
```

```
        printf("ATOF(%s)=%f\n",s,f);
        char s[]="12345"; i=atoi(s);
        printf("ATOI(%s)=%d\n",s,i);
        char s[]="8003488051"; l=atol(s);
        printf("ATOL(%s)=%ld\n",s,l);
}
```

◀ A.7 字符串按格式转换函数 strtod/strtod517、strtol、strtoul ▶

字符串按格式转换函数的头文件在 stdlib.h 中,它把 ASCII 字符串转换成数字。
原形:

```
unsigned strtod/strtod517(const char *string,char **ptr)
long strtoul(const char *string,char **ptr,unsigned char base)
long strtoul(const char *string,char **ptr,unsigned char base)
```

说明:strtod 函数转换 string 为一个浮点数,strtol 函数转换 string 为一个 long 值,strtoul 函数转换 string 为一个 unsigned long 值,输入 string 是一个字符序列,可以解释为一个浮点数、整数字符串,字符串开头的空格被忽略,可加正负号。

strtod 函数要求 string 的格式:[{+|-}]digits[.digits][{e|E}[{+|-}]digits]。

digits——一个或多个十进制数,ptr 的值设置指针到 string 中转换部分后面的第一个字符,如果 ptr 是 NULL,则没有值和 ptr 关联。如果不能转换则 ptr 就设为 string 的值,strtod 返回 0。

strtol、strtoul 函数要求 string 有下面的格式:[空格][{+|-}]digits。

digits——一个或多个十进制数。

base——转换进制,范围是 2~36,或者 0。Base=10 则转换为十进制数,Base=16 则转换为十六进制数。用字母'a'~'z'或'A'~'Z'分别表示值 10~36,只有小于 base 的字母表示的值是允许的。如果 base 是 16,数值可能以 0x 或 0X 开头,0x 或 0X 被忽略。

ptr 的值设置指针指向 string 中转换部分后面的第一个字符,如果 ptr 是 NULL,则没有值和 ptr 关联,如果不能转换,ptr 设置为 string 的值,strtoul 返回 0。

返回值:strtod 函数返回由 string 生成的浮点数。

strtol、strtoul 函数返回 string 生成的整数值,如溢出则返回 ULONG_MAX。

例子:

```
#include <stdlib.h>
void tst_strtod (void)
{ float f; long l;   unsigned long ul; char s[]="1.23";
  f=strtod (s,NULL);
  printf ("strtod(%s)=%f\n",s,f);
  char s[]= "-123456789"; long l=strtol (s,NULL,10);
  printf ("strtol(%s)=%ld\n",s,l);
  char s[]="12345AB"; ul=strtoul(s,NULL,16);
  printf ("strtoul(%s)=%lxn",s,ul);
}
```

◀ A.8 内部固有函数 ▶

内部固有函数直接嵌入代码,比函数调用更快,它们的头文件在 intrins.h 中。

1. unsigned char _chkfloat_(float val)

说明：_chkfloat_函数检查浮点数的状态。

返回值：_chkfloat_函数返回一个 unsigned char 值，包含下面的状态信息：0——标准浮点数，1——浮点数 0，2——＋INF（正溢出），3——－INF（负溢出），4——NaN（不是一个数）。

例子：

```
#include <intrins.h>
void tst_chkfloat (void)
{ float f1, f2, f3;
  f1=f2*f3;
  switch (_chkfloat_ (f1)) {
    case 0: printf ("result is a number\n"); break;
    case 1: printf ("result is zero\n"); break;
    case 2: printf ("result is +INF\n"); break;
    case 3: printf ("result is -INF\n"); break;
    case 4: printf ("result is NaN\n"); break;   }
}
```

2. 左移位函数_crol_、_irol_、_lrol_

原形：

```
unsigned char _crol_(unsigned char c,unsigned char b)
unsigned int _irol_(unsigned int i,unsigned char b)
unsigned long _lrol_(unsigned long l,unsigned char c)
```

说明：_crol_函数左移 c 字符 b 位，_irol_函数将整数 i 循环左移 b 位，_lrol 函数将长整数 l 循环左移 b 位，本函数是固有函数，代码被内嵌而不是调用。

返回值：_crol_函数返回结果 c，_irol_程序返回左移后的值 i，_lrol_程序返回左移后的值 l。

例子：

```
#include <intrins.h>
void tst_crol (void)
{ char ca=0xA5; char b; int ia=0xA5A5;
  long la=0xA5A5A5A5;
  b=_crol_(ca,3);              /*b now is 0x2D*/
  ia=_irol_(ia,3);             /*ia=0x2D2D
  la=_lrol_(la,3);             /*ia=0x2D2D2D2D*/
}
```

3. 右移位函数_cror_、_iror_、_lror_

原形：

```
unsigned char _cror_(unsigned char c,unsigned char b)
unsigned int _iror_(unsigned int i,unsigned char b)
unsigned long _lror_(unsigned long l,unsigned char c)
```

说明：_cror_函数右移 c 字符 b 位，_iror_函数将整数 i 循环右移 b 位，_lror 函数将长整数 l 循环右移 b 位，本函数是固有函数，代码被内嵌而不是调用。

返回值：_cror_程序返回结果 c，_iror_函数返回右移后的值 i，_lror_函数返回右移后的值 l。

例子：

```
#include <intrins.h>
```

```
void tst_crol (void)
{ char ca=0xA5; char b; int ia=0xA5A5;
  long la=0xA5A5A5A5;
  b=_crolr_(ca,3);                    /*b now is 0xD2*/
  ia= _iror_(ia,3);                   /*ia=0xD2D2
  la= _lror_(la,3);                   /*ia=0xD2D2D2D2*/
}
```

4. 空操作函数　void _nop_(void)

说明：_nop_程序插入一个 8051 NOP 指令到程序，可以用来停顿 1 个 CPU 周期，本程序是一个固有函数代码，被内嵌而不是调用。

例子：

```
#include <intrins.h>
void tst_nop (void)
{ P1=0xFF;  _nop_ ();                 /*delay for hardware*/
  _nop_ ();  _nop_ ();
  P1=0x00;
}
```

5. 位测试函数　bit _testbit_(bit b)

说明：_testbit_程序在生成的代码中用 JBC 指令来测试位 b 并清零，本程序只能用在直接寻址位变量，对任何类型的表达式无效，本程序为一个固有函数代码，被内嵌而非调用。

返回值：_testbit_程序返回值 b。

例子：

```
#include <intrins.h>
void tst_testbit (void)
{bit test_flag;
 if (_testbit_ (test_flag)){  printf ("Bit was set\n");  }
 else{  printf ("Bit was clear\n");  }
}
```

A.9 存储区分配函数

存储区分配函数的头文件在 stdlib.h 中，提供一种方法来分配和释放存储池的存储块。

1. void calloc(unsigned int num, unsigned int len)

说明：calloc 函数从一个数组分配 num 个元素的存储区，每个元素占用 len 字节，并清零，字节总数为 num×len。

注意：在 LIB 目录提供程序的源代码，可以修改源程序为硬件定制本函数。

返回值：calloc 函数返回一个指向分配的存储区指针，如果不能分配则返回一个 NULL 指针。

例子：

```
#include <stdlib.h>
void tst_calloc (void)
{ int xdata *p;                       /*ptr to array of 100 ints*/
```

```
        p=calloc (100,sizeof (int));
        if (p==NULL){   printf ("Error allocating array\n"); }
        else{ printf ("Array address is %p\n",(void*) p); }
    }
```

2. void free(void xdata *p)

说明：free 函数返回一个存储块到存储池，p 参数指向用 calloc、malloc 或 realloc 函数分配的存储块，一旦存储块返回到存储池就可被再分配。如果 p 是一个 NULL 指针则被忽略。

注意：本程序的源代码在\KEIL\C51\LIB 目录中,可以修改源程序。

例子：

```
    #include <stdlib.h>
    void tst_free (void)
    { void*mbuf;
      printf ("Allocating memory\n");
      mbuf=malloc (1000);
      if (mbuf==NULL) {   printf ("Unable to allocate memory\n");}
      else {   free (mbuf);   printf ("Memory free\n");   }
    }
```

3. void init_mempool(void xdata *p,unsigned int size)

说明：init_mempool 函数初始化存储管理程序，提供存储池的开始地址和大小，p 参数指向一个 xdata 的存储区，用 calloc、free、malloc 和 realloc 库函数管理。size 参数指定存储池所用的字节数。

注意：本函数必须在其他的存储管理函数 calloc、free、malloc、realloc 被调用前设置存储池，只在程序的开头调用 init_mempool 一次。本程序的源代码在目录\KEIL\C51\LIB 中,可以修改源程序以适应硬件环境。

例子：

```
    #include <stdlib.h>
    void tst_init_mempool (void)
    { xdata void*p;   int i;
      init_mempool (&XBYTE [0x2000],0x1000);// initialize memory pool at xdata 0x2000
      p=malloc (100);                      // for 4096 bytes
      for (i=0; i<100; i++){ ((char*) p)[i]=i;   }
      free (p);
    }
```

4. void malloc(unsigned int size)

说明：malloc 函数从存储池分配 size 字节的存储块。

注意：本程序的源代码在\KEIL\C51\LIB 目录中可以根据硬件环境修改源文件。

返回值：malloc 返回一个指向所分配的存储块的指针，如果没有足够的空间，则返回一个 NULL 指针。

例子：

```
    #include <stdlib.h>
    void tst_malloc (void)
    { unsigned char xdata *p;
      p=malloc (1000);                      /*allocate 1000 bytes */
```

```
            if (p==NULL){   printf ("Not enough memory space\n");   }
            else{   printf ("Memory allocated\n");   }
        }
```

5. void realloc(void xdata *p,unsigned int size)

说明：realloc 函数改变前面已分配的存储块的大小，p 参数指向已分配块 size 参数指定新块的大小。原块的内容复制到新块，新块中多出的区域，不被初始化。

注意：本程序的源代码在目录\KEIL\C51\LIB 中，可以根据硬件环境定制本函数。

返回值：realloc 返回一个指向新块的指针，如果存储池没有足够的存储区，则返回一个 NULL 指针，使用的存储块不受影响。

例子：
```
        #include <stdlib.h>
        void tst_realloc (void)
        { void xdata *p;   void xdata *new_p;
         p=malloc (100);
         if (p !=NULL) {
          new_p=realloc (p,200);
          if (new_p !=NULL){ p=new_p;   }
          else{ printf ("Reallocation failed\n");   }
         }
        }
```

◀ A.10 可变长度参数列表函数 ▶

可变长度参数列表函数的头文件在 stdarg.h 中，作为宏，为访问一个可变参数的函数提供一个简单的方法。

1. void va_start(argptr,prevparm)

说明：va_start 宏用在一个可变长度参数列表的函数中时，初始化 argptr 参数，为以后 va_arg 和 va_end 宏使用，prevparm 参数必须是用省略号…指定的可选参数前紧挨的函数参数。

2. type va_rag(argptr,type)

说明：va_arg 宏用来从一个可变长度参数（记号为…）列表索引 argptr 提取并列参数，type 参数指定提取参数的数据类型（char、int、long 等），本宏对每个参数只能调用一次，且必须根据参数列表中参数顺序调用。第一次调用 va_arg 返回 va_start 宏中指定的 prevparm 参数后的第一个参数，后来对 va_arg 的调用依次返回余下参数。

返回值：va_arg 宏返回指定参数类型的值。

例子：
```
        #include <stdarg.h>
        int varfunc (char *buf,int id,...)
        { va_list tag;
         va_start (tag,id);
         if (id==0) {
           int arg1;   char *arg2;   long arg3;
           arg1=va_arg (tag,int);
```

```
        arg2=va_arg (tag,char*);
        arg3=va_arg (tag,long);
    }
    else {
      char*arg1;  char*arg2;  long arg3;
      arg1=va_arg (tag,char*);
      arg2=va_arg (tag,char*);
      arg3=va_arg (tag,long);
    }
  }
  void caller (void)
  { char tmp_buffer [10];
    varfunc (tmp_buffer,0,27,"Test Code",100L);
    varfunc (tmp_buffer,1,"Test","Code",348L);
  }
```

3. void va_end(argptr)

va_end 宏用来终止可变长度参数列表指针 argptr 的使用,之前 argptr 用 va_start 宏初始化。

A.11 其他函数

1. float assert(expression)

摘要:#include<assert.h>

说明:assert 宏测试 expression,如果为假则用 printf 打印一个详细诊断,无返回值。

例子:
```
  #include <assert.h>
  void check_parms (char*string)
  { assert (string !=NULL); /*check for NULL ptr*/
    printf ("String %s is OK\n",string);
  }
```

2. int offsetof(structure,member)

摘要:#include<stddef.h>

说明:offsetof 宏计算结构元素 member 从结构开头的偏移,structure 参数必须指定一个结构的名称,member 参数必须指定结构的成员的名称。

返回值:offsetof 宏返回 member 元素从 struct structure 开头的偏移的字节数。

例子:
```
  #include <stddef.h>
  struct index_st{
    unsigned char type;
    unsigned long num;
    unsigned ing len;
  };
```

```
typedef struct index_st index_t;
void main (void)
{ int x,y;
  x=offsetof (struct index_st,len);              /*x=5*/
  y=offsetof (index_t,num);                      /*x=1*/
}
```

3. void longjmp(jmp_buf env,int retval)

摘要：#include<setjmp.h>

说明：longjmp 函数恢复前面 setjmp 函数保存在 env 的状态，retval 参数指定从 setjmp 调用返回值。longjmp 和 setjmp 可以用来执行非局部跳转，通常用来传递控制给一个错误恢复程序。只有用 volatile 属性声明的局部变量和函数参数被恢复。

例子：

```
#include <setjmp.h>
jmp_buf env;                          /*跳转环境(必须是全局的)*/
bit error_flag;
void trigger (void)
{ .
  ./*存放处理代码*/
  .
  if (error_flag != 0) { longjmp (env,1); }   /*给 setjmp 返回 1*/
}
void recover (void)
{
  /*存放恢复代码*/
}
void tst_longjmp (void)
{ .
  if (setjmp (env) !=0) { printf ("LONGJMP called\n"); recover (); }
  else {  printf ("SETJMP called\n");
  error_flag=1;   trigger ();              /*强制错误*/
  }
}
```

4. int setjmp(jmp_buf env)

摘要：#include<setjmp.h>

说明：setjmp 函数保存当前 CPU 的状态在 env,状态可以调用并发 longjmp 函数来恢复。当同时使用时,setjmp 和 longjmp 函数提供一种方法,实行非局部跳转。

setjmp 函数保存当前指令地址和别的 CPU 寄存器,一个 longjmp 的并发调用恢复指令指针和寄存器,在 setjmp 调用后面恢复运行。只有声明了 volatile 属性的局部变量和函数参数被恢复。

返回值：当 CPU 的当前状态被复制到 env,setjmp 函数返回一个 0,一个非零值表示执行了 longjmp 函数来返回 setjmp 函数调用,在这种情况下,返回值是传递给 longjmp 函数的值。

附录 B Cx51 编译错误、警告

B.1 致命错误

致命错误立即终止编译,这些错误通常是命令行指定无效选项的结果,当编译器不能访问一个特定的源或包含文件时,也会产生致命错误。致命错误信息采用下面的格式:

```
C51 FATAL-ERROR-
    ACTION< current action>
    LINE: < line in which the error is detected>
    ERROR: < corresponding error message>
C51 TERMIANTED.
```

B.1.1 Actions

1. ALLOCATING MEMORY

编译器不能分配足够的存储区来编译指定的源文件。

2. CREATING LIST-FILE / OBJECT-FILE / WORKFILE

编译器不能建立列表文件、OBJ 文件、工作文件,这个错误的出现可能是磁盘已满、写保护、文件已存在和只读。

3. GENERATING INTERMEDIATE CODE

源文件包含的一个函数太大,不能被编译器编译成虚拟代码。尝试把函数分小或重新编译。

4. OPENING INPUT-FILE

编译器不能发现或打开所选的源或包含文件。

5. PARSING INVOKE-/#PRAGMA-LINE

当在命令行或在一个#pragma 中检测到参数计算,就产生这样的错误。

6. PARSING SOURCE-FILE / ANALYZING DECLARATIONS

源文件包含太多的外部参考,需减少源文件访问的外部变量和函数的数目。

7. WRITING TO FILE

当写入列表文件、OBJ 文件、工作文件时遇到的错误。

B.1.2 Errors

1. '(' AFTER CONTROL EXPECTED

一些控制参数需要用括号包含一个参数,当没有左括号时显示本信息。

2. ')' AFTER PARAMETER EXPECTED

本信息表示包含没有参数的右括号。

3. BAD DIGIT IN NUMBER

一个控制参数的数字参数包含无效字符,只能是十进制数。

4. CAN'T CREATE FILE

在 FILE 行定义的文件名不能建立。

5. CAN'T HAVE GERERAL CONTROL IN INVOCATION LINE

一般控制(例如:EJECT)不能包含在命令行,把这些控制用#pragma 声明放在源文件中。

6. FILE DOES NOT EXIST

没有发现定义在 FILE 行的文件。

7. FILE WRITE－ERROR

因为磁盘空间不够,写到列表预打印工作或目标文件时出错。

8. IDENTIFIER EXPECTED

当 DEFINE 控制没有参数时产生本信息。DEFINE 要求一个参数作为标识符,这和 C 语言的规则相同。

9. MEMORY SPACE EXHAUSTED

编译器不能分配足够的存储区来编译指定的源文件,如果始终出现这个信息,应该把源文件分成两个或多个小文件再重新编译。

10. MORE THAN 100 ERRORS IN SOURCE－FILE

在编译时检测到的错误超过 100 个,这使编译器终止工作。

11. MORE THAN 256 SEGMENTS/EXTERNALS

在一个源文件中的参考超过 256 个,单个的源文件不能有超过 256 个函数或外部参考。这是 INTEL 目标模块格式 OMF-51 的历史造成的限制,包含标量和/或 bit 声明的函数在 OBJ 文件中生成两个,有时候三个段定义。

12. NON-NULL ARGUMENT EXPECTED

所选的控制参数需要用括号包含一个参数(例如,一个文件名或一个数字)。

13. OUT OF RANGE NUMBER

一个控制参数的数字参数超出范围。例如,OPTIMIZE 控制只允许数字 0～6 的值,如果是 7 就将产生本错误信息。

14. PARSE STACK OVERFLOW

解析堆栈溢出。如果源程序包含很复杂的表达式,或者块的嵌套深度超过 31 级,就会出现这个错误。

15. PREPROCESSOR LINE TOO LONG 32K

一个中间扩展长度超过 32KB 字符。

16. PREPROCESSOR MACROS TOO NESTED

在宏扩展期间,预处理器所用的堆栈太大。这个信息通常表示一个递归的宏定义,但也可表示一个宏嵌套太多。

17. RESPECIFIED OR CONFLICTING CONTROL

一个命令行参数指定了两次或命令行参数冲突。

18. SOURCE MUST COME FROM A DISK－FILE

源和包含文件必须存在。控制台 CON:CI:或类似的设备不能作为输入文件。

19. UNKNOWN CONTROL

所选的控制参数不认识。

B.2 语法和语义错误

语法和语义错误一般出现在源程序中,它们确定实际的编程错误。当遇到这些错误时,编译器尝试绕过错误继续处理源文件,当遇到更多的错误时,编译器输出另外的错误信息,不产生 OBJ 文件。语法和语义错误在列表文件中生成一条信息,这些错误信息用下面的格式:

    ***ERROR number IN LINE line OF file:error message

        Number——错误号。

        Line——对应源文件或包含文件的行号。

        file——产生错误的源或包含文件名。

        error message——对错误的叙述说明。

下表按错误号列出了语法和语义错误,错误信息列出了主要说明和可能的原因及改正方法。

100——跳过不可打印字符 0x??:在源文件中发现一个非法字符,注意不检查注释中的字符。

101——字符串没结束,一个字符串没有用双引号("")终止。

102——字符串太长:一个字符串不能超过 4096 个字符。用串联符号\ 在逻辑上可延长字符串超过 4096 个字符,这个模式的行终止符在词汇分析时是连续的。

103——无效的字符常数:一个字符常数的格式无效。符号\c 是无效的,除非 c 是任何可打印的 ASCII 字符。

125——声明符太复杂(20):一个目标的声明可包含最多 20 个类型修饰符([、]、(、)、*),这个错误经常伴随着错误 126。

126——类型堆栈下溢:类型声明堆栈下溢,这个错误通常是错误 125 的副产品。

127——无效存储类:一个目标用一个无效的存储空间标识符声明。如果一个目标在一个函数外用存储类 auto 或 register 声明,就会产生本错误。

129——在'标记'前缺少';':本错误通常表示前一行缺少分号,当出现本错误时编译器会产生很多错误信息。

130——值超出范围:在一个 using 或 interrupt 标识符后的数字参数是无效的,using 标识符要求一个 0~3 之间的寄存器组号,interrupt 标识符要求一个 0~31 之间的中断矢量号。

131——函数参数重复:一个函数有相同的参数名,在函数声明中参数名必须是唯一的。

132——没在正式的参数列表:一个函数的参数声明用了一个没在参数名列表中的名称。

134——函数的 xdata/idata/pdata/data 不允许:函数通常位于 code 存储区,不能在别的存储区运行,函数默认定义为存储类型 code。

135——bit 的存储类错:bit 变量的声明可能包含一个 static 或 extern 存储类,register 或 alien 类是无效的。

136——变量用了'void':void 类型只允许作为一个不存在的返回值或一个函数的空参数列表(void func(void)),或者和一个指针组合(void*)。

138——Interrupt()不能接受或返回值:一个中断函数被定义了一个或多个正式的参数或一个返回值,中断函数不能包含调用参数或返回值。

140——位在非法的存储空间:bit 变量定义可以包含可选的存储类型 data,如果没有存储类型,则默认为 data,因为位通常在内部数据存储区,当试图对一个 bit 变量定义别的数据类型时,会产生本错误。

141——临近标志语法错误:期待别的标志,编译器所见的标志是错误的。

142——无效的基地址:一个 sfr 或 sbit 声明的基地址是错误的,有效的基地址范围在 0x80～0xFF 之间,如果用符号'基地址^位号'声明,则基地址必须是 8 的倍数。

143——无效的绝对位地址:sbit 声明中的绝对位地址必须在 0x80～0xFF 之间。

144——'基地址^位号'位号无效:sbit 声明中定义的位号必须在 0～7 之间。

145——未知的 sfr。

146——无效 sfr:一个绝对位(基地址^位号)的声明包含一个无效的基地址标识符,基地址必须是已经声明的 sfr,任何别的名称是无效的。

147——目标文件太大:单个目标文件不能超过 65535 (64K 字节−1)。

149——struct/union 包含函数成员:struct 或 union 不能包含一个函数类型的成员,但是指向函数的指针是可以的。

150——struct/union 包含一个 bit 成员:union 不能包含 bit 类型成员,这是 8051 的结构决定的。

151——struct/union 自我关联:一个结构不能包含自己。

152——位号超出位域:位域声明中指定的位号超过给定基类的位号。

153——命名的位域不能为零:命名的位域为零,只有未命名的位域允许为零。

154——位域指针:指向位域的指针不允许。

155——位域要求 char/int:位域的基类要求 char、int unsigned char、unsigned int。

156——alien 只允许对函数。

157——alien 函数带可变参数:存储类 alien 只对外部 PL/M-51 函数允许,符号 char*,…在 alien 函数中是非法的,PL/M-51 函数通常要求一个固定的参数表。

158——函数包含未命名的参数:一个函数的参数列表定义包含一个未命名的抽象类型定义,这个符号只允许在函数原型中。

159——void 后面带类型:函数的原型声明可包含一个空参数列表,例如,int func(void),在 void 后不能再有类型定义。

160——void 无效:void 类型只在和指针组合,或作为一个函数的不存在的返回值中是合法的。

161——忽视了正式参数:在一个函数内,一个外部函数的声明用了一个没有类型标识符的参数名列表。例如,extern yylex(a,b,c);。

180——不能指向一个函数:指向一个函数的类型是无效的,尝试用指针指向一个函数。

181——操作数不兼容:对给定的操作符至少一个操作数类型是无效的。例如,~float_type。

183——左值不能修改:要修改的目标位于 code 存储区或有 const 属性,因此不能修改。

184——'sizeof'非法操作数:sizeof 操作符不能确定一个函数或位域的大小。

185——不同的存储空间:一个目标声明的存储空间和前一个同样目标声明的存储空间不同。

186——解除参照无效:一个内部编译器问题。如果本错误重复出现,请和技术支持接洽。

187——不是一个左值:所需的参数必须是一个可修改的目标地址。

188——未知目标大小:没有一个数组的维数;或间接通过一个 void 指针,一个目标的大小不能计算。

189——'&'对 bit/sfr 非法:取地址符'&'不允许对 bit 目标或特殊函数寄存器 sfr。

190——'&'不是一个左值:尝试建立一个指针,指向一个未知目标。

191——非法操作类型。

192——对 ptr(指针)非法 add/sub。

193——对 bit 的非法操作:当对一个给定的操作符用了非法的操作数类型时,产生本错误。例如,无效的表达式如 bit *bit、ptr+ptr、ptr *anything,这个错误信息包括引起错误的操作符。

194——'*'间接指向一个未知大小的目标:间接操作符*不能和 void 指针合用,因为指针所指的目标的大小是未知的。

195——'*'间接非法:*操作符不能用到非指针参数。

196——存储空间可能无效:转换一个常数到一个指针,常数产生一个无效的存储空间。例如,char *p=0x91234。

198——sizeof 返回零:sizeof 操作符返回一个零。

199——'->'的左边要求 struct/union 指针:->操作符左边参数必须是 struct 指针或 union 指针。

200——'.'左边要求 struct/union:.操作符的左边参数要求必须是 struct 或 union 类型。

201——未定义的 struct/union:给定的 struct 或 union 名是未知的。

202——未定义的标识符:给定的标识符是未定义的。

203——错误的存储类参考名:本错误表示编译器的一个问题如果重复出现则请接洽技术支持。

204——未定义的成员:给定的一个 struct 或 union 成员名是未定义的。

205——不能调用一个中断函数:一个中断函数不能像一个正常函数一样调用,中断的入口和退出代码是特殊的。

207——参数列表声明为 void:参数列表声明为 void 的函数不能从调用者接收参数。

208——太多的实参:函数调用包含太多的实参。

209——太少的实参:调用函数包含太少的实参。

210——太多的嵌套调用:函数的嵌套调用不能超过 10 级。

211——调用不是对一个函数:一个函数的调用项不是对一个函数或函数指针求值。

212——间接调用寄存器的参数不匹配:通过一个指针的间接函数调用,不包含实际的参数,一个例外是所有的参数可以通过寄存器传递,这是由于 Cx51 所用传递参数的方法。被调用的函数名必须是已知的,因为参数写到被调用函数的数据段,但是对间接调用来说,被调用函数的名称是未知的。

213——赋值符的左边不是一个左值:赋值符的左边要求一个可修改目标的地址。

214——非法指针转换:bit float 或集合类型的目标不能转换为指针。

215——非法类型转换:struct/union/void 不能转换为任何别的类型。

216——标号用在非数组中或维数超出:一个数组引用包含太大的维数或目标不是一个数组。

217——非整数索引:一个数组的维数表达式必须是 char unsigned char int 或 unsigned int 类型,别的类型都是非法的。

218——控制表达式用了 void 类型:在一个 while、for、do 的限制表达式中不能用类型 void。

219——long 常数缩减为 int:一个常数表达式的值必须能用一个 int 类型表示。

220——非法常数表达式:期望一常数表达式。目标名变量或函数不允许出现在常数表达式中。

221——非常数 case、dim 表达式：一个 case 或一个维数[ ]必须是一个常数表达式。
222——被零除。
223——被零取模：编译器检测到一个被零除或取模。
225——表达式太复杂须简化：一个表达式太复杂，必须分成两个或多个子表达式。
226——重复的 struct/union/enum 标记：一个 struct、union 或 enum 名早已定义。
227——表示一个 union 标记：一个 union 名称早已定义为别的类型。
228——表示一个 struct 标记：一个 struct 名早已定义为别的类型。
229——表示一个 enum 标记：一个 enum 名早已定义为别的类型。
230——未知的 struct/union/enum 标记：指定的 struct、union 或 enum 名未定义。
231——重复定义：指定的名称已被定义。
232——重复标号：指定的标号已定义。
233——未定义标号：表示一个标号未定义。有时候这个信息会在实际的标号的几行后出现，这是所用的未定义标号的搜索方法引起的。
234——'{'堆栈范围溢出 31：超过了最多 31 个嵌套块，超出的嵌套块被忽略。
235——'参数<数字>'不同类型：函数声明的参数类型和函数原型中的不同。
236——参数列表的长度不同：函数声明中的参数数目和函数原型中的不同。
237——函数早已定义：试图声明一个函数体两次。
238——重复成员。
239——重复参数：试图定义一个已存在的 struct 成员或函数参数。
240——超出 128 个局部 bit：在一个函数内不能超过 128bit 标量。
241——auto 段太大：局部目标所需的空间超过模式的极限，最大的段大小定义如下。
   SMALL——128B；COMPACT——256B；LARGE——65535B。
242——太多的初始化软件：初始化软件的数目超过初始化目标的数量。
243——字符串超出范围：字符串中的字符数目超出字符串初始化的数目。
244——不能初始化错误的类型或类：试图初始化一个 bit 或 sfr。
245——未知的 pragma：♯pragma 状态未知，所以整行被忽略。
246——浮点错误：当浮点参数超出 32 位范围（±1.175494E－38～±3.402823E＋38）就产生本错误。
247——非地址/常数初始化：一个有效的初始化表达式必须是一个常数值求值，或一个目标名加或减去一个常数。
248——集合初始化需要大括号：给定 struct 或 union 初始化缺少大括号{}。
249——'段<名>'段太大：检测到一个数据段太大，一个数据段的最大值由存储空间决定。
250——'\esc'值超过 255：一个字符串常数中的转义序列超过有效值范围，最大值是 255。
252——非法八进制数：指定的字符不是一个有效的八进制数。
252——主要控制放错地方行被忽略：主要控制必须被指定在 C 模块的开头，在任何 ♯include 命令或声明前。
253——内部错误 ASMGEN\CLASS：在下列情况下出现本错误。一个内在函数，例如，_testbit_ 被错误激活，这种情况没有函数原型存在和实参数目或类型错误，对这种原因必须使用合适的声明文件（INTRINS.H、STRING.H）。
255——switch 表达式有非法类型：在一个 switch 表达式中没有合法的数据类型。
256——存储模式冲突：一个包含 alien 属性的函数，只能包含模式标识符 small。函数的参数必须位于内部数据区,这适用于所有的外部 alien 声明和 alien 函数。

例如:alien plm_func(char c) large {…}——————/*产生错误 256 */

257——alien 函数不能重入:一个包含 alien 属性的函数不能同时包含 reentrant 属性,函数参数不能跳过虚拟堆栈传递,这适用于所有的外部 alien 声明和 alien 函数。

258——struct/union 成员的存储空间非法:非法空间的参数被忽略,一个结构的成员或参数不能包含一个存储类型标识符,但指针所指的目标可能包含一个存储类型。

例如:struct vp{char code c;int xdata i; };——————/*产生错误 258 */
　　　　struct v1{char c;int xdata *i; };——————/*是正确的 struct 声明*/

259——指针不同的存储空间:一个空指针被关联到别的不同存储空间的空指针。

例如:char xdata *p1;　char idata *p2;
　　　p1=p2;——————————/*不同的存储空间*/

260——指针断开:一个空指针被关联到一些常数值,这些值超过了指针存储空间的范围。

例如:char idata *p1=0x1234;　　　/*结果是 0x34 */

261——reentrant()内有 bit:一个可重入属性函数的声明中不能包含 bit 目标。

例如:int func1(int i1) reentrant {
　　　　bit b1,b2;——————————/*不允许*/
　　　　return(i1−1);　}

262——using/disable 不能返回 bit 值:用 using 属性声明的函数和禁止中断(#pragma disable)的函数不能返回一个 bit 值给调用者。

例如:bit test(void) using 3{
　　　　bit b0;　return(b0);　}——————/*产生错误 262 */

263——'保存/恢复堆栈'保存溢出/下溢:#pragma save 的最大嵌套深度是八级,堆栈的 pragma save 和 restore 工作根据 LIFO(后进先出)规则。

264——内在的'<内在的名称>'声明/激活错误:本错误表示一个内在的函数错误定义,如果用标准的.H 文件就不会产生本错误。确认使用了 Cx51 所有的.H 文件,不要尝试对内在的库函数定义自己的原型。

265——对非重入函数递归调用:非重入函数不能被递归调用,因为这样会覆盖函数的参数和局部数据,如果需要递归调用需声明函数为可重入函数。

267——函数定义需要 ANSI 类型的原型:一个函数被带参数调用,但声明是一个空的参数列表,原型必须有完整的参数类型,这样编译器就能通过寄存器传递参数。

268——任务定义错误(任务 ID/优先级/using):任务声明错误。

271——asm/endasm 控制放错地方:asm 和 endasm 声明不能嵌套,endasm 要求一个汇编块前面用 asm 开头。

272——'asm'要求激活 SRC 控制:在一个源文件中使用 asm 和 endasm,要求文件用 SRC 控制编译,那么编译器就会生成汇编源文件,然后可以用 A51 汇编。

273——asm/endasm 在包含文件中不允许:在包含文件中不允许 asm 或 endasm,为了调试,在包含文件不能有任何的可执行代码。

274——非法的绝对标识符:绝对地址标识符对位目标、函数、局部函数不允许,地址必须和目标存储空间一致。例如,Idata int _at_ 0x1000;是无效的,因为间接寻址的范围是 0x00 到 0xFF。

278——常数太大:当浮点参数超出 32 位范围(±1.175494E−38〜±3.402823E+38),产生本错误。

279——多次初始化:试图多次初始化一个目标。
280——没有使用符号、标号、参数:在一个函数中声明了一个符号或一个标号参数,但没有使用。
281——非指针类型转换为指针:引用的程序目标不能转换成一个指针。
282——不是一个 SFR 引用:本函数调用要求一个 SFR 作为参数。
283——asmparms 参数不适合寄存器:参数不适合可用的 CPU 寄存器。
284——<名称>在可覆盖空间,函数不再可重入:一个可重入函数包含对局部变量的明确的存储类型标识符,函数不再完全可重入。
300——注释未结束:一个注释没有一个结束符 */。
301——期望标识符:一个预处理器命令期望一个标识符。
302——误用♯操作符:字符操作符♯没有带一个标识符。
303——期望正式参数:字符操作符♯没有带一个标识符,表示当前所定义宏的一个正式参数名。
304——错误的宏参数列表:宏参数列表没有一个大括号、逗号分开的标识符列表。
305——string/char 常数未结束:一个字符串、字符常数是无效的。典型原因是后引号丢失。
306——宏调用未结束:预处理器在收集和扩展一个宏调用的实际参数时,遇到输入文件结尾。
307——宏'名称'参数计算不匹配:在一个宏调用中,实际的参数数目和宏定义的参数数目不匹配,本错误表示指定了太少的参数。
308——无效的整数常数表达式:一个 if/elif 命令的数学表达式包含一个语法错误。
309——错误或缺少文件名:在一个 include 命令中的文件名参数无效或没有。
310——条件嵌套过多(20):源文件包含太多的条件编译嵌套命令,最多允许 20 级嵌套。
311——elif/else 控制放错地方。
312——endif 控制放错地方:命令 elif、else、endif 只有在 if、ifdef、ifndef 命令中是合法的。
313——不能清除预定义的宏'名称':试图清除一个预定义宏。用户定义的宏可以用♯undef 命令删除,预定义的宏不能清除。
314——♯命令语法错误:在一个预处理器命令中,字符♯必须跟一个新行或一个预处理器命令名。例如,if/define/ifdef…。
315——未知的♯命令名称:预处理器命令是未知的。
316——条件未结束:到文件结尾,endif 的数目和 if 或 ifdef 的数目不匹配。
318——不能打开文件文件名:指定的文件不能打开。
319——'文件'不是一个磁盘文件:指定的文件不是一个磁盘文件,文件不能编辑。
320——用户自定义的内容:本错误号为预处理器的♯error 命令保留,♯error 命令产生错误号 320,送出用户定义的错误内容,终止编译器生成代码。
321——缺少<字符>:在一个 include 命令的文件名参数中,缺少结束符。例如♯include <stdio.h>
325——正参'名称'重复:一个宏的正参只能定义一次。
326——宏体不能以'♯♯'开始或结束:♯♯不能是一个宏体的开始或结束。
327——宏'宏名'超过 50 个参数:每个宏的参数数目不能超过 50。

B.3 警 告

警告产生潜在问题的信息,它们可能在目标程序的运行过程中出现警告,但不妨碍源文件的编译。警告在列表文件中生成信息,警告信息用下面的格式:

  * * * WARNING number IN LINE line OF file:warning message

   number——警告号。

   line——在源文件或包含文件中的对应行号。

   file——错误产生的源或包含文件名。

   warning message——警告的内容。

下面按号列出了警告,警告信息包括一个主要的内容、可能的原因及纠正措施。

173——缺少返回表达式:一个函数返回一个除了 int 类型以外的别的类型的值,必须包含一个返回声明,包括一个表达式。为了兼容旧的程序,对返回一个 int 值的函数不作检查。

182——指针指向不同的目标:一个指针关联了一个不同类型的地址。

185——不同的存储空间:一个目标声明的存储空间和前面声明的同样目标的存储空间不同。

196——存储空间可能无效:把一个无效的常数值分配给一个指针,无效的指针常数是 long 或 unsigned long。编译器对指针采用 24 位(3 个字节),低 16 位代表偏移,高 8 位代表选择的存储空间。

198——sizeof 返回零:一个目标的大小计算结果为零,如果目标是外部的,或是一个数组的维数没有全知道,则值是错误的。

206——缺少函数原型:因为没有原型声明,被调用的函数是未知的,编译器不能检查参数的数目和类型,调用一个未知的函数通常是危险的。函数原型必须在函数被调用前声明,注意函数定义自动生成原型。

209——实参太少:在一个函数调用中包含太少的实参。

219——long 常数被缩减为 int:一个常数表达式的值必须能被一个 int 类型所表示。

245——未知的 pragma,本行被忽略:♯ pragma 声明是未知的,因此整行程序被忽略。

258——struct/union 参数的存储空间被忽略:一个结构的成员或一个参数不能指定存储类型,但是指针所指的目标可以包含一个存储类型。

  例如:

    struct vp{ char code c;int xdata i; };—————/*产生警告 258*/

    struct v1{ char c;int xdata *i; };—————/*对 struct 是正确的声明*/

259——针指向不同的存储空间:两个要比较的指针没有引用相同的存储类型的目标。

260——指针折断:把一个指针转换为一个更小偏移区的指针,转换会完成,但大指针的偏移会折断来适应小指针。

261——bit 在重入函数:一个重入函数不能包含 bit,因为 bit 标量不能保存在虚拟堆栈中。

265——'名称'——对非重入函数递归调用:发现对一个非重入函数直接递归,需对每个独立的情况进行功能性检查(通过生成的代码),间接递归由连接/定位器检查。

271——asm/endasm 控制放错地方:asm 和 endasm 不能嵌套,endasm 要求一个以 asm 声明开头的汇编块。

  例如:

```
            #pragma asm
            汇编指令
            #pragma endasm
```
275——表达式可能无效:编译器检测到一个表达式不生成代码。
   例如:
```
            void test(void)
            { int i1,i2,i3;
              i1,i2,i3;                    /*死表达式*/
              i1 < <  i3;
            }                              /*结果未使用*/
```
276——常数在条件表达式:编译器检测到一个条件表达式有一个常数值,在大多数情况下是一个输入错误。
   例如:
```
            void test(void)
            { int i1,i2,i3;
              if( i1= 1) i2= 3;            /*常数被赋值*/
              while( i3= 2); }             /*常数被赋值*/
```
277——指针有不同的存储空间:一个typedef声明的存储空间冲突。
   例如:
```
            typedef char xdata XCC;        /*存储空间 xdata*/
            typedef XCC idata PICC;        /*存储空间冲突*/
```
280——符号/标号未使用:一个符号或标号定义,但未使用。

307——宏名称参数计算不匹配:一个宏调用的实参的数目和宏定义的参数数目不匹配,表示用了太多的的参数,过剩的参数被忽略。

317——宏名称重新定义无效:一个预定义的宏不能重新定义或清除。

322——未知的标识符:在一个#if命令行的标识符未定义(等效为FALSE)。

323——期望新行发现多余字符:一个#命令行正确,但包含多余的非注释字符。
   例如:
```
            #include < stdio.h>foo
```
324——期望预处理器记号:期望一个预处理器记号,但输入的是一个新行。
   例如:
```
            #line ————这里缺少#line命令的参数。
```

附录 C 单片机软件编程基本知识

在单片机硬件确定之后，主要任务是编写程序。附录 C 主要介绍单片机编程的基本知识和过程，并通过实例上机操作。

C.1 单片机编程语言简介

站在单片机的角度，它能够执行的程序就是依一定顺序保存在程序存储器中的二进制数据，如 1000、1101、1100、0101、…、0111、0110，或用 16 进制表示 8DH、C5H、…、76H，这些数据称为机器语言，如图 C-1 所示。

图 C-1 用"记事本软件"编写单片机"机器语言"

由于机器语言不直观，用其编写程序很困难，经过不断的发展，目前单片机编程常使用汇编语言和 C 语言。

无论使用何种语言，最终需转换成机器语言，不过这种转换可通过相应软件如 keil C51 自动完成，称这种转换过程为编译程序。

汇编语言本质上仍是机器语言，虽然看起来是英文，但实际上每一句指令都对应一句机器语言指令，这就好比汉字的"一"对应阿拉伯数字"1"一样，如将数据 D6H 送到 P0 口：

机器语言：75   80   D6
汇编语言：MOV P0, #D6H

汇编语言比机器语言直观、形象，具有使用灵活、程序容易优化的特点，但编程效率低，修改、移植困难。

C 语言是一种源于编写 UNIX 操作系统的结构化语言，可产生压缩代码。C 语言不要求对单片机的指令系统有较深的了解，程序的可读性强、编程效率高，修改、移植方便。

尽管懂得汇编语言不是目的，但能够看懂汇编语言可帮助你更加深入学习好 C 语言，最好的单片机编程者应是先学汇编语言再转用 C 语言，而不是一直使用 C 语言的人。

C.2 keil C51 简介

keil C51 是美国 keil Software 公司出品的 51 系列单片机汇编语言和 C 语言集成开发环境，可提供 51 系列单片机编写程序所需的各种功能，下面详细介绍 keil uvision2 IDE 开发系统各部分的功能和使用方法。

单击 keil C51 的图标，启动程序，就可以看到如图 C-2 所示的主界面。

图 C-2 keil C51 的主界面

最上面为"窗口标题栏"，显示当前程序的路径；下紧接着是"菜单栏"，提供各种操作菜单，如文件操作、编辑操作、项目维护、开发工具选项设置、调试程序、窗口选择和处理及在线帮助等；菜单栏下面是"工具栏"，提供键盘快捷键，用户可自行设置，允许快速执行 keil C51 命令；工具栏下面的左边是"项目管理器窗口"，显示当前程序目录；右边是"编辑窗口"，可编辑当前源程序；它们的下面是"命令窗口"和各种"输出信息窗口"，可输入各种程序调试命令和显示执行后的结果。下面简要介绍各菜单的基本功能。

1. 文件菜单和命令(File)

文件菜单和命令如表 C-1 所示。

表 C-1 文件菜单命令

菜　　单	快　捷　键	描　　述
New	Ctrl+N	创建新文件
Open	Ctrl+O	打开已经存在的文件

续表

菜 单	快 捷 键	描 述
Close		关闭当前文件
Save	Ctrl+S	保存当前文件
Save as		另取名保存文件
Save all		保存所有文件
Device Database		管理器件库
Print Setup		打印机设置
Print	Ctrl+P	打印当前文件
Print Preview		打印预览
1~9		打开最近用过的文件
Exit		退出，KEIL C51 提示是否保存文件

2. 编辑菜单和命令(Edit)

编辑菜单和命令如表 C-2 所示。

表 C-2 编辑菜单命令

菜 单	快 捷 键	描 述
Undo	Ctrl+Z	取消上次操作
Redo	Ctrl+Shift+Z	重复上次操作
Cut	Ctrl+X	剪切选取文本
Copy	Ctrl+C	复制选取文本
Paste	Ctrl+V	粘贴
Indent Selected Text		将选取文本右移一个制表符距离
Unindent Selected Text		将选取文本左移一个制表符距离
Toggle Bookmark	Ctrl+F2	设置/取消当前行的标签
Goto Next Bookmark	F2	移动光标到下一个标签处
Goto Previous Bookmark	Shift+F2	移动光标到上一个标签处
Clear All Bookmark		清除当前文件的所有标签
Find	Ctrl+F	在当前文件中查找文本
Replace	Ctrl+H	替换特定的字符
Find in Files		在多个文件中查找
Goto Matching Brace		寻找匹配大括号圆括号方括号

3. 视图菜单(View)

视图菜单如表 C-3 所示。

表 C-3　视图菜单命令

菜　　单	描　　述
Status Bar	显示/隐藏状态条
File Toolbar	显示/隐藏文件菜单条
Build Toolbar	显示/隐藏编译菜单条
Debug Toolbar	显示/隐藏调试菜单条
Project Window	显示/隐藏项目窗口
Output Window	显示/隐藏输出窗口
Source Browser	打开资源浏览器
Disassembly Window	显示/隐藏反汇编窗口
Watch & Call Stack Win	显示/隐藏观察和堆栈窗口
Memory Window	显示/隐藏存储器窗口
Code Coverage Window	显示/隐藏代码报告窗口
Performance Analyzer Window	显示/隐藏性能分析窗口
Symbol Window	显示/隐藏字符变量窗口
Serial Window #1	显示/隐藏串口1的观察窗口
Serial Window #2	显示/隐藏串口2的观察窗口
Toolbox	显示/隐藏自定义工具条
Periodic Window Update	程序运行时刷新调试窗口
Workbook Mode	工作本框架模式
Options	设置颜色、字体、快捷键和编辑器的选项

4. 项目菜单和命令（Project）

项目菜单和命令如表 C-4 所示。

表 C-4　项目菜单命令

菜　　单	快　捷　键	描　　述
New Project		创建新项目
Impot uVision1 Project		转化 keil C51 的项目
Open Project		打开一个已经存在的项目
Close Project		关闭当前的项目
Target Environment		定义工具包含文件和库的路径
Targets,Groups,Files		维护项目的对象文件组和文件
File Extensions		选择不同文件类型的扩展名
Select Device for Target		选择对象的 CPU
Remove		从项目中移走一个组或文件

续表

菜 单	快 捷 键	描 述
Options	Alt+F7	设置对象组或文件的工具选项
Clear Group and File		清除文件组和文件属性
Build Target	F7	编译修改过的文件并生成应用
Rebuild Target		重新编译所有的文件并生成应用
Translate	Ctrl+F7	编译当前文件
Stop Build		停止生成应用的过程
1～10		打开最近打开过的项目

5．调试菜单和命令(Debug)

调试菜单和命令如表 C-5 所示。

表 C-5　调试菜单命令

菜 单	快 捷 键	描 述
Start/Stop Debugging	Ctrl+F5	开始/停止调试模式
Go	F5	运行程序直到遇到一个中断
Step	F11	单步执行程序遇到子程序则进入
Step over	F10	单步执行程序跳过子程序
Step out of	Ctrl+F11	执行到当前函数的结束
Run to Cursor line		运行到光标行
Stop Running	Esc	停止程序运行
Breakpoint		打开断点对话框
Insert/Remove Breakpoint		设置/取消当前行的断点
Enable/Disable Breakpoint		使能/禁止当前行的断点
Disable All Breakpoints		禁止所有的断点
Kill All Breakpoints		取消所有的断点
Show Next Statement		显示下一条命令
Enable/Disable Trace Recording		使能/禁止程序运行轨迹的标识
View Trace Records		显示程序运行过的指令
Memory Map		打开存储器窖配置对话框
Performance Analyzer		打开设置性能分析的窗口
Inline Assembly		对某一行重新汇编、修改汇编代码
Function Editor		编辑调试函数和调试配置文件

6．外围设备菜单(Peripherals)

外围设备菜单如表 C-6 所示。

表 C-6　外围设备菜单命令

菜　　单	描　　述
Reset CPU	复位 CPU
Interrupt	打开片上外围器件的设置对话框
I/O—Ports	对话框的种类及内容依赖于你选择的 CPU
Serial	串口观察
Timer	定时器观察

7．工具菜单(Tool)

利用工具菜单，可以配置，运行 Gimpel PC-Lint、Siemens Easy-Case 和用户程序。通过 Customize Tools Menu 菜单，可以添加想要添加的程序，如表 C-7 所示。

表 C-7　工具菜单命令

菜　　单	描　　述
Setup PC-Lint	配置 Gimpel Software 的 PC-Lint 程序
Lint	用 PC—Lint 处理当前编辑的文件
Lint all C Source Files	用 PC-Lint 处理项目中所有的 C 源代码文件
Setup Easy-Case	配置 Siemens 的 Easy-Case 程序
Start/Stop Easy-Case	运行/停止 Siemens 的 Easy-Case 程序
Show File(Line)	用 Easy-Case 处理当前编辑的文件
Customize Tools Menu	添加用户程序到工具菜单中

8．视窗菜单(Window)

视窗菜单如表 C-8 所示。

表 C-8　视窗菜单命令

菜　　单	描　　述
Cascade	以互相叠的形式排列文件窗口
Tile Horizontally	以不互相重叠的形式水平排列文件窗口
Tile Vertically	以不互相重叠的形式垂直排列文件窗口
Arrange Icons	排列主框架底部的图标
Split	把当前的文件窗口分割为几个

◀ C.3　C 语言程序的建立 ▶

C.3.1　建立工程项目文件

编写程序前必须建立一个工程项目文件，它由 keil C51 自动产生，用于对整个编程过程进行管理。我们建立工程项目文件,只不过是确定工程项目文件的名称、路径,进行一些简单设置而已。

首先在菜单栏单击"Project"菜单,再在弹出的下拉菜单中选中"New Project…"选项,屏幕显示如图 C-3 所示。

图 C-3 选择工程项目文件名

选择相应的文件夹,再输入一个文件名,如"例 1.1",扩展名默认为 .uv2,不要改动,单击"保存"后即可。当然也可以选择其他的工程项目文件名,有些汉字会出现错误,尽量选择西文字符作为工程项目文件名。

在选择好工程项目文件名后,会弹出图 C-4 所示的画面,选择当前所使用单片机的类型,单击 SST 前的"＋"号,选择 SST89C54 单片机,再单击"确定"即可。

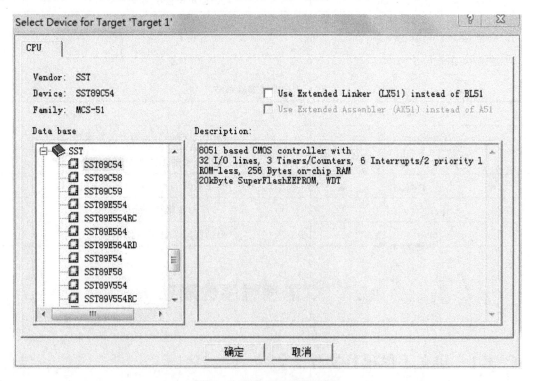

图 C-4 选择单片机的型号

在选择后单片机型号后，出现图 C-5 所示画面，问你是否需要标准初始化程序，一般选择"否(N)"。

图 C-5　选择标准初始化程序

单击主菜单栏中的"Project"，选中下拉菜单中"Options for Target 'Target 1'"，出现如图 C-6 所示的界面。单击"Target"，在 Xtal(MHz)栏中选择晶振频率为 22.1184MHz，和实际的工作频率一致，然后单击"确定"。

在图 C-6 中，单击"Output"，出现如图 C-7 所示的界面，在"Create hex File"选项前打勾选中，允许产生机器语言。

其他采用默认设置，然后单击"确定"。

经过上述几个步骤，就建立了一个扩展名为.uv2 的工程项目文件，其中包括了单片机类型、晶振频率等参数，便于以后的编译、调试、仿真运行，本例选择的工程项目文件名为"声光报警.uv2"。

如果以前已建立好工程项目文件，不需要上述步骤，单击主菜单栏中的"Project"，选中下拉菜单中"Open Project"，打开已建立的工程项目文件，直接进入第二步。

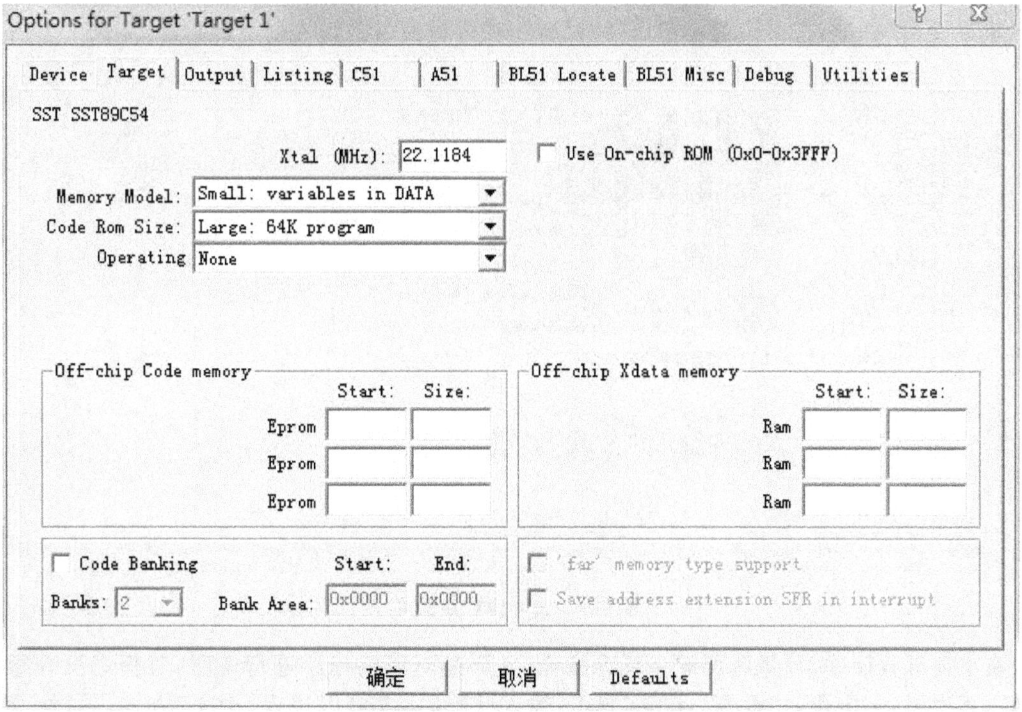

图 C-6　选择单片机的振荡频率

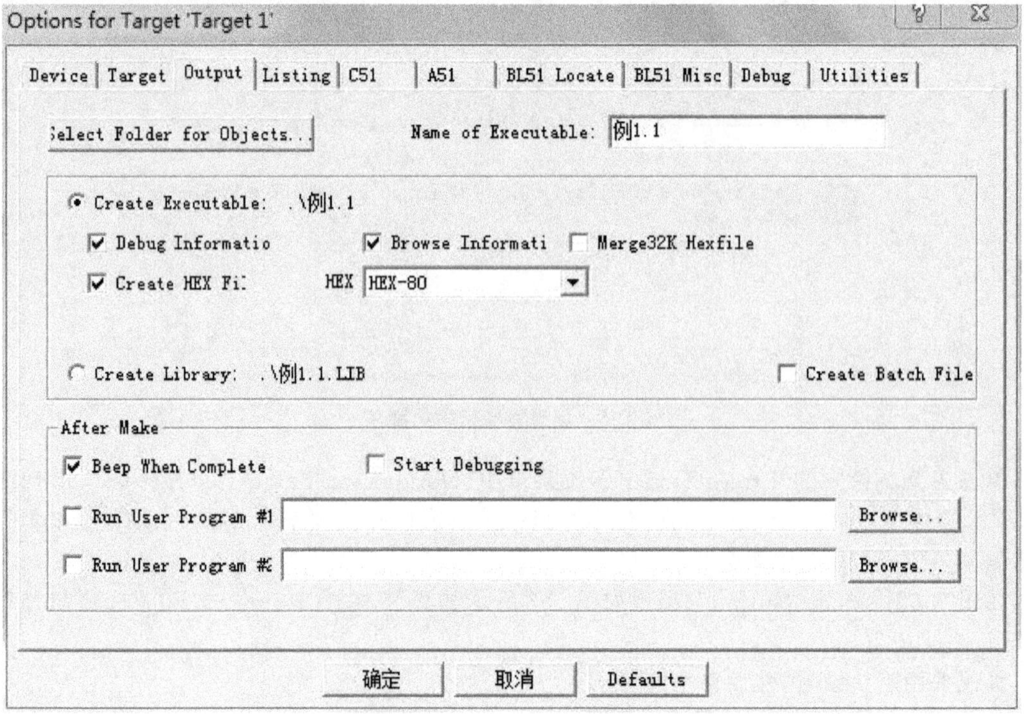

图 C-7　允许产生机器语言

C.3.2　建立源程序文件

单击"File"菜单，在下拉菜单中选择"New"，在编辑窗口中输入以下源程序，如图 C-8 所示。

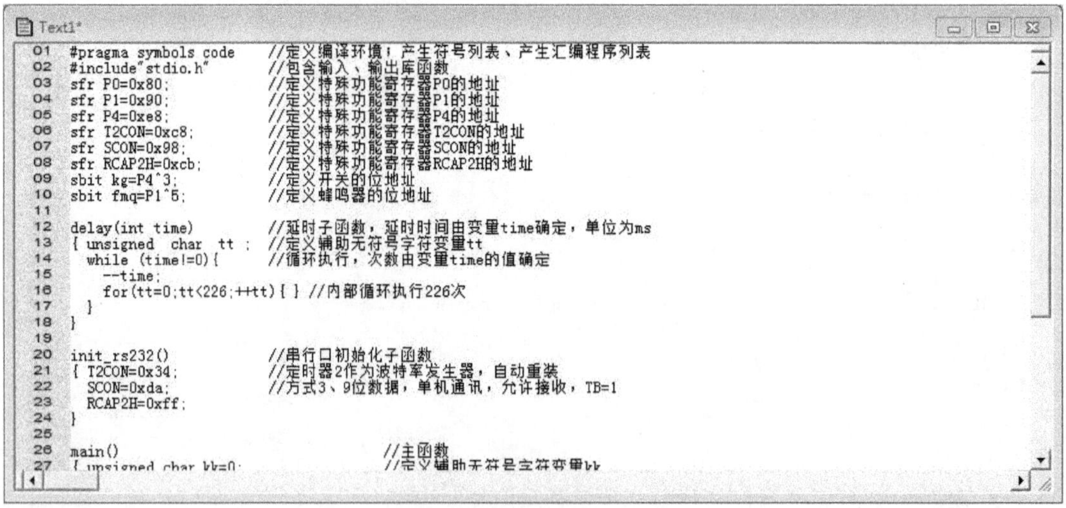

```
01  #pragma symbols code   //定义编译环境；产生符号列表、产生汇编程序列表
02  #include"stdio.h"       //包含输入、输出库函数
03  sfr P0=0x80;            //定义特殊功能寄存器P0的地址
04  sfr P1=0x90;            //定义特殊功能寄存器P1的地址
05  sfr P4=0xe8;            //定义特殊功能寄存器P4的地址
06  sfr T2CON=0xc8;         //定义特殊功能寄存器T2CON的地址
07  sfr SCON=0x98;          //定义特殊功能寄存器SCON的地址
08  sfr RCAP2H=0xcb;        //定义特殊功能寄存器RCAP2H的地址
09  sbit kg=P4^3;           //定义开关的位地址
10  sbit fmq=P1^5;          //定义蜂鸣器的位地址
11
12  delay(int time)         //延时子函数，延时时间由变量time确定，单位为ms
13  { unsigned char tt ;    //定义辅助无符号字符变量tt
14    while (time!=0){      //循环执行，次数由变量time的值确定
15      --time;
16      for(tt=0;tt<226;++tt){ } //内部循环执行226次
17    }
18  }
19
20  init_rs232()            //串行口初始化子函数
21  { T2CON=0x34;           //定时器2作为波特率发生器，自动重装
22    SCON=0xda;            //方式3、9位数据，单机通讯，允许接收，TB=1
23    RCAP2H=0xff;
24  }
25
26  main()                  //主函数
27  { unsigned char kk=0;   //定义辅助无符号字符变量kk
```

图 C-8　建立源程序文件

在上述源程序中，分号后面的字符为注释，主要是对汇编程序进行说明，对程序没有影响。在输入程序时，一定要在"西文、半角"方式，输入注释时，才可以进入"中文"方式。另外，字母"O、L"和数字"0、1"，很容易混淆，一定要注意它们之间的区别。

程序编辑完成后,单击"File"菜单,在下拉菜单中选择"Save As…",出现图 C-9 所示的界面,输入文件名,汇编源程序的扩展名一定要为.asm,C 语言源程序的扩展名一定要为.C,保存在刚才所建立的工程项目的文件夹中;本例选择的源程序文件名为"例 1.1.c"。

在输入程序过程中,可在"View"菜单的下拉菜单中选择"Options",对颜色、字体进行设置,不过只有退出环境后再重新进入才有效。

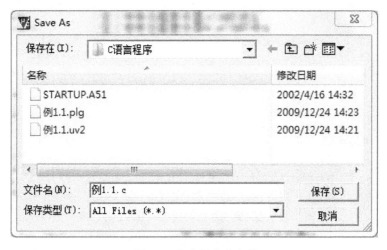

图 C-9　保存源程序文件

C.3.3　编译源程序文件

源程序需添加到工程项目文件中,经过编译才能变成机器语言。

单击"project"菜单,下拉菜单中选择在"Components,Environment,Books…",出现下拉菜单,如图 C-10 所示。

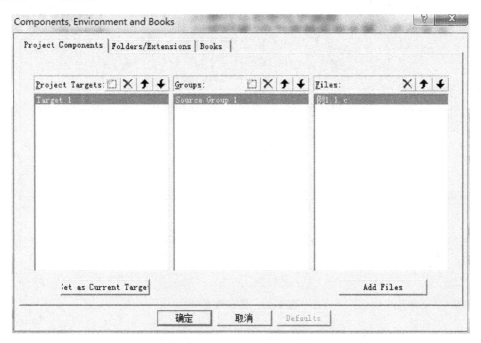

图 C-10　添加源程序到工程项目中

在出现的窗口中单击"Add Files",出现图 C-11 所示的界面。选择刚才以.c 格式编辑的文件,单击"Add"按钮,便可将源程序添加到工程项目中去,随后关闭此对话窗口。本例选择的源程序文件名为"例 1.1.c"。

图 C-11　选择需添加到工程项目中去的源程序

将源程序添加到工程项目后,就可以进行编译了。单击主菜单中的"Project",在下拉菜单中选择"Rebuild all target files",先自动保存源程序,然后进行编译,稍等片刻后输出窗口出现源程序的编译结果,如图 C-12 所示。

图 C-12　编译源文件

如果编译出错,将提示错误和警告的数量、类型和行号,我们可以根据输出窗口的提示重新修改源程序,直到编译通过为止;编译通过后将输出一个以 hex 为扩展名的机器语言文件,称为目标文件或 hex 文件,本例输出的目标文件为"例 1.hex"。

C.4 C 语言程序的下载

汇编程序编译后,其输出结果是 hex 文件,用"记事本软件"打开本例产生的 hex 文件"例 1.hex",如图 C-13 所示。

图 C-13 "例 1.hex"的内容

hex 文件由一条或多条记录组成,每条记录都由一个冒号":"开始,其格式如下:

:CCAAAARR····ZZ

每条记录独占一行,除开始的冒号":"外,2 个字符组成一个 16 进制数值,以 hex 文件"例 1.hex"的第二行为例,介绍如下:

CC——本条记录中数据的字节数,本例为"10",表示有 16 个字节的数据。

AAAA——本条记录中的数据在程序存储器中的起始地址,本例为"0010",表示本行数据的起始地址为"0010H"。

RR——记录类型:
    00 数据记录 (data record)
    01 结束记录 (end record)
    02 段记录 (paragraph record)
    03 转移地址记录 (transfer address record)

····——真正的机器语言,本例为"1380ED7D047EFF7FFFDFFEDEFADDF622"。

ZZ——本行数据的校验和,保证本行数据全部相加的结果是 0 或 256 的倍数,不包括开始的冒号":"。

连接好串口通信线和电源线,通过 STC-ISP.exe 软件,将程序下载到 EJ51 单片机实践板,如图 C-14 所示;下载完成后,程序从地址 0000H 开始保存在程序存储器中,单片机开始运行该程序,当按下开关后,就产生声光报警。

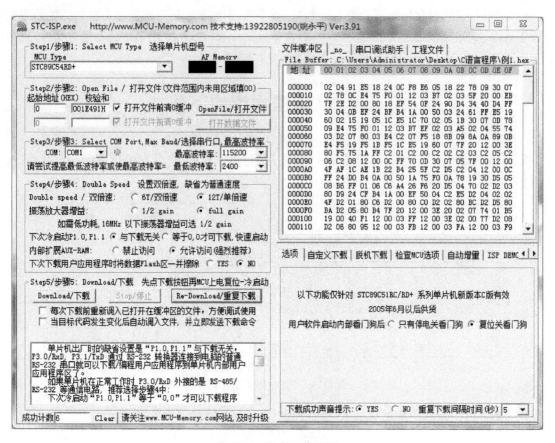

图 C-14　程序下载界面

C.5　C 语言程序的调试

编写程序通常不可能一次成功,利用 keil C51 的调试功能,对发现程序中的错误非常有效。

keil C51 有"程序编辑"和"程序调试"两种模式,单击主菜单"Debug"的下拉菜单"Start/Stop Debug Session",可在这两种模式之间切换,图 C-15 所示为"程序调试"模式。

C.5.1　仿真运行

在"程序调试"模式下,图 C-15,可以用多种方式进行仿真运行。

1. 续运行

单击主菜单"Debug"的下拉菜单"Go"或 F5。

2. 进入子程序单步运行

单击主菜单"Debug"的下拉菜单"Step"或 F11。

3. 不进入子程序单步运行

单击主菜单"Debug"的下拉菜单"Step Over"或 F10。

4. 跳出当前循环

单击主菜单"Debug"的下拉菜单"Step Out"或 Ctrl+F11。

5. 运行到光标处

单击主菜单"Debug"的下拉菜单"Run to Cursor"或 Ctrl+F10。

如果想重新运行,先单击主菜单"Debug"的下拉菜单"Stop Running";再按"RST"按钮复位,即可重新开始运行。

上述操作都有快捷键,比较熟练后使用快捷键更加方便。如果不小心设置了程序断点,运行就会停止,可单击主菜单"Debug"的下拉菜单"Kill All Breakpoints"消除。

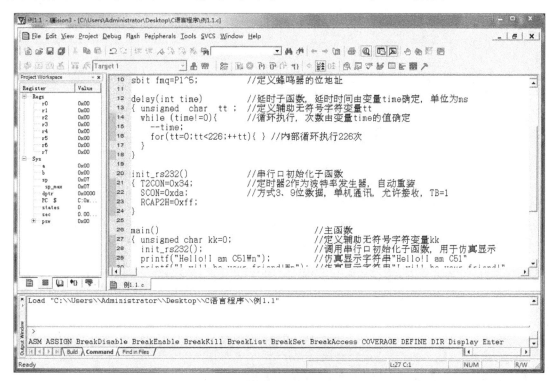

图 C-15 "程序调试"模式的界面

C.5.2 查看编译生成的机器语言

单击主菜单"View"的下拉菜单"Disassembly Window",出现图 C-16 所示的界面,常称为反汇编界面,对应显示汇编语言和机器语言,前三行显示如下。

```
    6: begin:   JB    0EBH,$         ;2——如果未按下开关,就死循环等待
C:0x0000    20EBFD    JB    0xE8.3,BEGIN(C:0000)
    7:        MOV   P0,#00H         ;3——P0=00H,P0 口全部输出 0V,发光二极管点亮
C:0x0003    758000    MOV   P0(0x80),#0x00
    8:        CLR   P1.5            ;4——引脚 P1.5 输出 0V,蜂鸣器响
C:0x0006    C295      CLR   0x90.5
```

第一行为汇编语言源程序,作用是判断是否按键,如未按下开关,就死循环等待,否则往下继续执行。

第二行"20EBFD"为第一行对应的机器语言,常称为机器码,C:0x0000 表示该机器码存放

在程序存储器地址为0000H开始的3个单元中。

第三行为汇编语言源程序,作用是将16进制数据00H送到P0口,P0口引脚全部输出0V,发光二极管点亮。

第四行"758000"为第三行对应的机器码,C:0x0003表示该机器码存放在程序存储器地址为0003H开始的三个单元中。

后面各行与上述类似,可对照分析。

图C-16 查看机器语言

C.5.3 查看C语言程序运行的情况

在单步仿真运行程序时,单击主菜单"View"的下拉菜单"Project Window",可以查看程序运行的具体情况,见图C-17。

r0~r7为工作寄存器R0~R7,后面为其当前值,如果对其进行了读写操作,就以高亮的方式显示。

a、b、sp、dptr分别表示累加器A、寄存器B、堆栈指针SP、数据指针DPTR,sp_max表示堆栈指针SP出现的最大值。

PC表示程序存储器的当前地址,states表示程序运行的总机器周期,sec表示程序运行的总时间,单位为秒。

psw表示程序状态寄存器PSW,下面显示的p、f1、ov、rs、f0、ac、cy表示其各位对应的值。

为更全面查看程序运行情况,可单击主菜单"View"的下拉菜单"Memory Window",弹出如图C-18所示的"存储器"窗口。

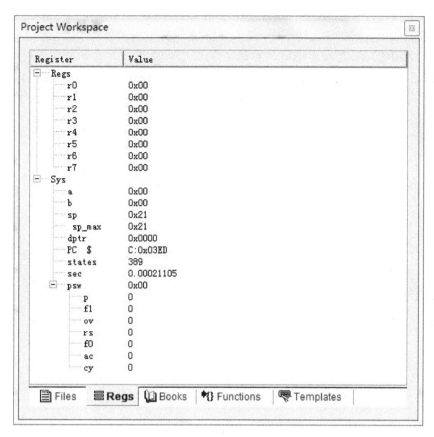

图 C-17　查看程序运行情况

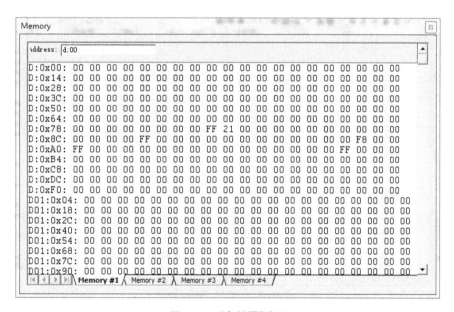

图 C-18　"存储器"窗口

通过该对话框可以查看当前数据存储器和程序存储器中的内容,为此需在"Address"对话框输入合适的表达式即可,字母后面的数值表示数据的起点。

(1) 输入 D:0x00;查看 dRAM(00H~7FH)和 sRAM(80H~FFH)的数据。
(2) 输入 I:0x00;查看 dRAM(00H~7FH)和 iRAM(80H~FFH)的数据。
(3) 输入 X:0x0000;查看 xRAM 的数据。
(4) 输入 C:0x0000;查看程序存储器(Code)中的机器码。

默认的数据显示形式为 16 进制,可以在该区域单击鼠标右键,在弹出的菜单中选择需要的显示方式:

Decimal	按十进制方式显示
Unsigned	按无符号数字显示,分为 char——单字节、int——整型、long——长整型。
Signed	按有符号数字显示,分为 char——单字节、int——整型、long——长整型。
ASCII	按 ASCII 字符格式显示
Float	按浮点格式显示
Double	按双精度浮点格式显示

可以修改"存储器"窗口中的数据,方法是用鼠标对准需修改的存储器单元,右击鼠标,在弹出的菜单中选择"Modify Memory at 0x··",再次弹出对话框如图 C-19 所示,输入相应数值,按回车键完成修改。

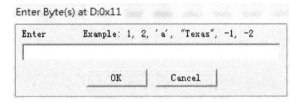

图 C-19　修改"存储器"窗口中的数据

◀ C.6　编写 C 语言程序的基本原则和常见错误 ▶

C 语言是一个非常灵活的语言,你可能在这里用许多非常隐晦的方式写程序,但这样写出的程序只能是作为一种玩意儿,就像谜语或者智力游戏。这些东西可以用于消磨时间,但通常与实际应用无缘。记住始终用最简单、最明确的方式写程序,不要滥用语言技巧,否则得不偿失。

C.6.1　基本原则

1. 变量名或变函数名

一般情况下,对于普通的变量名或函数名采用小写字母表示,对于一些特殊变量名、全局变量名或由预处理命令定义的常数,则采用大写字母表示。为了帮助理解和记忆,变量名或函数名可带有下划线,如 ext_into、data_max 等,但不要将下划线用做变量或函数名的第一个字符,这容易和编译器的保留名称混淆。

给变量或函数取名时,应按照见名知义的原则,例如,"ext_into"表示外部中断函数,"data_max"表示最大数据值等。为了减少错误,所有外部变量名字、所有函数名字,一般应该只有前 6 个字符就能够互相区分,不要出现字符相同仅大小写不同的名称。

应当采用预处理命令的方式来定义常数,如果将常数直接写到程序中去,一旦常数的数值发生变化,就必须逐一进行修改,这样必然会降低程序的可维护性和可移植性。

2. 清晰的书写格式

虽然 C 语言程序不要求具有固定的格式,但在实际编写程序时还是应该遵守一定的规则。良好的格式能使程序结构一目了然,使程序中的错误更容易被发现。常用的格式形式是:逻辑上属于同一个层次的互相对齐;逻辑上属于内部层次的推到下一个对齐位置。对于 while、for、do…while、if…else、switch…case 等语句,或这些语句的嵌套组合,应采用"缩格"的书写形式。

对于复合语句或函数,通常需要使用花括号"{}",当语句嵌套较多时,容易产生花括号不匹配的情况。uvision2 的"Edit"下拉菜单中提供了一个"Goto Matching Brace"选项,将光标放在某个括号处,单击该选项,与之相匹配括号中的内容将反转显示,特别适用于检查各种括号的匹配情况。

3. 优先级、类型转换

C 语言的运算符很多,优先级定义也不尽合理,很难完全记清楚,因此要特别注意,如果一个表达式中各种运算执行的优先顺序不太明确或容易混淆的地方,应当采用圆括号"()",明确指定它们的优先顺序。

绝不去写依赖于运算对象求值顺序的表达式,因为不能保证它一定得到什么结果。例如,下面的表达式和函数调用都是不合适的,很可能产生你预料不到的结果:

```
scanf("%d %d",i++,a[i]);
m= n*n++;
```

随时注意表达式的计算过程和类型,注意运算符的优先级和结合顺序,不同类型的运算对象将怎样转换,运算的结果是什么类型的,在必要的时候加上括号或显示的类型强制转换。

4. 结构化、模块化

C 语言是一种高级程序设计语言,提供了十分完备的规范化流程控制结构,要尽可能采用结构化的程序设计方法,少用 goto 语句,这样可使整个程序结构清晰,便于调试和维护。

对于一个较大的应用程序,通常将整个程序按功能分成若干个模块,不同模块完成不同的功能。因为单个模块程序所完成的功能较为简单,程序的设计和调试也相应要容易一些。

在 C 语言中进行模块化程序设计是比较容易实现的,一个 C 语言函数就可以认为是一个模块。不仅仅是要将整个程序划分成若干个功能模块,更重要的是还应当注意保持各个模块之间变量的相对独立性,即保持模块的独立性。在 C 语言的模块化编程过程中,如果过多地采用外部变量会减弱各个模块的独立性,应尽量避免使用外部全局变量来传递数据信息,而应通过指定的参数来完成数据信息传递。

5. 注释、错误信息、警告信息

为便于程序阅读和日后修改,一定要充分而合理地使用程序注释,给函数和全局数据加注释。要保证别人能够看懂你的程序,有时写注释的工作量还大于编程。

在编程中,应仔细研究编译程序给出的错误信息和警告信息,弄清楚每条信息的确切根源并予以解决。特别是不要忽略那些警告信息,许多警告信息源自隐含的严重错误。

C.6.2 程序设计中的常见错误

1. 赋值运算符"="与测试等于运算符"=="

初次使用 C 语言编程时,往往容易将这两个符号弄错。例如,若将条件判断式 if(x==y) 误写成 if(x=y),由于 C 语言对条件式的判断是按照表达式的值为 1(真)或 0(假)来进行的,因此对于上面的例子,并不能检查出任何错误。但是这两个条件表达式的意义却完全不同,前者表示当变量 x 与变量 y 相等时,其结果才为真。而后者表示将 y 赋值给 x,只有当 y 的值不为 0 时,其结果才为真,这样一来就使条件判断与编程者的设想大相径庭。

2. 非法表达式

(1) 地址运算符 & 只能用来取出变量的地址。因此表达式 &(y+1)是非法的。

(2) 数组名是一个常量而不是指针变量。

例如:定义一个二维整型数组 int array[8][16],这时数组名"array"实际上就是代表该数组首地址的常量,array[0]则表示该数组第一行元素的首地址,也是一个常量,因此表达式*(array+1)是正确的,而表达式 array++则是非法的。

(3) 增量运算符"++"和减量运算符"−−"只对变量有效。类似于(i+j)++或(i+j)−−这样的表达式都是非法的。

(4) 对于一般的变量,不能采用指针运算符"*"来取值。因此对于变量 int x;表达式*x 是非法的。

(5) 字符'X'与字符串"X"区别。'X'代表一个字符常量,并且'X'的值就是 X 的 ASCII 码,而"X"是一个字符串常量,它表示由字符 X 和转义字符\0 组成的字符串。因此表达式 char str="x";是非法的,不能将一个字符串赋值给一个字符变量。

3. 数组的下标范围

在 C 语言中如果定义了一个具有 n 个元素的数组,则该数组的下标范围是 0 至 n−1。编译器对于数组的边界不作任何检查,即使数组的下标越界也不会给出错误信息。例如,对于有 5 个元素的数组,如果使用 array[5]=1;或 array[6]=0;都会被认为是合法的,但是如果地址 array[5]或 array[6]已经分配给了其他的变量,则在程序的执行过程中将会产生不可预料的结果。

4. 指针变量的初始化

定义一个指针变量仅仅是明确地指定了指针本身所需要的内存空间,而该指针的初始值是它所指向的内存地址。绝不对空指针或者悬空的指针做间接访问,这种访问的后果不可预料,可能造成死机。

5. 程序中未被调用的函数

在开发过程中经常有对写成的函数未加调用的情况产生,虽然编译器不产生错误,但是由于链接/定位器支持数据覆盖而不能正常地处理这部分代码,因此会产生警告信息。中断函数不能被调用,只能由硬件引发,链接器将未被调用的函数视为一个潜在的中断函数。这就意味着编译器为该函数的局部变量分配不可覆盖的数据空间,因此会占用所有可用的数据空间(依据不同的存储模型)。当在调试过程中发现内存空间不足时,一定要检查链接器对未调用或未使用函数的警告信息。

6. 数字 0、1 和字母 o、l 容易混淆

由于显示的原因,初学者非常容易混淆数字 0、1 和字母 o、l。一般变量名或函数名的第一个字符肯定不能是数字 0、1,在常数中,肯定不会出现字母 o、l,至于其他情况,就必须仔细分析了。

7. 全角和半角、中文和西文

由于编译器的限制,目前只能在注释和字符串中输入中文字符;在其他情况下,必须在西文、半角的方式下编辑,否则编译时会出现"无法识别的字符错误",特别当是空格字符时,很难查找。

附录 D

计算机等级考试二级真题

计算机等级考试二级真题 1

C 语言程序设计

（考试时间 90 分钟，满分 100 分）

一、选择题（(1)～(10)、(21)～(40)每题 2 分，(11)～(20)每题 1 分，70 分）

下列各题 A、B、C、D 四个选项中，只有一个选项是正确的，请将正确选项涂写在答题卡相应位置上，答在试卷上不得分。

(1) 下列叙述中正确的是（　　）。
　　A. 栈是"先进先出"的线性表
　　B. 队列是"先进先出"的线性表
　　C. 循环队列是非线性结构
　　D. 有序性表既可以采用顺序存储结构，也可以采用链式存储结构

(2) 支持子程序调用的数据结构是（　　）。
　　A. 栈　　　　　　　　　　　　　B. 树
　　C. 队列　　　　　　　　　　　　D. 二叉树

(3) 某二叉树有 5 个度为 2 的结点，则该二叉树中的叶子结点数是（　　）。
　　A. 10　　　　　　　　　　　　　B. 8
　　C. 6　　　　　　　　　　　　　 D. 4

(4) 下列排序方法中，最坏情况下比较次数最少的是（　　）。
　　A. 冒泡排序　　　　　　　　　　B. 简单选择排序
　　C. 直接插入排序　　　　　　　　D. 堆排序

(5) 软件按功能可以分为：应用软件、系统软件和支撑软件（或工具软件）。下面属于应用软件的是（　　）。
　　A. 编译软件　　　　　　　　　　B. 操作系统
　　C. 教务管理系统　　　　　　　　D. 汇编程序

(6) 下面叙述中错误的是（　　）。
　　A. 软件测试的目的是发现错误并改正错误
　　B. 对被调试的程序进行"错误定位"是程序调试的必要步骤
　　C. 程序调试通常也称为 Debug
　　D. 软件测试应严格执行测试计划，排除测试的随意性

(7) 耦合性和内聚性是对模块独立性度量的两个标准。下列叙述中正确的是（　　）。
　　A. 提高耦合性降低内聚性有利于提高模块的独立性

B. 降低耦合性提高内聚性有利于提高模块的独立性
C. 耦合性是指一个模块内部各个元素间彼此结合的紧密程度
D. 内聚性是指模块间互相连接的紧密程度

(8) 数据库应用系统中的核心问题是（　　）。
A. 数据库设计　　　　　　　　　　B. 数据库系统设计
C. 数据库维护　　　　　　　　　　D. 数据库管理员培训

(9) 有两个关系 R,S 如下：

R

A	B	C
a	3	2
b	0	1
c	2	1

S

A	B
a	3
b	0
c	2

由关系 R 通过运算得到关系 S,则所使用的运算为（　　）。
A. 选择　　　　B. 投影　　　　C. 插入　　　　D. 连接

(10) 将 E-R 图转换为关系模式时,实体和联系都可以表示为（　　）。
A. 属性　　　　B. 键　　　　C. 关系　　　　D. 域

(11) 以下选项中合法的标识符是（　　）。
A. 1_1　　　　B. 1—1　　　　C. _11　　　　D. 1_ _

(12) 若函数中有定义语句 int k;,则（　　）。
A. 系统将自动给 k 赋初值 0　　　　B. 这时 k 中值无定义
C. 系统将自动给 k 赋初值 -1　　　　D. 这时 k 中无任何值

(13) 以下选项中,能用作数据常量的是（　　）。
A. o115　　　　B. 0118　　　　C. 1.5e1.5　　　　D. 115L

(14) 设有定义:int x=2;,以下表达式中,值不为 6 的是（　　）。
A. x*=x+1　　　　B. x++,2*x　　　　C. x*=(1+x)　　　　D. 2*x,x+=2

(15) 程序段:int x=12;
double y=3.141593; printf("%d%8.6f",x,y);的输出结果是（　　）。
A. 123.141593　　　　B. 12 3.141593　　　　C. 12,3.141593　　　　D. 123.1415930

(16) 若有定义语句:double x,y,*px,*py,执行了 px=&x,py=&y;之后,正确的输入语句是（　　）。
A. scanf("%f%f",x,y);　　　　B. scanf("%f%f",&x,&y);
C. scanf("%lf%le",px,py);　　　　D. scanf("%lf%lf",x,y);

(17) 以下是 if 语句的基本形式:if(表达式)语句,其中"表达式"（　　）。
A. 必须是逻辑表达式　　　　B. 必须是关系表达式
C. 必须是逻辑表达式或关系表达式　　　　D. 可以是任意合法的表达式

(18) 有以下程序:
```
#include <stdio.h>
main()
{ int x;
  scanf("%d",&x);
```

```
        if(x<=3);else
        if(x!=10)
        printf("%d\n",x);
}
```
程序运行时,输入的值在哪个范围才会有输出结果(   )。
A. 不等于 10 的整数   B. 大于 3 且不等于 10 的整数
C. 大于 3 或等于 10 的整数   D. 小于 3 的整数

(19) 有以下程序：
```
#include<stdio.h>
main()
{ int a=1,b=2,c=3,d=0;
  if(a==1&&b++==2)
  if(b!=2||c--!=3)
    printf("%d,%d,%d\n",a,b,c);
  else printf("%d,%d,%d\n",a,b,c);
  else printf("%d,%d,%d\n",a,b,c);
}
```
程序运行后的输出结果是(   )。
A. 1,2,3   B. 1,3,2   C. 1,3,3   D. 3,2,1

(20) 以下程序中的变量已正确定义：
```
for(i=0;i<4;i++,i++)
  for(k=1;k<3;k++);printf("*");
```
程序段的输出结果是(   )。
A. ********   B. ****   C. **   D. *

(21) 有以下程序：
```
#include<stdio.h>
main()
{ char  *s=("ABC");
  do { printf("%d",*s%10);s++;
  } while(*s);
}
```
注意：字母 A 的 ASCII 码值为 65。程序运行后的输出结果是(   )。
A. 5670   B. 656667   C. 567   D. ABC

(22) 设变量已正确定义,以下不能统计出一行中输入字符个数(不包含回车符)的程序段是
(   )。
A. n=0;while((ch=getchar())!='\n')n++;
B. n=0;while(getchar()!='\n')n++;
C. for(n=0;getchar()!='\n';n++);
D. n=0;for(ch=getchar();ch!='\n';n++);

(23) 有以下程序：
```
#include<stdio.h>
main()
{ int a1,a2;char c1,c2;
  scanf("%d%c%d%c",&a1,&c1,&a2,&c2);
```

```
        printf("%d,%c,%d,%c",&1,c1,a2,c2);
}
```
若想通过键盘输入,使得a1的值为12,a2的是为34,c1的值为字符a,c2的值为字符b,程序输出结果是:12,a,34,b,则正确的输入格式是(以下□代表空格,<CR>代表回车)(   )。

A. 12a34b<CR>　　　　　　　　　　B. 12□a□34□b<CR>
C. 12,a,34,b<CR>　　　　　　　　　D. 12□a34□b<CR>

(24) 有以下程序：
```
#include<stdio.h>
int f(int x,int y)
{ return()y-x)*x);}
main()
{ int a=3,b=4,c=5,d;
  d=f(f(a,b),f(a,c));
  printf("%d\n",d);
}
```
程序运行后的输出结果是(   )。
A. 10　　　　　B. 9　　　　　C. 8　　　　　D. 7

(25) 有以下程序：
```
#include<stdio.h>
void fun(char *s)
{ while(*s)
    { if(*s%2==0) printf("%c",*s);
      s++;
    }
}
main()
{ char a[]={"good"};
  fun(a);printf("\n");
}
```
注意:字母a的ASCII码值为97,程序运行后的输出结果是(   )。
A. d　　　　　B. go　　　　　C. god　　　　　D. good

(26) 有以下程序：
```
#include <stdio.h>
void fun(int *a,int *b)
{ int *c;
  c=a;a=b;b=c;
}
main()
{ int x=3,y-5,*P=&x,*q= &y;
  fun(p,q);printf("%d,%d,",*p,*q);
  fun(&x,&y);printf("%d,%d\n",*p,*q);
}
```
程序运行后的输出结果是(   )。
A. 3,5,5,3　　　　　B. 3,5,3,5　　　　　C. 5,3,3,5　　　　　D. 5,3,5,3

(27) 有以下程序：
```
#include <stdio.h>
void f(int *p,int *q);
main()
{ int m=1,n=2,*r=&m;
  f(r,&n);printf("%d,%d",m,n);
}
void f(int *p,int *q)
{ p=p+1;*q=*q+1;}
```
程序运行后输出的结果是（　　）。
A. 1,3　　　　　　B. 2,3　　　　　　C. 1,4　　　　　　D. 1,2

(28) 以下函数按每行 8 个输出数组中的数据：
```
void fun(int *w,int n)
{ int i;
  for(i=0;i<n;i++)
    {_____
     printf("%d",w);
    }
  printf("\n");
}
```
下划线处应填入的语句是（　　）。
A. if(i/8==0)print("\n");　　　　　　B. if(i/8==0)continue;
C. if(i%8==0)print("\n");　　　　　　D. if(i%8==0)continue;

(29) 若有以下定义　　int x[10],*pt=x;则对 x 数组元素的正确应用是（　　）。
A. *&x[10]　　　　　　　　　　　　B. *(x+3)
C. *(pt+10)　　　　　　　　　　　　D. pt+3

(30) 设有定义：char s[81];int i=10;，以下不能将一行（不超过 80 个字符）带有空格的字符串真确读入的语句或语句组是（　　）。
A. gets(s)
B. while((s[i++]=getchar())!="\n";s="\0";
C. scanf("%s",s);
D. do{scanf("%c",&s);}while(s[i++]!="\n");s="\0";

(31) 有以下程序：
```
#include <stdio.h>
main()
{ char *a[]={"abcd","ef","gh","ijk"};int i;
  for(i=0;i<4;i++) printf("%c",*a[i]);
}
```
程序运行后输出的结果是（　　）。
A. aegi　　　　　　B. dfhk　　　　　　C. abcd　　　　　　D. abcdefghijk

(32) 以下选项中正确的语句组是（　　）。
A. char s[];s="BOOK!";　　　　　　B. char *s;s={"BOOK!"};
C. char s[10];s="BOOK!";　　　　　　D. char *s;s="BOOK!";

(33) 有以下程序：

```
#include <stdio.h>
int fun(int x,int y)
{ if(x==y) return(x);
  else returen((x+y)/2)
}
main()
{ int a=4,b=5,c=6;
  printf("%d\n",fun(2*a,fun(b,c)))
}
```
程序运行后的输出结果是(　　)。

A. 3　　　　　　　B. 6　　　　　　　C. 8　　　　　　　D. 12

(34) 设函数中有整型变量 n，为保证其在未赋值的情况下初值为 0，应选择的存储类别是(　　)。

A. auto　　　　　　　　　　　　　　B. register
C. static　　　　　　　　　　　　　D. auto 或 register

(35) 有以下程序：
```
#include <stdio.h>
int b=2;
int fun(int *k)
{ b= *k+b;return(b);}
main()
{ int a[10]={1,2,3,4,5,6,7,8},I;
  for(i=2;i<4;i++) {b=fun(&a)+b;printf("%d",b);}
  printf("\n");
}
```
程序运行后输出的结果是(　　)。

A. 10　12　　　　　　　　　　　　　B. 8　10
C. 10　28　　　　　　　　　　　　　D. 10　16

(36) 有以下程序：
```
#include <stdio.h>
#define PT 3.5;
#define S(x) PT*x*x;
mian()
{ int a=1,b=2; printf("%4.1f\n",S(a+b));}
```
程序运行后输出的结果是(　　)。

A. 14.0　　　　　　　　　　　　　　B. 31.5
C. 7.5　　　　　　　　　　　　　　 D. 程序有错无输出结果

(37) 有以下程序：
```
#include <stdio.h>
struct ord
{ int x,y;} dt[2]={1,2,3,4};
main()
{ struct ord *p= dt;
  printf("%d,",++p->x); printf("%d\n",++p->y);
}
```

程序的运行结果是(　　)。
  A.1,2   B.2,3   C.3,4   D.4,1

(38) 设有宏定义：#include　IsDIV(k,n)　((k%n==1)?1:0 且变量 m 已正确定义并赋值，则宏调用：IsDIV(m,5)&&IsDIV(m,7)为真时所要表达的是(　　)。
  A.判断 m 是否能被 5 或者 7 整除 B.判断 m 是否能被 5 和 7 整除
  C.判断 m 被 5 或者 7 整除是否余 1 D.判断 m 被 5 和 7 整除是否余 1

(39) 有以下程序：
```
#include <stdio.h>
main()
{ int a=5,b=1,t;
  t=(a<<2|b); printf("%d\n",t)
}
```
程序运行后的输出结果是(　　)。
  A.21   B.11   C.6   D.1

(40) 有以下程序：
```
#include <stdio.h>
main()
{ FILE *f;
  f=fopen("filea.txt","w");
  fprintf(f,"abc");
  fclose(f);
}
```
若文本文件 filea.txt 中原有内容为 hello,则运行以上程序后,文件 filea.txt 中的内容为(　　)。
  A.helloabc B.abclo   C.abc   D.abchello

二、填空题（每空 2 分，共 30 分）

请将每一个空的正确答案写在答题卡【1】～【15】序号的横线上,答在试卷上不得分。

(1) 假设一个长度为 50 的数组（数组元素的下标从 0 到 49）作为栈的存储空间,栈底指针 bottom 指向栈底元素,栈顶指针 top 指向栈顶元素,如果 bottom=49,top=30（数组下标）,则栈中具有【1】个元素。

(2) 软件测试可分为白盒测试和黑盒测试。基本路径测试属于【2】测试。

(3) 符合结构化原则的三种基本控制结构是：选择结构、循环结构和【3】。

(4) 数据库系统的核心是【4】。

(5) 在 E-R 图中,图形包括矩形框、菱形框、椭圆框。其中表示实体联系的是【5】框。

(6) 表达式(int)((double)(5/2)+2.5)的值是【6】。

(7) 若变量 x,y 已定义为 int 类型且 x 的值为 99,y 的值为 9,请将输出语句 printf(【7】,x/y);补充完整,使其输出的计算结果形式为：x/y=11。

(8) 有以下程序：
```
#include <stdio.h>
main()
{ char c1,c2;
  scanf("&c",&c1);
  while(c1<65||c1>90)
    scanf("&c",&c1);
```

```
        c2=c1+32;
        printf("&c,&c\n",c1,c2);
    }
```
程序运行输入 65 回车后,能否输出结果、结束运行(请回答能或不能)【8】。

(9) 以下程序运行后的输出结果是【9】。
```
#include <stdio.h>
main()
{ int k=1,s=0;
  do{
    if((k&2)!=0)continue;
    s+=k;k++;
  }while(k)10);
  printf("s=&d/n",s);
}
```

(10) 下列程序运行时,若输入 labced12df<回车>输出结果为【10】。
```
#include <stdio.h>
main()
{ char a =0,ch;
  while((ch=getchar())!='\n')
  { if(a&2!=0&&(ch>'a'&&ch<='z')) ch=ch-'a'+'A';
    a++;putchar(ch);
  }
  printf("\n");
}
```

(11) 有以下程序,程序执行后,输出结果是【11】。
```
#include <stdio.h>
void fun (int *a)
{ a[0=a[1];] }
main()
{ int a[10]={10,9,8,7,6,5,4,3,2,1},i;
  for(i=2;i>=0;i--) fun{&a};
  for(i=0;i<10;i++) printf("&d",a);
  printf("\n");
}
```

(12) 请将以下程序中的函数声明语句补充完整
```
#include <stdio.h>
int【12】;
main()
{ int x,y,(*p)();
  p=max;
  printf("&d\n",&x,&y);
}
int max(int a,int b)
{ return (a>b/a:b); }
```

(13) 以下程序用来判断指定文件是否能正常打开,请填空
```
#include <stdio.h>
```

```
main()
{ FILE *fp;
  if (((fp=fopen("test.txt","r"))==【13】))
    printf("未能打开文件!\n");
  else
    printf("文件打开成功!\n");
}
```

(14) 下列程序的运行结果为【14】。

```
#include <stdio.h>
#include <string.h>
struct A
{ int a;char b[10];double c;};
void f (struct A*t);
main()
{ struct A a=(1001,"ZhangDa",1098,0);
  f(&a);printf("&d,&s,&6,if\n",a.a,a.b,a.c);
}
void f(struct A*t)
{ strcpy(t->b,"ChangRong");
}
```

(15) 以下程序把三个NODETYPE型的变量链接成一个简单的链表,并在while循环中输出链表结点数据域中的数据,请填空

```
#include <stdio.h>
struct node
{ int data; struct node *next;};
typedef struct node NODETYPE;
main()
{ NODETYPE a,b,c,*h,*p;
  a.data=10;b.data=20;c.data=30;h=&a;
  b.next=&b;b.next=&c;c.next='\0';
  p=h;
  while(p){printf("&d",p->data);【15】;}
}
```

参 考 答 案

一. 选择题

(1)—(10):DACDC ABABC
(11)—(20):CBDDA CDBCB
(21)—(30):CDABA BACBC
(31)—(40):ADBCC CBDAC

二. 填空题

(1)19　(2)白盒　(3)顺序结构　(4)数据库管理系统(DBMS)　(5)菱形
(6)4　(7)"x/y=％d"　(8)能　(9)s=0　(10)1AbCeDf2dF
(11)7777654321　(12)max(int a,int b)　(13)NULL
(14)1001,ChangRong,1098.0　(15)p=p—>next

计算机等级考试二级真题 2

C 语言程序设计

（考试时间 90 分钟，满分 100 分）

一、选择题((1)~(10)、(21)~(40)每题 2 分,(11)~(20)每题 1 分,70 分)

下列各题 A、B、C、D 四个选项中,只有一个选项是正确的,请将正确选项涂写在答题卡相应位置上,答在试卷上不得分。

(1) 下列数据结构中,属于非线性结构的是(　　)。
　　A. 循环队列　　　　　　　　　　　　B. 带链队列
　　C. 二叉树　　　　　　　　　　　　　D. 带链栈

(2) 下列数据结果中,能够按照"先进后出"原则存取数据的是(　　)。
　　A. 循环队列　　　　　　　　　　　　B. 栈
　　C. 队列　　　　　　　　　　　　　　D. 二叉树

(3) 对于循环队列,下列叙述中正确的是(　　)。
　　A. 队头指针是固定不变的
　　B. 队头指针一定大于队尾指针
　　C. 队头指针一定小于队尾指针
　　D. 队头指针可以大于队尾指针,也可以小于队尾指针

(4) 算法的空间复杂度是指(　　)。
　　A. 算法在执行过程中所需要的计算机存储空间
　　B. 算法所处理的数据量
　　C. 算法程序中的语句或指令条数
　　D. 算法在执行过程中所需要的临时工作单元数

(5) 软件设计中划分模块的一个准则是(　　)。
　　A. 低内聚低耦合　　　　　　　　　　B. 高内聚低耦合
　　C. 低内聚高耦合　　　　　　　　　　D. 高内聚高耦合

(6) 下列选项中不属于结构化程序设计原则的是(　　)。
　　A. 可封装　　　　　　　　　　　　　B. 自顶向下
　　C. 模块化　　　　　　　　　　　　　D. 逐步求精

(7) 软件详细设计产生的图如下,该图是(　　)。
　　A. N-S 图　　　　　　　　　　　　　B. PAD 图
　　C. 程序流程图　　　　　　　　　　　D. E-R 图

(8) 数据库管理系统是(　　)。
　　A. 操作系统的一部分　　　　　　　　B. 在操作系统支持下的系统软件
　　C. 一种编译系统　　　　　　　　　　D. 一种操作系统

(9) 在 E-R 图中,用来表示实体联系的图形是(　　)。
　　A. 椭圆图　　　　　　　　　　　　　B. 矩形
　　C. 菱形　　　　　　　　　　　　　　D. 三角形

(10) 有三个关系 R,S 和 T 如下,其中关系 T 由关系 R 和 S 通过某种操作得到,该操作为(   )。

R				S				T		
A	B	C		A	B	C		A	B	C
a	1	2		a	3	2		a	1	2
b	2	1						b	2	1
c	3	1						c	3	1
								d	3	2

　　A. 选择　　　　　　B. 投影　　　　　　C. 交　　　　　　D. 并

(11) 以下叙述中正确的是(   )。
　　A. 程序设计的任务就是编写程序代码并上机调试
　　B. 程序设计的任务就是确定所用数据结构
　　C. 程序设计的任务就是确定所用算法
　　D. 以上三种说法都不完整

(12) 以下选项中,能用作用户标识符的是(   )。
　　A. void　　　　　B. 8_8　　　　　C. _0_　　　　　D. unsigned

(13) 有以下程序：
```
#include <stdio.h>
main()
{ int case; float printF;
  printf("请输入 2 个数:");
  scanf("%d %f",&case,&pjrintF);
  printf("%d %f\n",case,printF);
}
```
　　该程序编译时产生错误,其出错原因是(   )。
　　A. 定义语句出错,case 是关键字,不能用作用户自定义标识符
　　B. 定义语句出错,printF 不能用作用户自定义标识符
　　C. 定义语句无错,scanf 不能作为输入函数使用
　　D. 定义语句无错,printf 不能输出 case 的值

(14) 表达式:(int)((double)9/2)—(9)%2 的值是(   )。
　　A. 0　　　　　　B. 3　　　　　　C. 4　　　　　　D. 5

(15) 若有定义语句:int x=10;,则表达式 x—=x+x 的值为(   )。
　　A. —20　　　　　B. —10　　　　　C. 0　　　　　　D. 10

(16) 有以下程序：
```
#include <stdio.h>
main()
{ int a=1,b=0;
  printf("%d,",b=a+b);
  printf("%d\n",a=2*b);
}
```
　　程序运行后的输出结果是(   )。
　　A. 0,0　　　　　B. 1,0　　　　　C. 3,2　　　　　D. 1,2

(17) 设有定义:int a=1,b=2,c=3;,以下语句中执行效果与其他三个不同的是(   )。
　　A. if(a>b) c=a,a=b,b=c;
　　B. if(a>b) {c=a,a=b,b=c;}

C. if(a>b) c=a;a=b;b=c;   D. if(a>b) {c=a;a=b;b=c;}

(18) 有以下程序：
```
#include <stdio.h>
main()
{ int c=0,k;
  for (k=1;k<3;k++)
  switch (k)
  { default: c+=k
    case 2: c++;break;
    case 4: c+=2;break;
  }
  printf("% d\n",c);
}
```
程序运行后的输出结果是( )。
A. 3   B. 5   C. 7   D. 9

(19) 以下程序段中，与语句：k=a>b?(b>c? 1:0);0;功能相同的是( )。
A. if((a>b)&&(b>c)) k=1;
 else k=0;
B. if((a>b)||(b>c)) k=1;
 else k=0;
C. if(a<=b) k=0;
 else if(b<=c) k=1;
D. if(a>b) k=1;
 else if(b>c) k=1;
 else k=0;

(20) 有以下程序：
```
#include <stdio.h>
main()
{ char s[]={"012xy"};int i,n=0;
for(i=0;s[i]!=0;i++)
  if(s[i]>='a'&&s[i]<='z') n++;
printf("%d\n",n);
}
```
程序运行后的输出结果是( )。
A. 0   B. 2   C. 3   D. 5

(21) 有以下程序：
```
#include <stdio.h>
main()
{ int n=2,k=0;
  while(k++&&n++>2);
  printf("%d %d\n",k,n);
}
```
程序运行后的输出结果是( )。
A. 0 2   B. 1 3   C. 5 7   D. 1 2

(22) 有以下定义语句，编译时会出现编译错误的是( )。
A. char a='a';   B. char a='\n';
C. char a='aa';   D. char a='\x2d';

(23) 有以下程序：
```
#include <stdio.h>
```

```
main()
{ char c1,c2;
  c1='A'+'8'-'4';
  c2='A'+'8'-'5';
  printf("%c,%d\n",c1,c2);
}
```
已知字母 A 的 ASCII 码为 65,程序运行后的输出结果是(　　)。

A. E,68　　　　　B. D,69　　　　　C. E,D　　　　　D. 输出无定值

(24) 有以下程序：
```
#include <stdio.h>
void fun(int p)
{ int d=2;
  p=d++; printf("%d",p);}
main()
{ int a=1;
  fun(a); printf("%d\n",a);}
```
程序运行后的输出结果是(　　)。

A. 32　　　　　B. 12　　　　　C. 21　　　　　D. 22

(25) 以下函数 findmax 拟实现在数组中查找最大值并作为函数值返回,但程序中有错导致不能实现预定功能。
```
#define MIN-2147483647
int findmax (int x[],int n)
{ int i,max;
  for(i=0;i<n;i++)
  { max=MIN;
    if(max<x[i]) max=x[i];}
  return max;
}
```
造成错误的原因是(　　)。

A. 定义语句 int i,max;中 max 未赋初值

B. 赋值语句 max＝MIN;中,不应给 max 赋 MIN 值

C. 语句 if(max＜x[i]) max＝x[i];中判断条件设置错误

D. 赋值语句 max＝MIN;放错了位置

(26) 有以下程序：
```
#include <stdio.h>
main()
{ int m=1,n=2,*p= &m,*q=&n,*r;
  r=p;p=q;q=r;
  printf("%d,%d,%d,%d\n",m,n,*p,*q);
}
```
程序运行后的输出结果是(　　)。

A. 1,2,1,2　　　　　　　　　　　　B. 1,2,2,1

C. 2,1,2,1　　　　　　　　　　　　D. 2,1,1,2

(27) 若有定义语句:int a[4][10],*p,*q[4];且 0≤i<4,则错误的赋值是(　　)。

A. p＝a　　　　B. q[i]＝a[i]　　　　C. p＝a[i]　　　　D. p＝&a[2][1]

(28) 有以下程序：
```c
#include <stdio.h>
#include<string.h>
main()
{ char str[ ][20]={"One*World","One*Dream!"},*p=str[1];
  printf("%d,",strlen(p));printf("%s\n",p);
}
```
程序运行后的输出结果是(   )。
A. 9,One*World   B. 9,One*Dream
C. 10,One*Dream   D. 10,One*World

(29) 有以下程序：
```c
#include <stdio.h>
main()
{ int a[ ]={2,3,5,4},i;
  for(i=0;i<4;i++)
  switch(i%2)
  { case 0:switch(a[i]%2)
       {case 0:a[i]++;break;
        case 1:a[i]--;
       }break;
    case 1:a[i[=0;
  }
  for(i=0;i<4;i++) printf("%d",a[i]); printf("\n");
}
```
程序运行后的输出结果是(   )。
A. 3 3 4 4   B. 2 0 5 0   C. 3 0 4 0   D. 0 3 0 4

(30) 有以下程序：
```c
#include<stdio.h>
#include<string.h>
main()
{ char a[10]="abcd";
  printf("%d,%d\n",strlen(a),sizeof(a));
}
```
程序运行后的输出结果是(   )。
A. 7,4   B. 4,10   C. 8,8   D. 10,10

(31) 下面是有关 C 语言字符数组的描述,其中错误的是(   )。
　　A. 不可以用赋值语句给字符数组名赋字符串
　　B. 可以用输入语句把字符串整体输入给字符数组
　　C. 字符数组中的内容不一定是字符串
　　D. 字符数组只能存放字符串

(32) 下列函数的功能是(   )。
```c
fun(char *a,char *b)
{ while((*b= *a)!='\0') {a++,b++;} }
```
　　A. 将 a 所指字符串赋给 b 所指空间
　　B. 使指针 b 指向 a 所指字符串

C. 将 a 所指字符串和 b 所指字符串进行比较
D. 检查 a 和 b 所指字符串中是否有 '\0'

(33) 设有以下函数：
```
void fun(int n,char *s) {……}
```
则下面对函数指针的定义和赋值均是正确的是（   ）。
A. void (*pf)(); pf=fun;
B. viod *pf(); pf=fun;
C. void *pf();*pf=fun;
D. void (*pf)(int,char); pf=&fun;

(34) 有以下程序：
```
#include <stdio.h>
int f(int n);
main()
{ int a=3,s;
  s=f(a);s=s+f(a);printf("%d\n",s);
}
int f(int n)
{ static int a=1;
  n+=a++;
  return n;
}
```
程序运行以后的输出结果是（   ）。
A. 7   B. 8   C. 9   D. 10

(35) 有以下程序：
```
#include <stdio.h>
# define f(x) x*x*x
main()
{ int a=3,s,t;
  s=f(a+1);t=f((a+1));
  printf("%d,%d\n",s,t);
}
```
程序运行后的输出结果是（   ）。
A. 10,64   B. 10,10   C. 64,10   D. 64,64

(36) 下面结构体的定义语句中，错误的是（   ）。
A. struct ord {int x;int y;int z;}; struct ord a;
B. struct ord {int x;int y;int z;} struct ord a;
C. struct ord {int x;int y;int z;} a;
D. struct {int x;int y;int z;} a;

(37) 设有定义：char *c;，以下选项中能够使字符型指针 c 正确指向一个字符串的是（   ）。
A. char str[ ]="string";c=str;
B. scanf("%s",c);
C. c=getchar();
D. *c="string";

(38) 有以下程序：
```
#include<stdio.h>
#include<string.h>
struct A
{ int a; char b[10]; double c;};
```

```
struct A f(struct A t);
main()
{ struct A a={1001,"ZhangDa",1098.0};
a=f(a);jprintf("%d,%s,%6.1f\n",a.a,a.b,a.c);
}
struct A f(struct A t)
{t.a=1002;strcpy(t.b,"ChangRong");t.c=1202.0;return t;)
```
程序运行后的输出结果是（　　）。

A．1001，ZhangDa，1098.0　　　　　　B．1001，ZhangDa，1202.0

C．1001，ChangRong，1098.0　　　　　D．1001，ChangRong，1202.0

(39) 若有以下程序段：
```
int r=8;
printf("%d\n",r>>1);
```
输出结果是（　　）。

A．16　　　　　　B．8　　　　　　C．4　　　　　　D．2

(40) 下列关于C语言文件的叙述中正确的是（　　）。

A．文件由一系列数据依次排列组成，只能构成二进制文件

B．文件由结构序列组成，可以构成二进制文件或文本文件

C．文件由数据序列组成，可以构成二进制文件或文本文件

D．文件由字符序列组成，其类型只能是文本文件

二、填空题（每空2分，共30分）

请将每一个空的正确答案写在答题卡【1】～【15】序号的横线上，答在试卷上不得分。

(1) 某二叉树有5个度为2的结点以及3个度为1的结点，则该二叉树中共有【1】个结点。

(2) 程序流程图中的菱形框表示的是【2】。

(3) 软件开发过程主要分为需求分析、设计、编码与测试四个阶段，其中【3】阶段产生"软件需求规格说明书"。

(4) 在数据库技术中，实体集之间的联系可以是一对一或一对多或多对多的，那么"学生"和"可选课程"的联系为【4】。

(5) 人员基本信息一般包括：身份证号，姓名，性别，年龄等。其中可以作为主关键字的是【5】。

(6) 若有定义语句：int a=5;，则表达式：a++的值是【6】。

(7) 若有语句 double x=17;int y;，当执行 y=(int)(x/5)%2;之后 y 的值为【7】。

(8) 以下程序运行后的输出结果是【8】。
```
#include <stdio.h>
main()
{ int x=20;
printf("%d",0<x<20);
printf("%d\n",0<x&&x<20);}
```

(9) 以下程序运行后的输出结果是【9】。
```
#include <stdio.h>
main()
{ int a=1,b=7;
do {
    b=b/2;a+=b;
    } while (b>1);
```

```
        printf("%d\n",a);}
```
(10) 有以下程序
```
    #include <stdio.h>
    main()
    { int f,f1,f2,i;
    f1=0;f2=1;
    printf("%d %d",f1,f2);
    for(i=3;i<=5;i++)
    { f=f1+f2; printf("%d",f);
      f1=f2; f2=f;
    }
    printf("\n");
    }
```
程序运行后的输出结果是【10】。

(11) 有以下程序
```
    #include <stdio.h>
    int a=5;
    void fun(int b)
    { int a=10;
    a+=b;printf("% d",a);
    }
    main()
    { int c=20;
    fun(c);a+=c;printf("%d\n",a);
    }
```
程序运行后的输出结果是【11】。

(12) 设有定义：
```
    struct person
    { int ID;char name[12];}p;
```
请将 scanf("%d",【12】);语句补充完整,使其能够为结构体变量 p 的成员 ID 正确读入数据。

(13) 有以下程序
```
    #include <stdio.h>
    main()
    { char a[20]="How are you?",b[20];
    scanf("%s",b);printf("%s %s\n",a,b);
    }
```
程序运行时从键盘输入：How are you? <回车>
则输出结果为【13】。

(14) 有以下程序
```
    #include <stdio.h>
    typedef struct
    { int num;double s}REC;
    void fun1(REC x){x.num=23;x.s=88.5;}
    main()
```

```
    { REC a={16,90.0 };
      fun1(a);
      printf("%d\n",a.num);
    }
```
程序运行后的输出结果是【14】。

(15) 有以下程序
```
#include <stdio.h>
fun(int x)
{ if(x/2>0) run(x/2);
  printf("%d ",x);
}
main()
{ fun(6);printf("\n"); }
```
程序运行后的输出结果是【15】。

参 考 答 案

一、选择题

(1)—(10)　CBDAB　ACBCD

(11)—(20)　DCABB　DCAAB

(21)—(30)　DCACD　BACCB

(31)—(40)　DAACA　BADCC

二、填空题

(1)14　(2)逻辑判断　(3)需求分析　(4)多对多　(5)身份证号　(6)5

(7)1　(8)1 0　(9)5　(10)0　1　123　(11)3025　(12)&p.ID

(13)How　(14)16　(15)1　3　6

附录 E
单片机实践板原理图

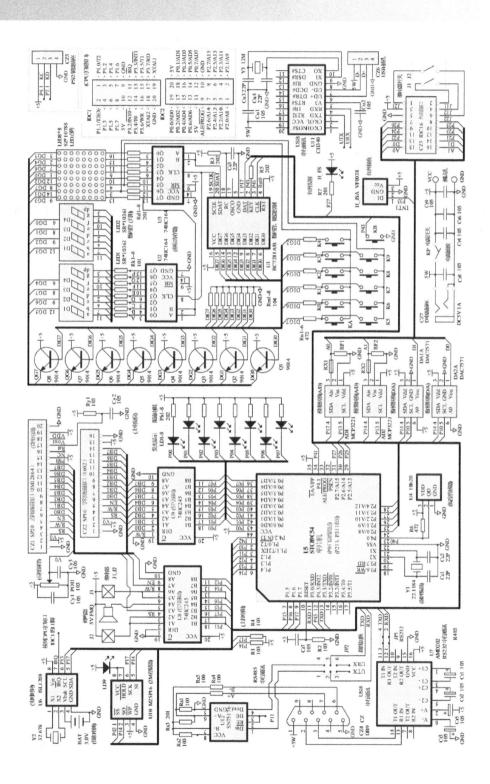

附录 F 推荐的毕业设计课题

(1) 学校自动打铃系统：控制1年的打铃时间，时间可在计算机上编辑下载到单片机。

(2) 课间音乐自动播放系统：在上一课题的基础上进行扩展，音乐可在计算机上编辑下载到单片机。

(3) 温度自动记录装置：记录1年内的温度，每分钟记录一次，数据可传送到计算机。

(4) 分布式温度测量报警系统：利用单总线温度测量芯片，自动搜索地址，测量10个点的温度，当温度超标时，自动报警。

(5) 波形发生器和示波器：能够控制输出波形的类型、频率、幅值，在液晶屏显示。

(6) 简易计算器：能够进行4位数的算术运算和开方、平方、正弦、余弦等运算。

(7) 红外线发射、接收装置：能接收红外遥控器的信号，显示其按键，并能够遥控电视机。

(8) 三相交流电动机监控仪：能够显示电动机工作电压、电流的波形，工作异常时报警。

(9) 钻床控制器：控制钻床的速度、正反转、急停。

(10) 简易数控装置：可控制x、y两个方向的运动，采用3B格式，程序可由计算机下载。

(11) 电梯控制器：按实际情况，控制一个8层楼的电梯模型。

(12) 注塑机控制器：按实际情况，控制一个注塑机模型。

(13) 绕线机控制器：按实际情况，控制一个绕线机。

(14) 机器人控制器：能够控制机器人模型8个方向的运动，完成一定的动作。

(15) 打印机控制器：能够控制打印机的各种运动和打印汉字和图形。

(16) 磁栅长度显示仪：能够用磁栅显示x、y、z方向的移动距离。

(17) 数控机床自动定位装置：能够自动找到工件x、y、z方向的中心位置。

(18) 液压传动、气压传动教学控制装置：能够控制各种液压传动、气压传动器件完成一定的动作。

参考文献

[1] C51 Compiler User's Guide. Keil Elektronik GmbH. and Keil Software,Inc. 2001.

[2] 徐爱钧,彭秀华.单片机高级语言 C51.Windows 环境编程与应用[M].北京:电子工业出版社,2001.

[3] 谭浩强.C 程序设计[M].北京:清华大学出版社,1991.

[4] 郭观七.基于 C 语言的 MCS-51 系列单片机软件开发系统[M].武汉:华中理工大学出版社,1997.

[5] 杨将新,李华军,刘东骏.单片机程序设计及应用从基础到实践[M].北京:电子工业出版社,2006.

[6] 马忠梅,刘滨,戚军,等.单片机 C 语言 Windows 环境编程宝典[M].北京:北京航空航天大学出版社,2003.

[7] 石东海,扈啸,周旭东.单片机数据通信技术从入门到精通[M].西安:西安电子科技大学出版社,2002.

[8] 张义和,陈敌北,刘丹.例说 8051[M].北京:人民邮电出版社,2006.

[9] 求是科技.单片机通信技术与工程实践[M].北京:人民邮电出版社,2005.

[10] 求是科技.单片机典型模块设计实例导航[M].北京:人民邮电出版社,2004.

[11] 赵文博,刘文涛.单片机语言 C51 程序设计[M].北京:人民邮电出版社,2004.